本書の特色と使い方

本書で教科書の内容ががっちり学べます

教科書の内容が十分に身につくよう，各社の教科書を徹底研究して作成しました。
学校での学習進度に合わせて，ご活用ください。予習・復習にも最適です。

本書をコピー・印刷して教科書の内容をくりかえし練習できます

計算問題などは型分けした問題をしっかり学習したあと，いろいろな型を混合して
出題しているので，学校での学習をくりかえし練習できます。
学校の先生方はコピーや印刷をして使えます。（本書 P112 をご確認ください）

学ぶ楽しさが広がり勉強がすきになります

計算問題は，めいろなどを取り入れ，楽しんで学習できるよう工夫しました。
楽しく学んでいるうちに，勉強がすきになります。

「ふりかえりテスト」で力だめしができます

「練習のページ」が終わったあと，「ふりかえりテスト」をやってみましょう。
「ふりかえりテスト」でできなかったところは，もう一度「練習のページ」を復習すると，
力がぐんぐんついてきます。

完全マスター編６年　目次

対称な図形（1）

線対称

名前

□1 下の図をみて答えましょう。

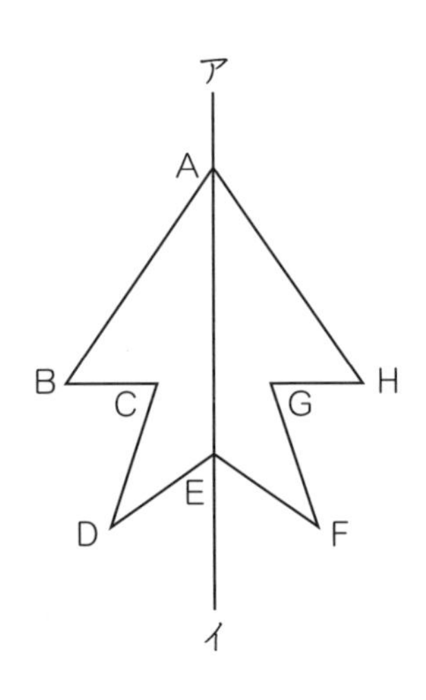

(1) [ ]にあてはまることばを書きましょう。

左の図は，まん中の線アイで半分に折ると，ぴったりと重なります。このような図形を

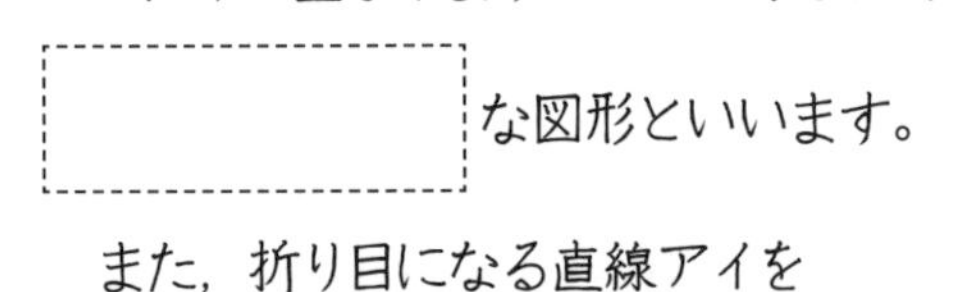

[ ]な図形といいます。

また，折り目になる直線アイを

[ ]といいます。

(2) 次の点に対応する点を書きましょう。

① 点B（　　　）② 点G（　　　）

(3) 次の辺に対応する辺を書きましょう。

① 辺AB（　　　　　）② 辺GF（　　　　　）

□2 下の線対称な図形をみて答えましょう。

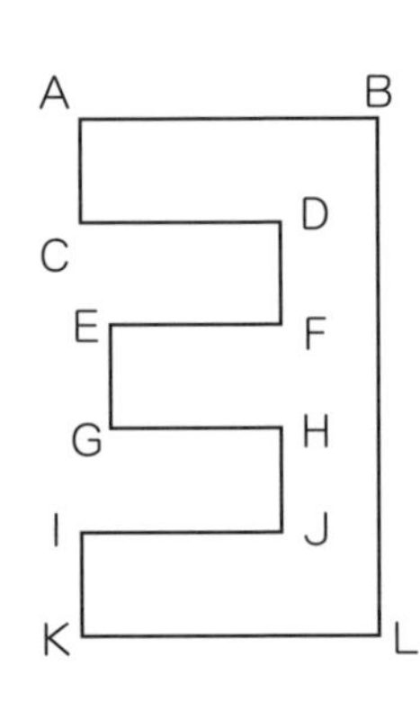

(1) 次の点に対応する点を書きましょう。

① 点A（　　　）② 点E（　　　）

(2) 次の辺に対応する辺を書きましょう。

① 辺IJ（　　　　）

② 辺KL（　　　　）

(3) 次の角に対応する角を書きましょう。

① 角H（　　　）② 角L（　　　）

(4) 対称の軸を図にかき入れましょう。

対称な図形（2）

線対称

名前

◆ 下の線対称な図形をみて答えましょう。

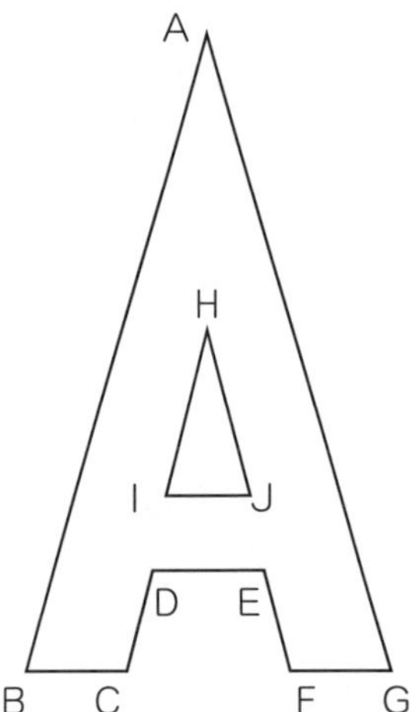

(1) 対称の軸を図にかき入れましょう。

(2) 次の点に対応する点を書きましょう。

① 点B（　　　）② 点C（　　　）

③ 点D（　　　）④ 点J（　　　）

(3) 対応する２つの点をむすんだ線と，対称の軸はどのように交わりますか。

[ ]に交わる。

(4) 次の直線に対応する直線を書きましょう。

① 直線AB（　　　　　）

② 直線BC（　　　　　）

③ 直線EF（　　　　　）

(5) 辺EFの長さが2cmとすると，辺DCの長さは何cmですか。

（　　　　）

(6) 辺ABの長さが8cmとすると，辺AGの長さは何cmですか。

（　　　　）

対称な図形（3）

線対称

名前

□1 直線アイを対称の軸にした，線対称な図形をかき，問いに答えましょう。

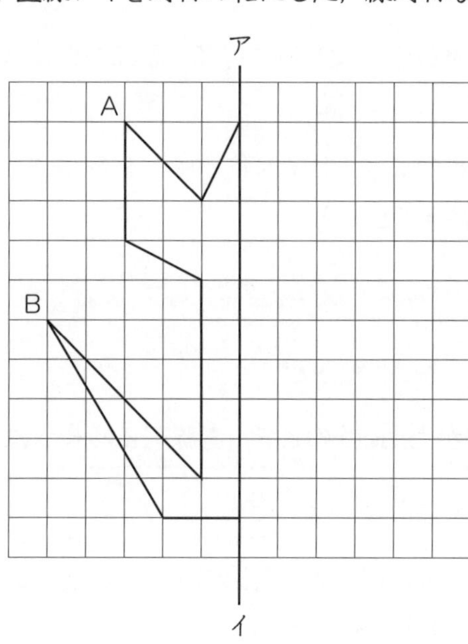

(1)　点Aと対応する点を結んだ直線は，対称の軸アイとどのように交わっていますか。

（　　　　　　）に交わる。

(2)　点Bと対応する点を点Cとします。点Bと点Cを直線で結んだとき，点Bから対称の軸までの長さは5cmでした。対称の軸から点Cまでは何cmですか。

（　　　　　　）

□2 直線アイを対称の軸にした，線対称な図形をかきましょう。

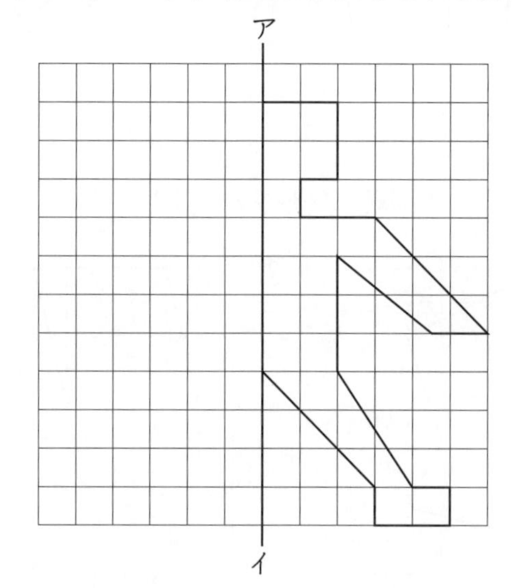

対称な図形（4）

線対称

名前

◆ 直線アイを対称の軸にした，線対称な図形をかきましょう。

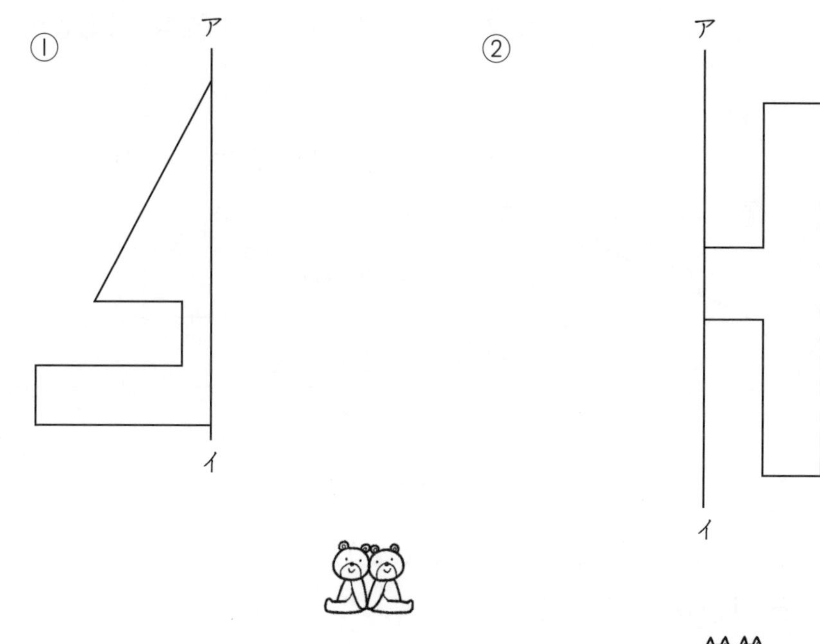

③

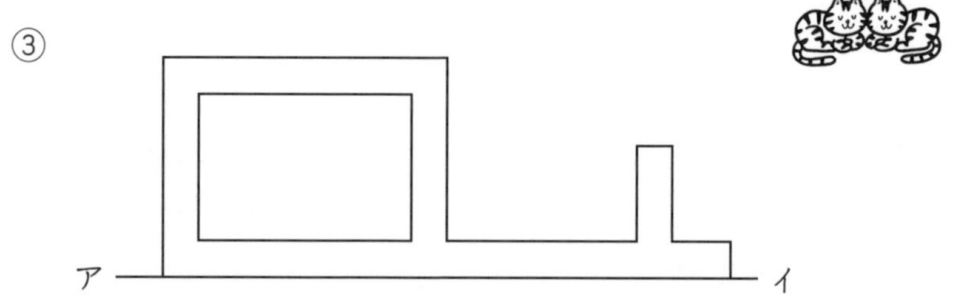

対称な図形（5）

点対称

名前

◆ 下の図をみて答えましょう。

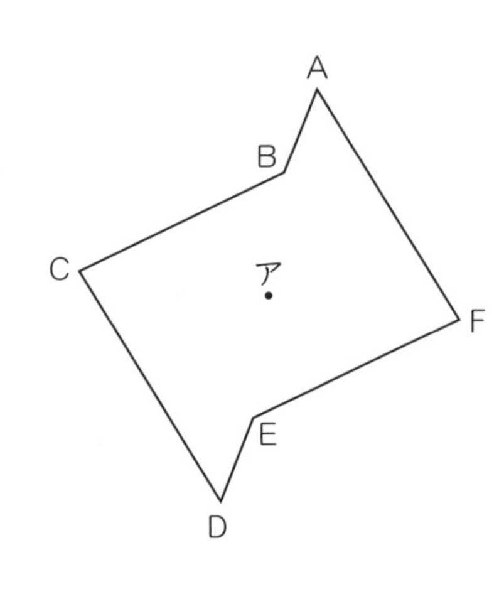

(1) [　　] にあてはまることばを書きましょう。

左の図は，点アを中心にして [　　] 度回転すると，もとの形にぴったり重なります。

このような図形を [　　] な図形といいます。

中心の点アを [　　] といいます。

(2) 次の点・辺に対応する点・辺を書きましょう。

【対応する点】 ① 点A (　　)

② 点B (　　)

③ 点C (　　)

【対応する辺】 ① 辺AB (　　)

② 辺BC (　　)

③ 辺CD (　　)

(3) 辺BCの長さは6cmです。辺EFの長さは何cmですか。

(　　)

(4) 点Aから点アまでの長さは5cmです。点Dから点アまでの長さは何cmですか。

(　　)

対称な図形（6）

点対称・線対称

名前

1 次の図は，点対称な図形です。

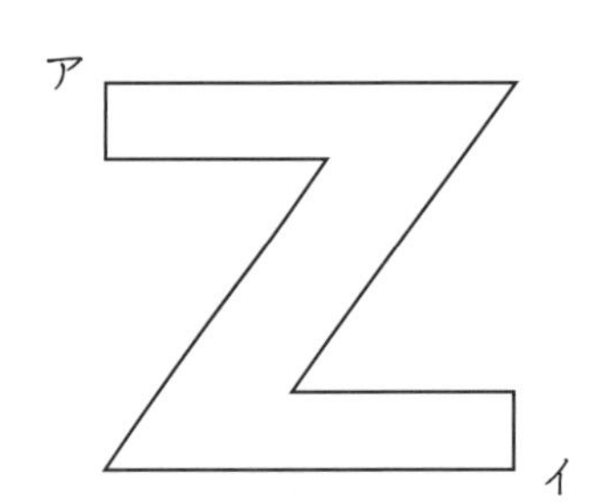

(1) 対称の中心をみつけて，図にかき入れましょう。

(2) どのようにして対称の中心をみつけたかを書きましょう。

(3) 点アから対称の中心までの長さが5.5cmのとき，直線アイの長さは何cmになりますか。

[　　]

2 次の図は，点対称な図形です。対称の中心をみつけて，図にかき入れましょう。また，線対称な図形でもある場合は，対称の軸もかき入れましょう。

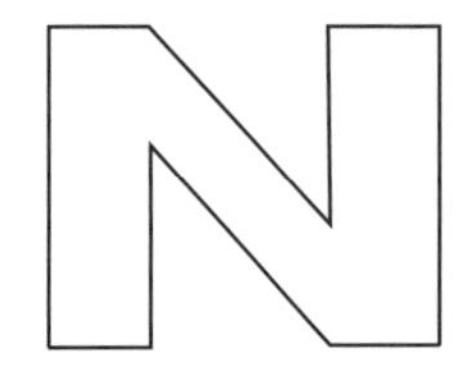

3 点Oを対称の中心にした，点対称の図形をかきましょう

①

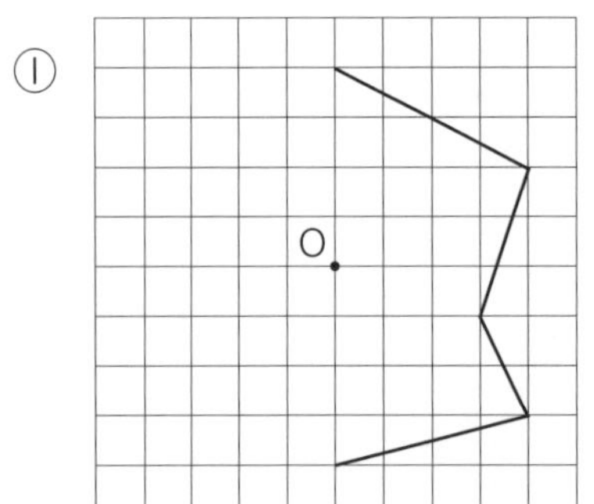

②

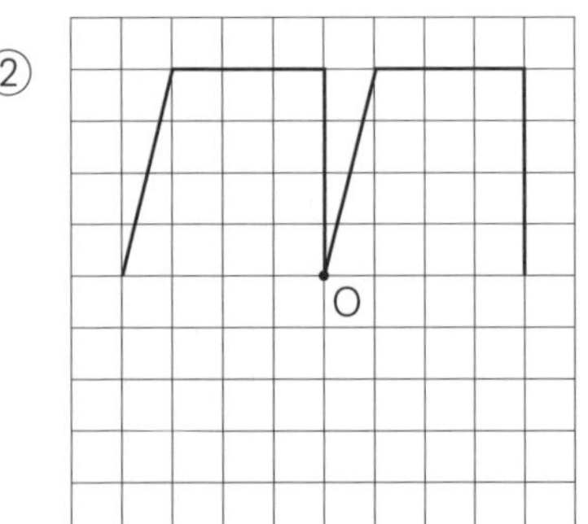

対称な図形（7）

点対称

名前

1 点Oを対称の中心にした，点対称な図形をかき，問いに答えましょう。

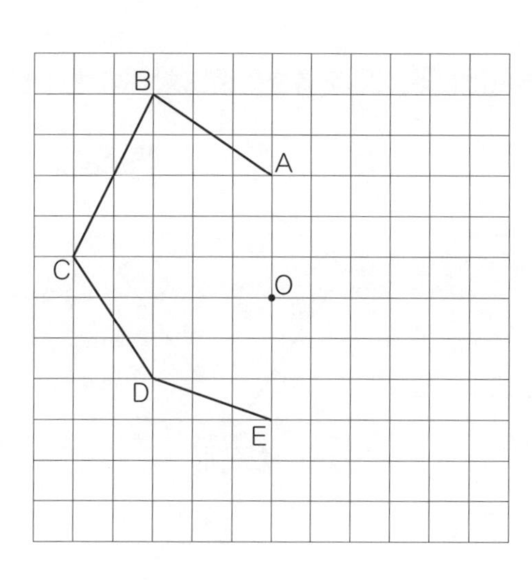

① 点Aに対応する点を書きましょう。

（　　　　　　　　）

② 対応する２つの点を直線で結ぶと必ず通る点はどの点ですか。

（　　　　　　　　）

③ 対称の中心から対応する２つの点までの長さは，どうなっていますか。

（　　　　　　　　）

2 点Oを対称の中心にした，点対称な図形をかきましょう。

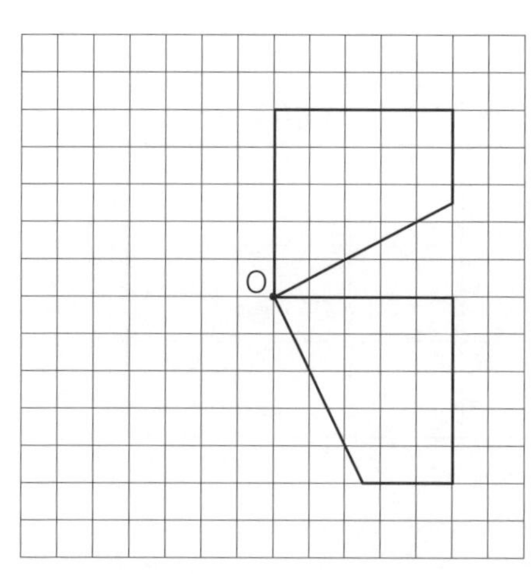

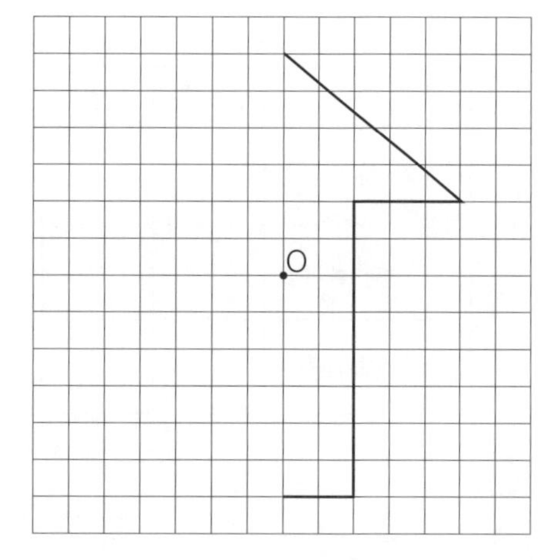

対称な図形（8）

点対称

名前

1 点Oを対称の中心にした，点対称な図形をかきましょう。

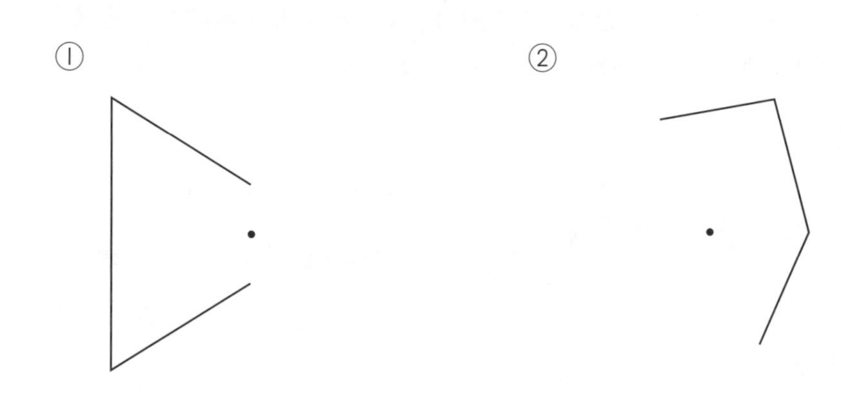

2 下から線対称・点対称な図形をさがして，下の表に番号を書きましょう。

道路標識

地図記号

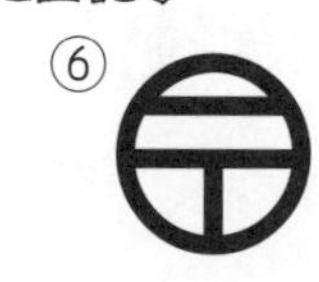

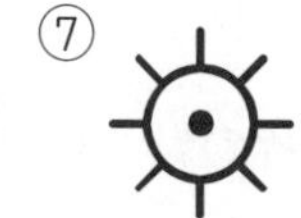

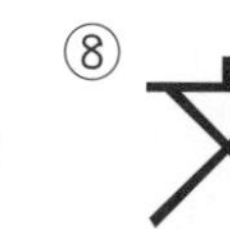

線対称な図形	
点対称な図形	

対称な図形（9）

正多角形・円と対称

名前

◆ 次の①～⑤の図形は，線対称な図形でしょうか。また，点対称な図形でしょうか。あてはまるものに○をつけ，線対称であれば対称の軸の本数を書き，点対称であれば図の中に対称の中心をかき入れましょう。

① 正三角形

（ 線対称　　点対称 ）

対称の軸 （　　　） 本

② 正方形

（ 線対称　　点対称 ）

対称の軸 （　　　） 本

③ 正五角形

（ 線対称　　点対称 ）

対称の軸 （　　　） 本

④ 正六角形

（ 線対称　　点対称 ）

対称の軸 （　　　） 本

⑤ 円

（ 線対称　　点対称 ）

対称の軸 （　　　） 本

対称な図形（10）

四角形と対称

名前

1 次の四角形が線対称な図形であれば，下の表に○を書き，対称の軸の本数も書きましょう。

2 これらの四角形が点対称な図形であれば，表に○を書き，図に対称の中心をかき入れましょう。

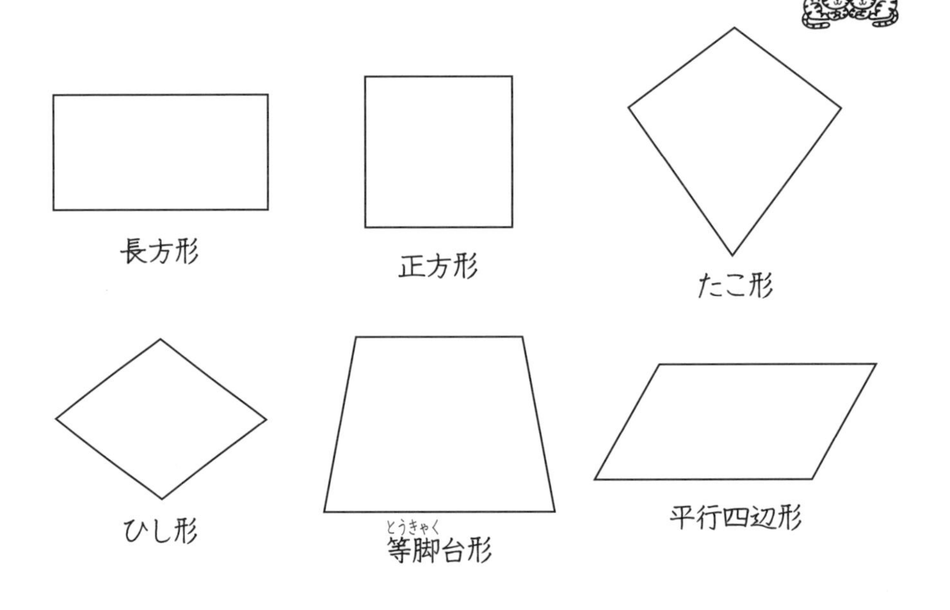

		長方形	正方形	たこ形	ひし形	等脚台形	平行四辺形
1	線対称な図形						
	対称の軸の本数						
2	点対称な図形						

ふりかえりテスト 対称な図形

名前

1 下の図は，線対称な図形です。図をみて答えましょう。

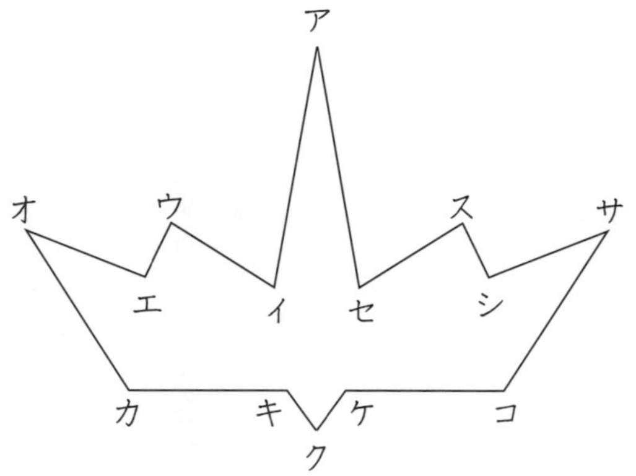

(1) 次の点に対応する点を書きましょう。(5×3)

① 点イ（　　　　）
② 点エ（　　　　）
③ 点カ（　　　　）

(2) 次の辺に対応する辺を書きましょう。(5×2)

① 辺アイ（　　　　）
② 辺キク（　　　　）

(3) 対称の軸を図にかき入れましょう。(6)

2 下の図は，点対称な図形です。図をみて答えましょう。

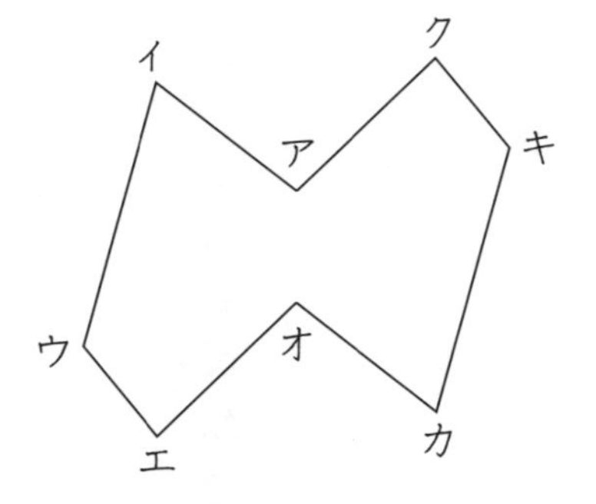

(1) 次の点と対応する点を書きましょう。(5×2)

① 点イ（　　　　）　② 点ウ（　　　　）

(2) 次の直線と対応する直線を書きましょう。(5×3)

① 直線アイ（　　　　）
② 直線エオ（　　　　）
③ 直線ウエ（　　　　）

(3) 対称の中心を図にかき入れましょう。(6)

3 下の図は，直線アイを対称の軸にした，線対称な図形の半分です。残りの半分をかきましょう。(7)

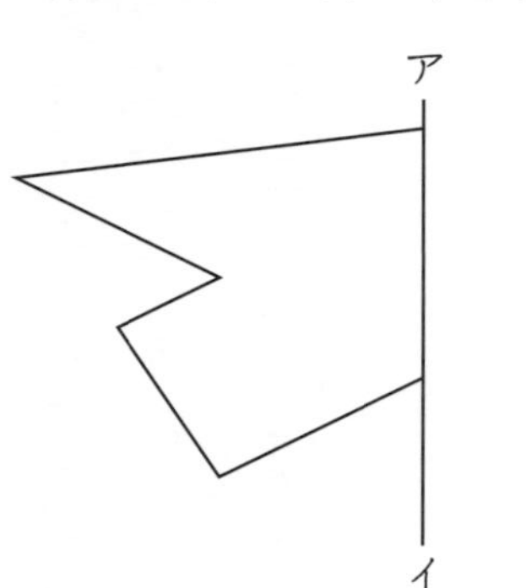

4 下の図は，点アを対称の中心にした，点対称な図形の半分です。残りの半分をかきましょう。(7)

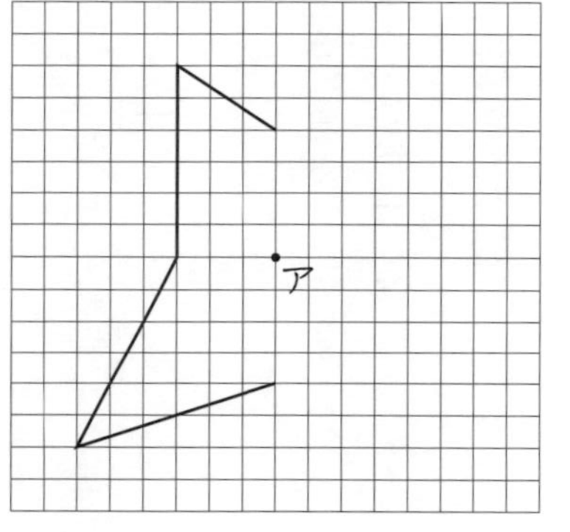

5 次の①～⑥の図形は線対称でしょうか。また，点対称でしょうか。あてはまるものを○でかこみ，線対称であれば対称の軸の本数を書き，点対称であれば図の中に対称の中心をかき入れましょう。(4×6)

① 長方形
（線対称　点対称）
対称の軸（　）本

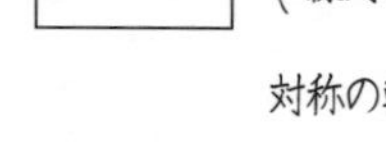

② 平行四辺形
（線対称　点対称）
対称の軸（　）本

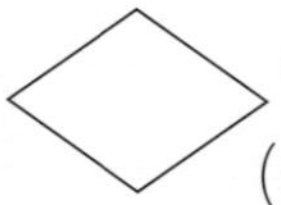

③ ひし形
（線対称　点対称）
対称の軸（　）本

④ 正方形
（線対称　点対称）
対称の軸（　）本

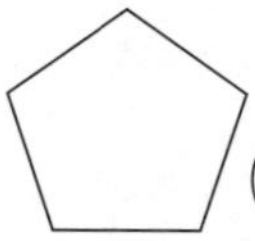

⑤ 正五角形
（線対称　点対称）
対称の軸（　）本

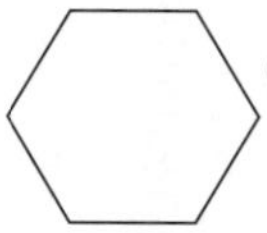

⑥ 正六角形
（線対称　点対称）
対称の軸（　）本

文字と式（1）

名前

◆ 次の文を読んで，xを使った式を書き，問題に答えましょう。

1 1個x円のケーキを5個買ったときの代金y円を求めます。

① xを使って代金を求める式を書きましょう。

② ケーキ1個の値段（ねだん）が120円の場合の，5個分の代金を，上の式を使って求めましょう。

式

答え

③ ケーキ1個の値段が250円の場合の，5個分の代金を，上の式を使って求めましょう。

式

答え

2 1箱に12個入っているあめがx箱あるとき，あめ全部の個数y個を求めます。

① xを使って代金を求める式を書きましょう。

② あめが5箱あるときの，あめ全部の個数を，上の式を使って求めましょう。

式

答え

③ あめが9箱あるときの，あめ全部の個数を，上の式を使って求めましょう。

式

答え

文字と式（2）

名前

◆ 次の文を読んで，xとyを使った式を□に書き，①と②の問いに答えましょう。

1 1パックあたりx個入りのプチトマトが7パックあるとき，プチトマトは全部でy個あります。

① 1パックに6個入っている場合のプチトマトの個数を求めましょう。

式

答え

② 1パックに15個入っている場合のプチトマトの個数を求めましょう。

式

答え

2 高さが6cm，底辺がx cmの平行四辺形の面積はy cm^2です。

① 底辺が5cmのときの面積を求めましょう。

式

答え

② 底辺が12cmのときの面積を求めましょう。

式

答え

3 直径がx cmの円の，円周の長さはy cmです。

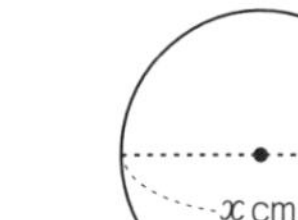

① 直径が12cmの場合の円周の長さを求めましょう。

式

答え

② 直径が24cmの場合の円周の長さを求めましょう。

式

答え

文字と式（3）

名前

1 針金の重さは何gになるかを考えましょう。

① 1mの重さがxgの針金が3mあります。全体の重さをygとして，xとyの関係を式に表しましょう。

② xの値（1mの重さ）を12，21(g)としたとき，それに対応するyの値を，上の式を使って求めましょう。

㋐ xが12のとき
式

答え

㋑ xが21のとき
式

答え

2 りんごジュースは全部で何mLになるかを考えましょう。

① 1パックxmLのりんごジュースが5パックあります。全部の量をymLとして，xとyの関係を式に表しましょう。

② xの値（1パックあたりの量）を150，360(mL)としたとき，それに対応するyの値を，上の式を使って求めましょう。

㋐ xが150のとき
式

答え

㋑ xが360のとき
式

答え

文字と式（4）

名前

1 1個x円のみかんを6個買って，150円の箱に入れてもらうと，代金はy円になりました。

① xとyの関係を式に表しましょう。

② xの値が120(円)，300(円)のとき，対応するyの値を求めましょう。

㋐ xが120のとき
式

答え

㋑ xが300のとき
式

答え

2 1本あたりxL入った牛乳が5本ありましたが，0.4L飲んだので，残りはyLになりました。

① xとyの関係を式に表しましょう。

式

② xの値が1.5(L)，2.8(L)のとき，対応するyの値を求めましょう。

㋐ xが1.5のとき
式

答え

㋑ xが2.8のとき
式

答え

3 底辺が$x$cm，高さが8cmの三角形の面積は$y$cm^{2}です。

① xとyの関係を式に表しましょう。

② xの値が10(cm)，12(cm)に対応するyの値を求めましょう。

㋐ xが10のとき
式

答え

㋑ xが12のとき
式

答え

文字と式（5）

名前

1 下の図のような形をした畑があります。

次の①〜③の式は，畑の面積を求める式です。それぞれ，どのように考えて立てた式なのでしょうか。それぞれの式に合う図を下の㋐〜㋒から選んで，記号を（　）に書きましょう。

① $x \times 6 + (6 - x) \times 3$　（　　）

② $6 \times 6 - (6 - x) \times (6 - 3)$　（　　）

③ $6 \times 3 + x \times (6 - 3)$　（　　）

㋐
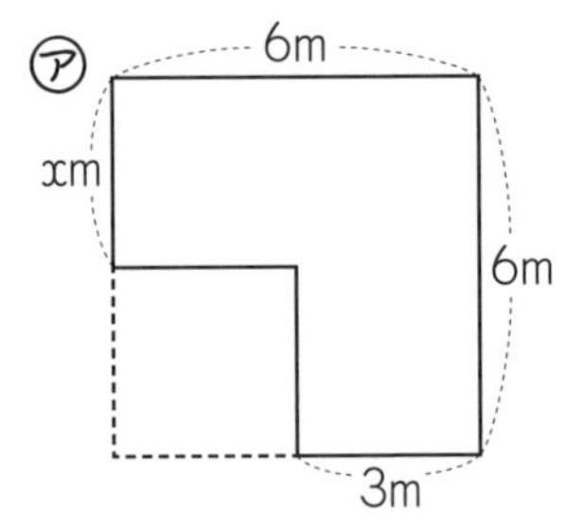

㋑
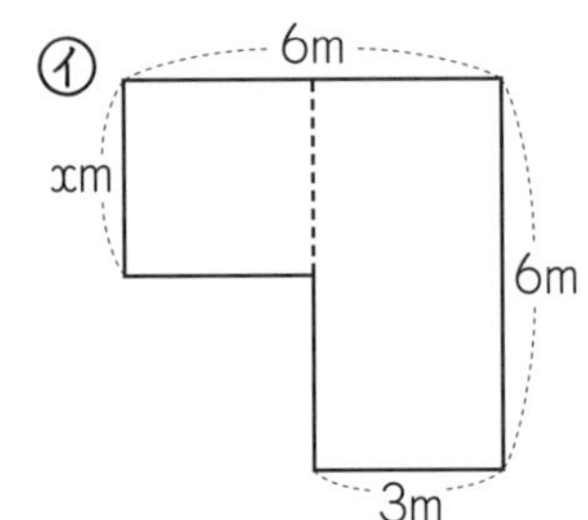

㋒
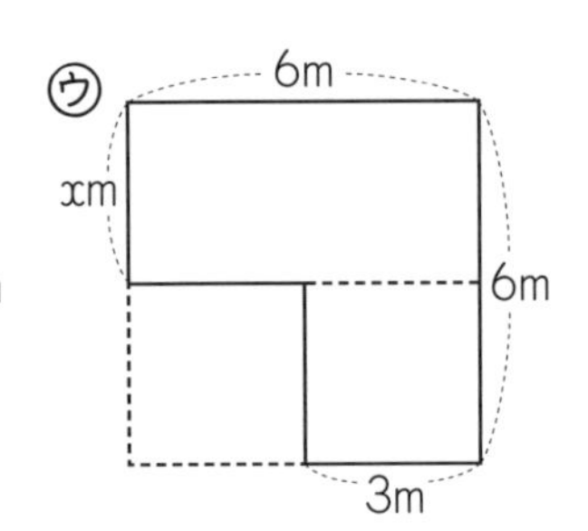

2 絵をみて，次の①〜③の式が何を表しているかを，ことばで説明しましょう。

りんご1個x円

みかん1個120円

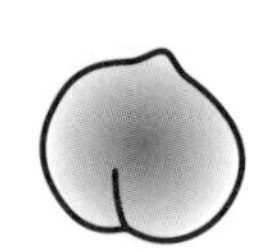
もも1個450円

① $x \times 5$　（　　　　　　　　）

② $x \times 8 + 450$　（　　　　　　　　）

③ $x \times 10 + 120 \times 6$　（　　　　　　　　）

文字と式（6）

名前

xにあてはまる数を求めましょう。

① $x + 10 = 32$

② $x + 25 = 43$

③ $x - 8 = 21$

④ $x - 32 = 9$

⑤ $4 \times x = 48$

⑥ $13 \times x = 78$

⑦ $x + 6.5 = 8.9$

⑧ $x + 2.5 = 3.7$

⑨ $4 \times x = 5.2$

⑩ $8 \times x = 4.8$

⑪ $x - 6.3 = 3.2$

⑫ $x - 6.2 = 1.7$

☆答えの大きい方を通ってゴールしましょう。（通った方の答えを下の□に書きましょう。）

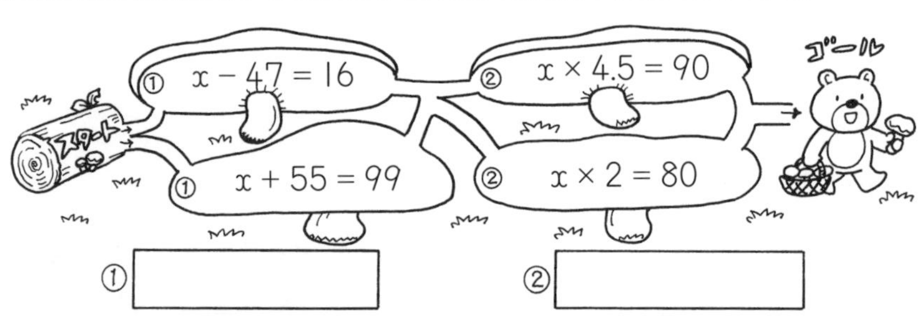

ふりかえりテスト 文字と式（1）

名前

1 xとyの関係を式に表しましょう。(8×8)

① 1個x円のなしを8個買うと，代金はy円になりました。

② 1mの重さが75gの針金がx mあるとき，全体の重さはy gです。

③ x円持っていましたが，480円の本を買ったので，残りはy円になりました。

④ 1個x円のクッキーを9個と，120円のジュースを1本買うと，代金はy円でした。

⑤ 1本x円のペン3本の代金を，1000円を出してはらうと，おつりはy円でした。

⑥ 1辺がx cmの正方形の，周りの長さはy cmになります。

⑦ 底辺の長さがx cm，高さが5cmの平行四辺形の面積はy cm^{2}です。

⑧ 直径がx cmの円の，円周の長さはy cmです。

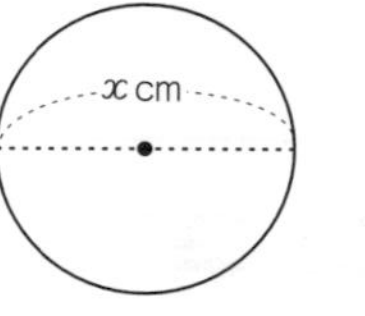

2 麦茶を1人にx mLずつ8人にくばるには，全部でy mLのジュースがいります。(6×3)

① xとyの関係を式に表しましょう。

② xの値が80のとき，yの値を求めましょう。

式

答え

③ xの値が320のとき，yの値を求めましょう。

式

答え

3 1個x円のケーキを4個買って，250円の箱に入れると，代金はy円でした。(6×3)

① xとyの関係を式に表しましょう。

② xの値が250のとき，yの値を求めましょう。

式

答え

③ xの値が420のとき，yの値を求めましょう。

式

答え

ふりかえりテスト 文字と式（2）

名前

1 xの値を求めましょう。(5×14)

① $x + 7 = 27$　　② $x + 16 = 72$

③ $x + 5.7 = 16$　　④ $23 + x = 50$

⑤ $5.2 + x = 18$　　⑥ $x - 6 = 11$

⑦ $x - 2.4 = 8$　　⑧ $x - 3.1 = 4.8$

⑨ $x \times 7 = 35$　　⑩ $x \times 0.6 = 15$

⑪ $3 \times x = 12.3$　　⑫ $6 \times x = 9$

⑬ $x \times 2 = 11$　　⑭ $x \times 4 = 54$

2 絵をみて，次の①～③の式が何を表しているかを，ことばで説明しましょう。(10×3)

プリン１個x円　　ケーキ１個350円　　箱代250円

① $x \times 7$　(　　　　　　)

② $x \times 3 + 350 \times 5$　(　　　　　　)

③ $x \times 12 + 250$　(　　　　　　)

分数のかけ算 1 (1)

約分なし

名前

♧ 次の計算をしましょう。

① $\frac{4}{5} \times 2$

② $\frac{2}{3} \times 7$

③ $\frac{4}{5} \times 6$

④ $\frac{5}{7} \times 3$

⑤ $\frac{1}{5} \times 6$

⑥ $\frac{2}{3} \times 2$

⑦ $\frac{1}{2} \times 3$

⑧ $\frac{1}{16} \times 9$

⑨ $\frac{3}{4} \times 5$

⑩ $\frac{5}{8} \times 5$

分数のかけ算 1 (2)

約分あり

名前

◇ 次の計算をしましょう。

① $\frac{4}{9} \times 3$

② $\frac{13}{10} \times 2$

③ $\frac{7}{18} \times 6$

④ $\frac{8}{15} \times 35$

⑤ $\frac{5}{12} \times 8$

⑥ $\frac{7}{8} \times 16$

⑦ $\frac{12}{7} \times 7$

⑧ $\frac{4}{21} \times 14$

⑨ $\frac{9}{8} \times 4$

⑩ $\frac{11}{12} \times 6$

⑪ $\frac{8}{15} \times 5$

⑫ $\frac{5}{18} \times 12$

☆答えの大きい方を通ってゴールしましょう。(通った方の答えを下の □ に書きましょう。)

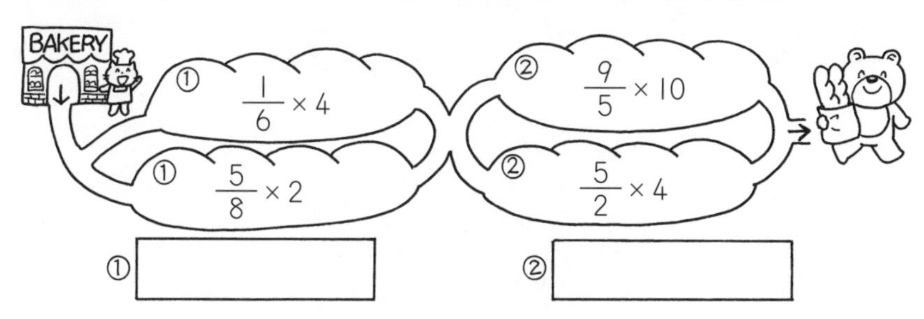

分数のかけ算 1 (3)

約分なし

名前

♧ 次の計算をしましょう。

① $\frac{9}{4} \times 3$

② $\frac{4}{5} \times 4$

③ $\frac{3}{7} \times 8$

④ $\frac{1}{8} \times 9$

⑤ $\frac{3}{8} \times 5$

⑥ $\frac{5}{7} \times 5$

⑦ $\frac{1}{6} \times 7$

⑧ $\frac{11}{2} \times 3$

⑨ $\frac{7}{4} \times 3$

⑩ $\frac{8}{5} \times 4$

分数のかけ算 1 (4)

名前

◇ 次の計算をしましょう。約分できるものは約分しましょう。

① $3\frac{1}{2} \times 10$

② $2\frac{2}{9} \times 12$

③ $1\frac{5}{12} \times 6$

④ $2\frac{2}{3} \times 6$

⑤ $1\frac{5}{6} \times 5$

⑥ $1\frac{1}{8} \times 6$

⑦ $2\frac{2}{3} \times 12$

⑧ $3\frac{1}{6} \times 3$

⑨ $2\frac{1}{6} \times 4$

⑩ $2\frac{1}{8} \times 4$

⑪ $2\frac{5}{7} \times 14$

⑫ $1\frac{3}{8} \times 12$

☆答えの大きい方を通ってゴールしましょう。(通った方の答えを下の □ に書きましょう。)

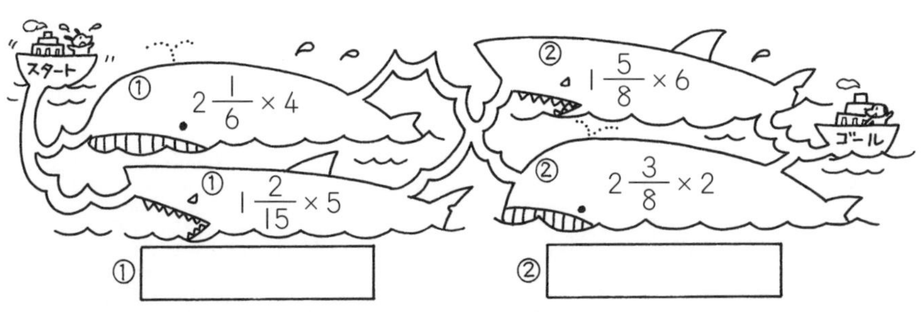

分数のわり算 1 (1)

約分なし

名前

♧ 次の計算をしましょう。

① $\frac{7}{6} \div 4$　　② $\frac{2}{3} \div 5$

③ $\frac{5}{3} \div 7$　　④ $\frac{13}{7} \div 5$

⑤ $\frac{1}{3} \div 4$　　⑥ $\frac{2}{5} \div 3$

⑦ $\frac{3}{2} \div 8$　　⑧ $\frac{7}{4} \div 8$

⑨ $\frac{2}{3} \div 7$　　⑩ $\frac{3}{4} \div 5$

分数のわり算 1 (2)

名前

◇ 次の計算をしましょう。約分できるものは約分しましょう。

① $\frac{9}{4} \div 5$　　② $\frac{3}{4} \div 5$

③ $\frac{21}{5} \div 9$　　④ $\frac{16}{3} \div 10$

⑤ $\frac{16}{11} \div 4$　　⑥ $\frac{14}{5} \div 21$

⑦ $\frac{6}{7} \div 3$　　⑧ $\frac{9}{2} \div 27$

⑨ $\frac{9}{10} \div 6$　　⑩ $\frac{12}{5} \div 15$

⑪ $\frac{12}{7} \div 8$　　⑫ $\frac{3}{4} \div 21$

☆答えの大きい方を通ってゴールしましょう。(通った方の答えを下の □ に書きましょう。)

スタート

① $\frac{4}{5} \div 6$

① $\frac{3}{5} \div 9$

② $\frac{18}{11} \div 9$

② $\frac{12}{11} \div 4$

ゴール

①

②

分数のわり算 1 (3)

約分なし

名前

♧ 次の計算をしましょう。

① $\frac{3}{4} \div 7$　② $\frac{3}{7} \div 2$

③ $\frac{5}{6} \div 3$　④ $\frac{1}{9} \div 5$

⑤ $\frac{11}{8} \div 9$　⑥ $\frac{6}{5} \div 7$

⑦ $\frac{9}{7} \div 4$　⑧ $\frac{13}{8} \div 4$

⑨ $\frac{2}{7} \div 7$　⑩ $\frac{9}{5} \div 4$

分数のわり算 1 (4)

名前

◇ 次の計算をしましょう。約分できるものは約分しましょう。

① $7\frac{1}{7} \div 10$　② $3\frac{3}{5} \div 9$

③ $2\frac{6}{7} \div 3$　④ $2\frac{2}{9} \div 12$

⑤ $3\frac{3}{5} \div 6$　⑥ $4\frac{3}{8} \div 14$

⑦ $2\frac{2}{3} \div 6$　⑧ $2\frac{2}{5} \div 8$

⑨ $3\frac{3}{4} \div 21$　⑩ $4\frac{4}{7} \div 12$

⑪ $2\frac{5}{8} \div 7$　⑫ $2\frac{7}{9} \div 5$

☆答えの大きい方を通ってゴールしましょう。(通った方の答えを下の □ に書きましょう。)

分数のかけ算・わり算 1 (1)

名前

1 $\frac{10}{11}$Lのジュースを４人で等しく分けます。１人何Lずつになりますか。

式

答え

2 ペンキ１dLで$\frac{6}{7}$m^{2}のかべをぬることができます。このペンキ５dLでは，何m^{2}のかべをぬることができますか。

式

答え

3 たて$2\frac{1}{3}$m，横４mの長方形の花だんの面積は何m^{2}ですか。

式

答え

4 植木ばち８個に同じ量ずつ，全部で$\frac{12}{5}$Lの水をやりました。

① 植木ばち１個あたり何Lの水をやったことになりますか。

式

答え

② 同じように１８個の植木ばちに水をやるとしたら，何Lの水が必要ですか。

式

答え

分数のかけ算・わり算 1 (2)

名前

1 １dLのペンキで$\frac{12}{5}$m^{2}のかべをぬることができます。このペンキ４dLでは，何m^{2}のかべをぬることができますか。

式

答え

2 たて$\frac{9}{8}$m，横１６mの長方形の畑があります。この畑の面積は何m^{2}ですか。

式

答え

3 びん１本にジュースが$2\frac{1}{4}$Lずつ入っています。

① このびんが３本あると，ジュースは全部で何Lになりますか。

式

答え

② ３本のジュースを１８人で等しく分けます。１人何Lずつになりますか。

式

答え

4 ６m^{2}のかべをぬるのに，$\frac{8}{3}$dLのペンキを使いました。

① １m^{2}あたり何dLのペンキを使ったことになりますか。

式

答え

② 同じように１５m^{2}のかべをぬるには，何dLのペンキがいりますか。

式

答え

ふりかえりテスト 分数のかけ算・わり算①

名前

1 次のかけ算をしましょう。(7×5)

① $\frac{3}{5} \times 7$

② $\frac{4}{9} \times 18$

③ $\frac{7}{6} \times 12$

④ $\frac{5}{4} \times 6$

⑤ $1\frac{1}{9} \times 8$

2 次のわり算をしましょう。(7×5)

① $\frac{5}{6} \div 3$

② $\frac{4}{5} \div 12$

③ $\frac{8}{9} \div 24$

④ $\frac{16}{7} \div 8$

⑤ $3\frac{3}{4} \div 10$

3 町田さんの家では毎日 $\frac{5}{6}$ Lずつ牛にゅうを飲みます。1週間(7日間)では，何L飲むことになるでしょうか。(10)

式

答え

4 1mの重さが6kgの鉄のぼうがあります。このぼう $\frac{3}{5}$ kgの長さは何mですか。(10)

式

答え

5 $\frac{36}{5}$ mのテープを4人で等しく分けます。1人分は何mですか。(10)

式

答え

分数のかけ算 2 (1)

約分なし

名前

◆ 計算をしましょう。

① $\frac{2}{5} \times \frac{1}{9}$

② $\frac{5}{6} \times \frac{1}{7}$

③ $\frac{1}{3} \times \frac{5}{6}$

④ $\frac{5}{4} \times \frac{1}{3}$

⑤ $\frac{3}{5} \times \frac{1}{4}$

⑥ $\frac{2}{3} \times \frac{1}{5}$

⑦ $\frac{2}{7} \times \frac{3}{5}$

⑧ $\frac{1}{6} \times \frac{5}{7}$

⑨ $\frac{3}{5} \times \frac{8}{7}$

⑩ $\frac{7}{9} \times \frac{7}{9}$

分数のかけ算 2 (2)

約分あり

名前

☆ 計算をしましょう。

① $\frac{3}{10} \times \frac{5}{9}$

② $\frac{4}{21} \times \frac{7}{8}$

③ $\frac{3}{8} \times \frac{20}{9}$

④ $\frac{8}{15} \times \frac{3}{16}$

⑤ $\frac{9}{20} \times \frac{5}{12}$

⑥ $\frac{5}{9} \times \frac{18}{25}$

⑦ $\frac{5}{12} \times \frac{8}{9}$

⑧ $\frac{3}{10} \times \frac{14}{9}$

⑨ $\frac{5}{6} \times \frac{3}{4}$

⑩ $\frac{4}{11} \times \frac{3}{8}$

⑪ $\frac{4}{15} \times \frac{5}{16}$

⑫ $\frac{9}{4} \times \frac{2}{3}$

☆答えの大きい方を通ってゴールしましょう。(通った方の答えを下の □ に書きましょう。)

① $\frac{5}{6} \times \frac{3}{10}$

① $\frac{7}{12} \times \frac{3}{14}$

② $\frac{9}{8} \times \frac{4}{5}$

② $\frac{10}{3} \times \frac{1}{15}$

①

②

分数のかけ算 2 (3)

約分あり

名前

◇ 計算をしましょう。

① $\frac{9}{4} \times \frac{4}{3}$

② $\frac{9}{14} \times \frac{7}{3}$

③ $\frac{21}{10} \times \frac{20}{7}$

④ $\frac{5}{2} \times \frac{7}{10}$

⑤ $\frac{8}{3} \times \frac{27}{28}$

⑥ $\frac{36}{25} \times \frac{35}{12}$

⑦ $\frac{6}{5} \times \frac{10}{3}$

⑧ $\frac{15}{8} \times \frac{32}{21}$

⑨ $\frac{9}{8} \times \frac{16}{21}$

⑩ $\frac{22}{9} \times \frac{15}{11}$

分数のかけ算 2 (4)

約分あり

名前

☆ 計算をしましょう。

① $\frac{5}{7} \times \frac{21}{4}$

② $\frac{15}{4} \times \frac{12}{5}$

③ $\frac{7}{8} \times \frac{2}{35}$

④ $\frac{9}{2} \times \frac{2}{3}$

⑤ $\frac{15}{8} \times \frac{8}{9}$

⑥ $\frac{8}{7} \times \frac{7}{40}$

⑦ $\frac{25}{12} \times \frac{21}{10}$

⑧ $\frac{16}{15} \times \frac{25}{28}$

⑨ $\frac{1}{6} \times \frac{8}{5}$

⑩ $\frac{27}{4} \times \frac{8}{9}$

⑪ $\frac{7}{15} \times \frac{27}{14}$

⑫ $\frac{11}{6} \times \frac{20}{33}$

☆答えの大きい方を通ってゴールしましょう。(通った方の答えを下の □ に書きましょう。)

① □　② □

分数のかけ算 2 (5)

約分あり

名前

☆ 計算をしましょう。

① $\frac{6}{5} \times \frac{15}{4}$

② $\frac{7}{9} \times \frac{15}{14}$

③ $\frac{13}{4} \times \frac{40}{39}$

④ $\frac{15}{8} \times \frac{32}{21}$

⑤ $\frac{17}{14} \times \frac{49}{34}$

⑥ $\frac{40}{21} \times \frac{49}{16}$

⑦ $\frac{35}{8} \times \frac{22}{21}$

⑧ $\frac{24}{7} \times \frac{35}{18}$

⑨ $\frac{12}{55} \times \frac{33}{8}$

⑩ $\frac{28}{9} \times \frac{27}{16}$

⑪ $\frac{8}{9} \times \frac{21}{16}$

⑫ $\frac{10}{9} \times \frac{6}{5}$

⑬ $\frac{12}{5} \times \frac{25}{8}$

⑭ $\frac{25}{7} \times \frac{21}{20}$

⑮ $\frac{64}{57} \times \frac{19}{8}$

⑯ $\frac{21}{16} \times \frac{18}{7}$

⑰ $\frac{25}{18} \times \frac{36}{35}$

⑱ $\frac{54}{25} \times \frac{5}{18}$

⑲ $\frac{16}{5} \times \frac{25}{8}$

⑳ $\frac{24}{7} \times \frac{49}{3}$

分数のかけ算 2 (6)

約分あり

名前

☆ 計算をしましょう。

① $\frac{4}{5} \times \frac{10}{3}$

② $\frac{14}{5} \times \frac{3}{7}$

③ $\frac{1}{2} \times \frac{4}{5}$

④ $\frac{1}{2} \times \frac{8}{25}$

⑤ $\frac{7}{15} \times \frac{20}{21}$

⑥ $\frac{3}{4} \times \frac{1}{9}$

⑦ $\frac{1}{8} \times \frac{2}{9}$

⑧ $\frac{18}{7} \times \frac{1}{6}$

⑨ $\frac{3}{4} \times \frac{8}{5}$

⑩ $\frac{4}{5} \times \frac{10}{9}$

⑪ $\frac{6}{11} \times \frac{5}{12}$

⑫ $\frac{1}{6} \times \frac{18}{13}$

⑬ $\frac{3}{20} \times \frac{28}{3}$

⑭ $\frac{1}{12} \times \frac{3}{8}$

☆答えの大きい方を通ってゴールしましょう。(通った方の答えを下の □ に書きましょう。)

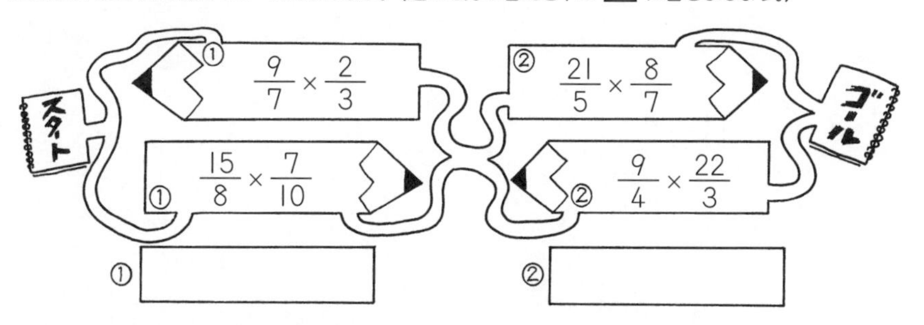

分数のかけ算 2 (7)

いろいろな型

名前

☆ 計算をしましょう。約分できるものは約分しましょう。

① $1\frac{7}{8} \times \frac{3}{10}$

② $\frac{3}{5} \times 2\frac{1}{2}$

③ $4\frac{1}{2} \times \frac{20}{27}$

④ $3\frac{3}{4} \times \frac{1}{3}$

⑤ $\frac{6}{11} \times 1\frac{2}{9}$

⑥ $\frac{3}{10} \times 3\frac{2}{3}$

⑦ $3\frac{3}{8} \times 5\frac{1}{3}$

⑧ $1\frac{1}{8} \times 2\frac{2}{15}$

⑨ $4\frac{1}{8} \times 5\frac{1}{11}$

⑩ $3\frac{3}{8} \times 1\frac{1}{3}$

分数のかけ算 2 (8)

いろいろな型

名前

☆ 計算をしましょう。約分できるものは約分しましょう。

① $4\frac{2}{3} \times \frac{6}{7}$

② $4\frac{4}{9} \times \frac{4}{15}$

③ $1\frac{3}{7} \times \frac{7}{15}$

④ $3\frac{2}{3} \times 1\frac{1}{5}$

⑤ $1\frac{1}{5} \times 1\frac{1}{9}$

⑥ $\frac{2}{5} \times 1\frac{7}{8}$

⑦ $2\frac{2}{3} \times \frac{7}{12}$

⑧ $3\frac{1}{2} \times \frac{5}{28}$

⑨ $2\frac{1}{3} \times 3\frac{3}{7}$

⑩ $2\frac{1}{10} \times 3\frac{1}{7}$

⑪ $3\frac{3}{5} \times \frac{3}{14}$

⑫ $1\frac{4}{11} \times \frac{44}{45}$

⑬ $\frac{1}{8} \times 6\frac{2}{5}$

⑭ $2\frac{6}{7} \times 2\frac{1}{10}$

☆答えの大きい方を通ってゴールしましょう。(通った方の答えを下の ▭ に書きましょう。)

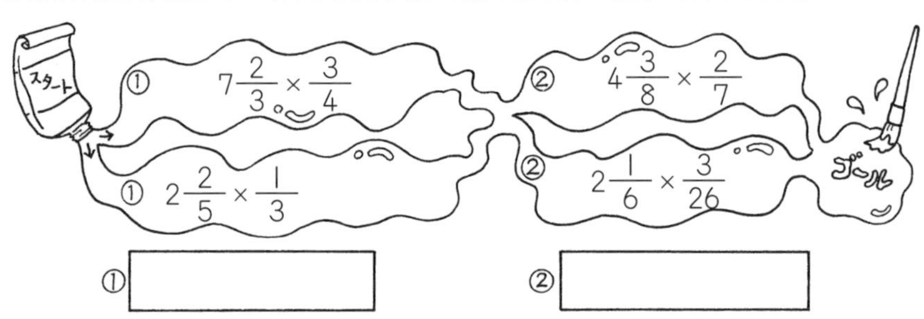

① ▭　② ▭

分数のかけ算 2 (9)

三口の計算

名前

☆ 計算をしましょう。約分できるものは約分しましょう。

① $\frac{2}{7} \times \frac{21}{22} \times \frac{2}{3}$

② $\frac{20}{49} \times \frac{7}{8} \times \frac{4}{5}$

③ $\frac{8}{9} \times \frac{1}{2} \times \frac{3}{32}$

④ $\frac{3}{16} \times \frac{22}{15} \times \frac{5}{11}$

⑤ $\frac{3}{2} \times \frac{20}{27} \times \frac{3}{25}$

⑥ $\frac{2}{3} \times \frac{5}{6} \times \frac{9}{4}$

⑦ $\frac{5}{16} \times \frac{3}{10} \times \frac{2}{3}$

⑧ $\frac{1}{2} \times \frac{3}{7} \times \frac{7}{4}$

⑨ $\frac{7}{9} \times \frac{18}{5} \times \frac{4}{35}$

⑩ $\frac{45}{8} \times \frac{16}{9} \times \frac{3}{5}$

分数のかけ算 2 (10)

約分あり

名前

1 次の数の逆数は，それぞれいくつですか。

① $\frac{5}{6}$ (　　　)　② $\frac{13}{8}$ (　　　)　③ $\frac{1}{4}$ (　　　)

④ 9 (　　　)　⑤ 0.1 (　　　)　⑥ 0.03 (　　　)

2 時間と分数の関係を考えましょう。□ の中にあてはまる分数や整数を書きましょう。

① 30分 → □ 時間　② 15分 → □ 時間

③ 20分 → □ 時間　④ 10分 → □ 時間

⑤ 40分 → □ 時間　⑥ 50分 → □ 時間

⑦ $\frac{1}{2}$ 時間 → □ 分　⑧ $\frac{1}{3}$ 時間 → □ 分

⑨ $\frac{1}{4}$ 時間 → □ 分　⑩ $\frac{1}{5}$ 時間 → □ 分

☆答えの大きい方を通ってゴールしましょう。(通った方の答えを下の □ に書きましょう。)

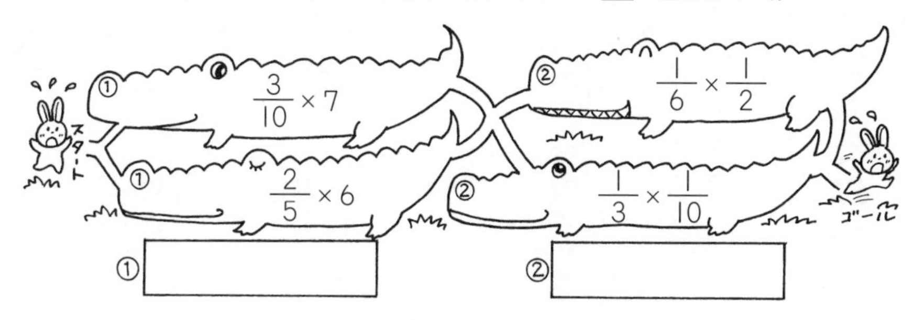

ふりかえりテスト 分数のかけ算 2

名前 ＿＿＿＿＿＿＿＿

1 次の計算をしましょう。約分できるものは約分しましょう。(4×15)

① $\frac{2}{3} \times \frac{9}{10}$

② $\frac{5}{8} \times \frac{4}{5}$

③ $\frac{21}{20} \times \frac{25}{14}$

④ $\frac{12}{7} \times \frac{5}{8}$

⑤ $\frac{8}{15} \times 11\frac{1}{4}$

⑥ $2\frac{1}{7} \times 4\frac{1}{5}$

⑦ $\frac{8}{9} \times \frac{2}{7}$

⑧ $\frac{3}{5} \times \frac{40}{27}$

⑨ $\frac{3}{5} \times \frac{10}{9}$

⑩ $4\frac{8}{9} \times \frac{3}{22}$

⑪ $4\frac{1}{8} \times 5\frac{1}{11}$

⑫ $1\frac{7}{8} \times \frac{3}{10}$

⑬ $\frac{5}{12} \times \frac{8}{9}$

⑭ $\frac{2}{5} \times \frac{3}{4} \times \frac{8}{3}$

⑮ $1\frac{2}{3} \times \frac{21}{40} \times \frac{8}{15}$

2 1mの重さが $\frac{3}{4}$ kgの鉄の棒(ぼう)があります。この棒 $\frac{8}{15}$ mの重さは何kgですか。(10)

式

答え ＿＿＿＿＿＿

3 1dLのペンキで $\frac{7}{12}$ m²のかべをぬることができます。このペンキ $\frac{16}{3}$ dLでは，何m²のかべをぬることができますか。(10)

式

答え ＿＿＿＿＿＿

4 1mの重さが $\frac{6}{7}$ kgのアルミの棒があります。この棒 $9\frac{1}{3}$ mの重さは何kgですか。(10)

式

答え ＿＿＿＿＿＿

5 たての長さが $2\frac{2}{3}$ cm，横の長さが $2\frac{1}{2}$ cmの長方形の面積を求めましょう。(10)

式

答え ＿＿＿＿＿＿

分数のわり算 2 (1)

約分なし

名前

◆ 計算をしましょう。

① $\frac{3}{7} \div \frac{5}{8}$

② $\frac{4}{5} \div \frac{5}{7}$

③ $\frac{9}{10} \div \frac{2}{3}$

④ $\frac{2}{5} \div \frac{1}{9}$

⑤ $\frac{1}{3} \div \frac{1}{4}$

⑥ $\frac{3}{4} \div \frac{1}{3}$

⑦ $\frac{2}{5} \div \frac{3}{4}$

⑧ $\frac{5}{6} \div \frac{2}{7}$

⑨ $\frac{4}{5} \div \frac{1}{4}$

⑩ $\frac{8}{9} \div \frac{3}{8}$

分数のわり算 2 (2)

約分あり

名前

☆ 計算をしましょう。

① $\frac{5}{11} \div \frac{4}{33}$

② $\frac{4}{21} \div \frac{5}{6}$

③ $\frac{7}{8} \div \frac{35}{36}$

④ $\frac{9}{20} \div \frac{3}{8}$

⑤ $\frac{5}{12} \div \frac{3}{20}$

⑥ $\frac{15}{28} \div \frac{25}{49}$

⑦ $\frac{16}{27} \div \frac{8}{9}$

⑧ $\frac{5}{12} \div \frac{2}{3}$

⑨ $\frac{5}{6} \div \frac{3}{4}$

⑩ $\frac{8}{15} \div \frac{1}{3}$

⑪ $\frac{3}{16} \div \frac{5}{8}$

⑫ $\frac{5}{9} \div \frac{5}{24}$

☆答えの大きい方を通ってゴールしましょう。(通った方の答えを下の □ に書きましょう。)

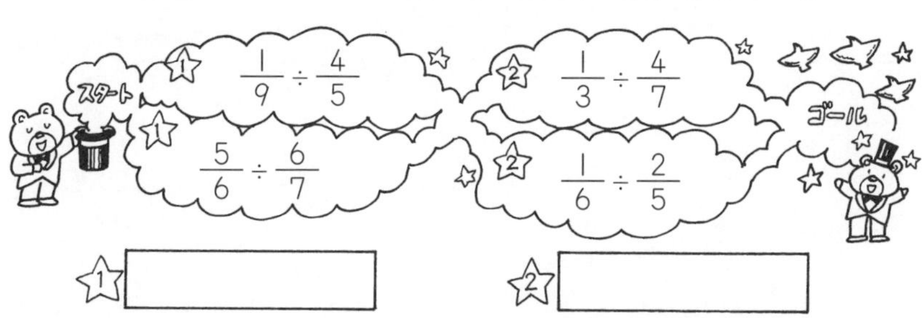

分数のわり算 2 (3)

約分あり

名前

◆ 計算をしましょう。

① $\frac{13}{12} \div \frac{7}{6}$

② $\frac{2}{5} \div \frac{3}{5}$

③ $\frac{8}{15} \div \frac{40}{21}$

④ $\frac{14}{9} \div \frac{28}{3}$

⑤ $\frac{45}{22} \div \frac{15}{11}$

⑥ $\frac{3}{8} \div \frac{21}{10}$

⑦ $\frac{25}{18} \div \frac{20}{3}$

⑧ $\frac{10}{9} \div \frac{20}{9}$

⑨ $\frac{2}{3} \div \frac{7}{9}$

⑩ $\frac{35}{32} \div \frac{15}{8}$

分数のわり算 2 (4)

約分あり

名前

☆ 計算をしましょう。

① $\frac{8}{3} \div \frac{2}{5}$

② $\frac{7}{10} \div \frac{14}{5}$

③ $\frac{35}{6} \div \frac{20}{3}$

④ $\frac{26}{9} \div \frac{13}{6}$

⑤ $\frac{9}{8} \div \frac{7}{4}$

⑥ $\frac{15}{2} \div \frac{25}{6}$

⑦ $\frac{27}{4} \div \frac{18}{5}$

⑧ $\frac{49}{9} \div \frac{7}{3}$

⑨ $\frac{9}{2} \div \frac{27}{5}$

⑩ $\frac{15}{4} \div \frac{20}{7}$

⑪ $\frac{21}{4} \div \frac{21}{8}$

⑫ $\frac{27}{5} \div \frac{63}{10}$

☆答えの大きい方を通ってゴールしましょう。(通った方の答えを下の □ に書きましょう。)

① $\frac{7}{5} \div \frac{3}{10}$

① $\frac{9}{8} \div \frac{3}{16}$

② $\frac{9}{7} \div \frac{2}{7}$

② $\frac{8}{5} \div \frac{12}{7}$

① □

② □

分数のわり算 2 (5)

約分あり

名前

☆ 計算をしましょう。約分できるものは約分しましょう。

① $\frac{1}{4} \div \frac{3}{8}$　② $\frac{2}{3} \div \frac{2}{5}$

③ $\frac{4}{15} \div \frac{2}{5}$　④ $\frac{34}{5} \div \frac{17}{10}$

⑤ $\frac{2}{3} \div \frac{4}{9}$　⑥ $\frac{5}{8} \div \frac{1}{2}$

⑦ $\frac{3}{4} \div \frac{1}{8}$　⑧ $\frac{5}{6} \div \frac{5}{8}$

⑨ $\frac{29}{3} \div \frac{58}{7}$　⑩ $\frac{18}{5} \div \frac{27}{20}$

⑪ $\frac{8}{21} \div \frac{4}{7}$　⑫ $\frac{2}{3} \div \frac{8}{5}$

⑬ $\frac{7}{3} \div \frac{28}{9}$　⑭ $\frac{2}{5} \div \frac{3}{5}$

⑮ $\frac{5}{6} \div \frac{25}{4}$　⑯ $\frac{4}{25} \div \frac{16}{15}$

⑰ $\frac{6}{7} \div \frac{4}{21}$　⑱ $\frac{11}{3} \div \frac{33}{8}$

⑲ $\frac{1}{6} \div \frac{1}{18}$　⑳ $\frac{4}{7} \div \frac{2}{17}$

分数のわり算 2 (6)

約分あり

名前

☆ 計算をしましょう。約分できるものは約分しましょう。

① $\frac{38}{9} \div \frac{19}{6}$　② $\frac{19}{2} \div \frac{38}{9}$

③ $\frac{56}{25} \div \frac{32}{15}$　④ $\frac{7}{5} \div \frac{7}{2}$

⑤ $\frac{35}{6} \div \frac{7}{3}$　⑥ $\frac{12}{7} \div \frac{10}{7}$

⑦ $\frac{11}{8} \div \frac{33}{4}$　⑧ $\frac{35}{6} \div \frac{20}{3}$

⑨ $\frac{31}{12} \div \frac{62}{9}$　⑩ $\frac{12}{5} \div \frac{8}{25}$

⑪ $\frac{5}{2} \div \frac{10}{3}$　⑫ $\frac{8}{27} \div \frac{2}{15}$

⑬ $\frac{5}{39} \div \frac{4}{13}$　⑭ $\frac{3}{4} \div \frac{1}{2}$

☆答えの大きい方を通ってゴールしましょう。（通った方の答えを下の □ に書きましょう。）

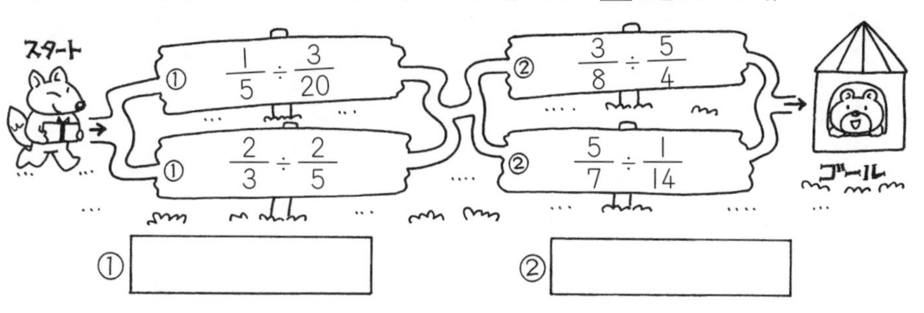

分数のわり算 2 (7)

いろいろな型

名前

☆ 計算をしましょう。約分できるものは約分しましょう。

① $1\frac{1}{14} \div 1\frac{17}{28}$

② $2\frac{6}{25} \div 2\frac{2}{15}$

③ $2\frac{2}{3} \div 3\frac{1}{9}$

④ $4\frac{2}{9} \div 3\frac{1}{6}$

⑤ $10\frac{1}{2} \div 4\frac{2}{3}$

⑥ $5\frac{5}{9} \div 3\frac{1}{3}$

⑦ $2\frac{3}{8} \div 3\frac{4}{5}$

⑧ $6\frac{3}{4} \div \frac{3}{8}$

⑨ $4\frac{1}{3} \div 2\frac{3}{5}$

⑩ $3\frac{1}{2} \div 2\frac{5}{8}$

分数のわり算 2 (8)

いろいろな型

名前

☆ 計算をしましょう。約分できるものは約分しましょう。

① $1\frac{5}{11} \div 1\frac{1}{11}$

② $3\frac{1}{5} \div 4\frac{4}{5}$

③ $1\frac{1}{9} \div 2\frac{1}{3}$

④ $7\frac{1}{2} \div 5\frac{2}{5}$

⑤ $2\frac{5}{14} \div 1\frac{5}{6}$

⑥ $1\frac{7}{13} \div 2\frac{9}{13}$

⑦ $6\frac{5}{12} \div 3\frac{2}{3}$

⑧ $1\frac{7}{38} \div 1\frac{6}{19}$

⑨ $4\frac{2}{3} \div 8\frac{3}{4}$

⑩ $3\frac{1}{3} \div 4\frac{1}{6}$

⑪ $2\frac{5}{6} \div 1\frac{8}{9}$

⑫ $2\frac{4}{7} \div 1\frac{13}{14}$

⑬ $5\frac{4}{9} \div 2\frac{1}{3}$

⑭ $6\frac{1}{4} \div 7\frac{1}{2}$

☆答えの大きい方を通ってゴールしましょう。(通った方の答えを下の □ に書きましょう。)

スタート

① $\frac{5}{2} \div \frac{7}{4}$

① $\frac{27}{14} \div \frac{9}{4}$

② $\frac{13}{9} \div \frac{26}{3}$

② $\frac{3}{4} \div \frac{9}{10}$

ゴール

① □　② □

ふりかえりテスト 分数のわり算 2

名前

1 次の計算をしましょう。約分できるものは約分しましょう。(4×15)

① $\frac{5}{6} \div \frac{4}{5}$

② $\frac{9}{10} \div \frac{3}{5}$

③ $\frac{2}{5} \div \frac{4}{7}$

④ $\frac{6}{11} \div \frac{1}{2}$

⑤ $\frac{3}{10} \div \frac{9}{14}$

⑥ $\frac{5}{6} \div \frac{3}{5}$

⑦ $\frac{3}{8} \div \frac{7}{2}$

⑧ $\frac{2}{5} \div \frac{3}{4}$

⑨ $\frac{8}{15} \div \frac{40}{21}$

⑩ $6 \div \frac{2}{5}$

⑪ $12 \div 1\frac{5}{4}$

⑫ $3\frac{3}{4} \div 2\frac{1}{2}$

⑬ $1\frac{3}{8} \div 9\frac{1}{6}$

⑭ $1\frac{8}{9} \div \frac{1}{3}$

⑮ $9\frac{1}{2} \div 4\frac{2}{9}$

2 $\frac{25}{6}$mの布を$\frac{5}{12}$mずつ切り分けます。$\frac{5}{12}$mの布は何まいできますか。(10)

式

答え

3 $\frac{7}{8}$mの重さが$8\frac{3}{4}$kgの鉄の棒(ぼう)があります。この棒1mの重さは何kgですか。(10)

式

答え

4 $\frac{10}{3}$Lの重さが$\frac{15}{4}$kgの液体1Lの重さは何kgですか。(10)

式

答え

5 $\frac{4}{5}$m^{2}のかべをぬるのに$\frac{8}{15}$dLのペンキを使いました。かべ1m^{2}あたり何dLのペンキをぬったことになりますか。(10)

式

答え

分数のかけ算・わり算 2 (1)

三口の計算

名前

☆ 計算をしましょう。約分できるものは約分しましょう。

① $\frac{5}{6} \times \frac{1}{6} \div \frac{25}{24}$

② $\frac{3}{5} \div \frac{2}{5} \times \frac{11}{9}$

③ $6 \div \frac{1}{2} \div \frac{3}{4}$

④ $\frac{3}{8} \div \frac{1}{5} \times \frac{2}{3}$

⑤ $\frac{3}{7} \div 9 \div 1\frac{1}{3}$

⑥ $\frac{1}{3} \div \frac{1}{2} \times \frac{3}{4}$

⑦ $\frac{1}{2} \div \frac{2}{3} \div \frac{5}{8}$

⑧ $\frac{4}{5} \div \frac{3}{5} \times \frac{6}{7}$

⑨ $\frac{3}{10} \div \frac{6}{7} \times \frac{20}{21}$

⑩ $2 \times \frac{8}{9} \div 1\frac{1}{3}$

分数のかけ算・わり算 2 (2)

三口計算

名前

☆ 計算をしましょう。約分できるものは約分しましょう。

① $\frac{2}{5} \times \frac{5}{6} \div \frac{1}{4}$

② $\frac{5}{7} \div 5 \times \frac{4}{3}$

③ $\frac{1}{5} \times \frac{1}{6} \div \frac{1}{2}$

④ $\frac{3}{4} \div 2\frac{1}{2} \times \frac{5}{7}$

⑤ $\frac{1}{5} \times 10 \div 8$

⑥ $\frac{1}{6} \times 4 \times 3$

⑦ $\frac{2}{9} \div \frac{1}{18} \div \frac{3}{5}$

⑧ $\frac{2}{5} \times 4 \times \frac{5}{8}$

⑨ $\frac{40}{17} \div \frac{8}{51} \times \frac{2}{5}$

⑩ $\frac{1}{10} \div \frac{1}{4} \div \frac{4}{25}$

☆答えの大きい方を通ってゴールしましょう。(通った方の答えを下の □ に書きましょう。)

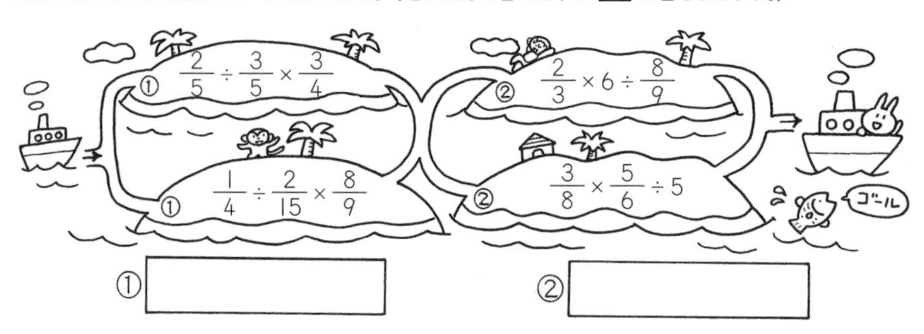

分数のかけ算・わり算 2 (3)

名前

1 1Lが400円のしょうゆを $\frac{11}{5}$ L買いました。代金は何円になるでしょうか。

式

答え

2 $\frac{3}{5}$ m^2 のかべをぬるのに，$\frac{2}{3}$ dLのペンキが必要でした。このペンキ1dLでは，何 m^2 のかべをぬることができますか。

式

答え

3 1mの重さが $\frac{21}{4}$ gの針金があります。この針金 $\frac{2}{7}$ mの重さは何gでしょうか。

式

答え

4 1dLのペンキで $\frac{3}{4}$ m^2 のかべをぬることができます。$2\frac{1}{3}$ dLのペンキでは，何 m^2 のかべをぬることができますか。

式

答え

5 $3\frac{1}{2}$ Lのジュースがあります。このジュースを1回に $\frac{1}{4}$ Lずつ飲むと，何回飲めますか。

式

答え

分数のかけ算・わり算 2 (4)

名前

1 答えが5よりも大きくなる式は①～④のどれでしょうか。番号に○をつけましょう。

① $5 \div \frac{2}{3}$　② $5 \div \frac{3}{2}$　③ $5 \times \frac{2}{3}$　④ $5 \times \frac{3}{2}$

2 1mが300円のリボンがあります。このリボン $2\frac{2}{5}$ mの値段(ねだん)は何円ですか。

式

答え

3 $\frac{2}{5}$ mの針金の重さが $3\frac{1}{5}$ gです。この針金1mの重さは何gですか。

式

答え

4 $\frac{9}{4}$ m^2 のかべをぬるのにペンキを $\frac{5}{3}$ dL使いました。このペンキは1dLあたり何 m^2 ぬれますか。

式

答え

5 1mの重さが $7\frac{1}{3}$ gの針金があります。この針金 $3\frac{3}{4}$ mの重さは何gですか。

式

答え

6 右の直方体の体積を求めましょう。

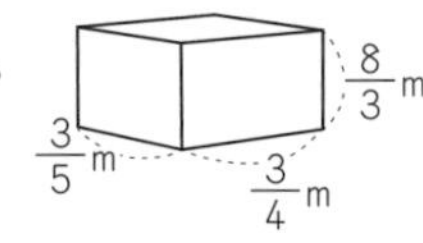

式

答え

7 1 m^2 のかべをぬるのに $3\frac{3}{8}$ dLのペンキを使いました。このペンキ $1\frac{1}{4}$ dLでは何 m^2 のかべをぬることができますか。

式

答え

8 高さが $\frac{18}{55}$ cmで，面積が $1\frac{11}{25}$ cm^2 の平行四辺形があります。この平行四辺形の底辺の長さを求めましょう。

式

答え

分数のかけ算・わり算 2 (5)

名前

1 布を $3\frac{1}{2}$ m買うと，3500円でした。この布 1mの値段は何円ですか。

式

答え

2 ジュース $\frac{3}{5}$ Lの重さをはかったら，$\frac{3}{4}$ kgでした。このジュース 1Lの重さは何kgですか。

式

答え

3 1辺の長さが $\frac{9}{4}$ mの正方形の面積を求めましょう。

式

答え

4 1Lの重さが $\frac{9}{10}$ kgの油があります。この油 $4\frac{2}{3}$ Lの重さは何kgですか。

式

答え

5 1m^2 のかべをぬるのに $\frac{2}{3}$ dLのペンキがいります。このペンキが $2\frac{1}{2}$ dLあると，何 m^2 のかべをぬることができますか。

式

答え

分数のかけ算・わり算 2 (6)

名前

☆ 答えの大きい方を通ってゴールしましょう。通った方の答えを □ に書きましょう。

① □ ② 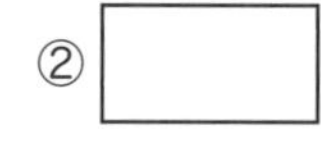 ③ 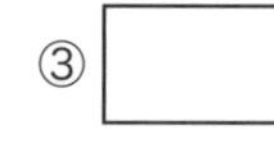 ④ 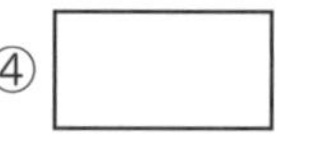 ⑤ 

分数・小数・整数のまじった計算 (1)

名前

◆ 計算をしましょう。

① $1.4 \times \frac{15}{7}$

② $\frac{2}{3} \div 0.6$

③ $0.6 \div \frac{3}{4}$

④ $\frac{3}{5} \times 0.2$

⑤ $0.4 \div \frac{4}{5}$

⑥ $\frac{4}{5} \times 2.5$

⑦ $\frac{16}{15} \div 1.44$

⑧ $0.32 \times \frac{5}{8}$

⑨ $0.3 \div \frac{9}{10}$

⑩ $\frac{8}{15} \div 0.3$

分数・小数・整数のまじった計算 (2)

名前

◆ 計算をしましょう。

① $\frac{7}{8} \times 0.4$

② $\frac{5}{6} \times 0.3$

③ $\frac{7}{10} \div 0.3$

④ $\frac{16}{5} \div 0.8$

⑤ $0.5 \times \frac{3}{2}$

⑥ $0.2 \times \frac{5}{8}$

⑦ $0.6 \div \frac{8}{5}$

⑧ $0.7 \div \frac{14}{15}$

⑨ $1.6 \div \frac{8}{9}$

⑩ $\frac{25}{36} \times 1.2$

⑪ $\frac{14}{25} \div 0.35$

⑫ $2.4 \times \frac{15}{28}$

☆答えの大きい方を通ってゴールしましょう。(通った方の答えを下の □ に書きましょう。)

① $\frac{1}{6} \div 0.5$

① $\frac{3}{5} \div 0.3$

② $0.5 \div \frac{2}{9}$

② $0.3 \div \frac{5}{7}$

① □　② □

分数・小数・整数のまじった計算 (3)

名前

◘ 次の計算をしましょう。

① $1.4 \div \frac{5}{6} \times 5$

② $0.4 \times \frac{5}{6} \times \frac{3}{8}$

③ $\frac{5}{9} \div 0.6 \times 1.5$

④ $0.9 \div 0.24 \div \frac{3}{8}$

⑤ $\frac{5}{9} \div 0.6 \times 0.3$

⑥ $\frac{3}{4} \div 1.2 \times 4.2$

⑦ $0.56 \times \frac{5}{8} \div \frac{1}{2}$

⑧ $0.9 \div \frac{2}{5} \div 0.3$

分数・小数・整数のまじった計算 (4)

名前

◘ 計算をしましょう。

① $\frac{1}{3} \times 0.5 \div \frac{5}{9}$

② $0.8 \times \frac{5}{18} \div \frac{8}{9}$

③ $0.75 \div \frac{6}{7} \times \frac{1}{14}$

④ $\frac{4}{9} \div 6 \div \frac{2}{3}$

⑤ $0.9 \div 0.6 \times \frac{1}{12}$

⑥ $0.45 \times \frac{5}{6} \div \frac{5}{12}$

⑦ $\frac{5}{12} \times \frac{8}{15} \div 2$

⑧ $\frac{2}{9} \div \frac{5}{6} \times 5$

⑨ $1.3 \div \frac{6}{7} \times \frac{9}{26}$

⑩ $\frac{15}{33} \times 3 \div \frac{9}{11}$

☆答えの大きい方を通ってゴールしましょう。（通った方の答えを下の □ に書きましょう。）

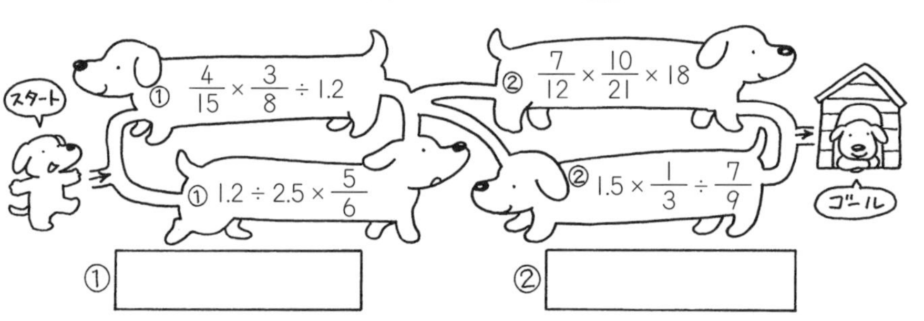

分数・小数・整数のまじった計算 (5)

名前

◆ 次の計算をしましょう。

① $0.8 - \frac{3}{4}$

② $\frac{1}{2} + 0.9$

③ $\left(\frac{4}{3} + \frac{1}{6}\right) \times 0.6$

④ $\left(\frac{3}{8} - 0.25\right) \div \frac{5}{6}$

⑤ $\left(\frac{5}{6} + 0.5\right) \div \frac{2}{3}$

⑥ $2.1 \times \frac{3}{14} + \frac{7}{12} \times \frac{3}{14}$

⑦ $0.9 \div \frac{3}{4} - \frac{8}{9} \div \frac{5}{6}$

⑧ $3 \times \frac{2}{9} \div 0.5 \div 1.2$

分数・小数・整数のまじった計算 (6)

名前

◆ 次の計算をしましょう。

① $8 \times \frac{2}{5} \div 0.4$

② $\frac{4}{7} \div 9 \times 1.5$

③ $0.28 \div \frac{21}{20} \times 15$

④ $\frac{15}{14} \div 0.3 \div 5$

⑤ $7.8 \div 4 \div \frac{6}{5}$

⑥ $\frac{3}{8} \times 12 \div 0.09$

⑦ $5 \div 1.5 \div \frac{4}{7}$

⑧ $0.24 \div \frac{9}{25} \times 27$

⑨ $1.5 \div 5 \div \frac{9}{10}$

⑩ $0.75 \div \frac{15}{2} \times 8$

⑪ $\frac{27}{50} \times 0.8 \times \frac{25}{9} \div 6$

⑫ $250 \div \frac{6}{7} \times 0.6 \times \frac{4}{5}$

分数倍（1）

割合（倍）を求める

名前

1 かなえさんのクラスでは，班別に長なわとびをしました。クラスの平均は24回でした。かなえさんの班は32回でした。32回は，平均の何倍でしょうか。分数で表しましょう。

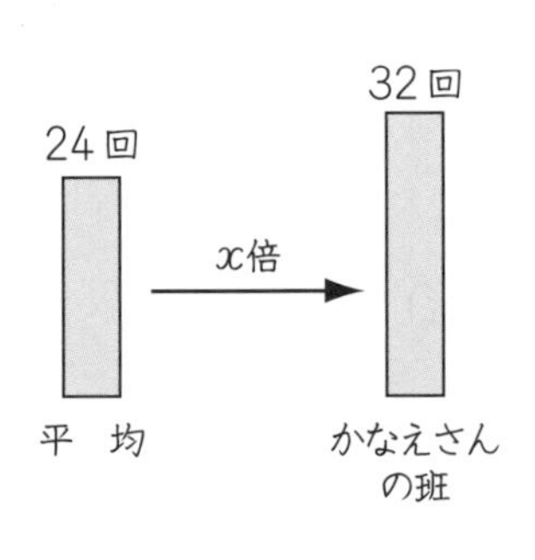

32回は，24回のx倍

（いいかえると）

24回のx倍は，32回

$24 \times x = 32$

$x = \square \div \square$

$x = \dfrac{\square}{\square}$

答え

2 xにあてはまる数を，分数で表しましょう。

① 28mは，12mのx倍

12mのx倍は，28m

$12 \times x = 28$

$x =$

答え

② 15Lは，9Lのx倍

式

答え

③ 49kgは，42kgのx倍

式

答え

④ $27m^2$は，$21m^2$のx倍

式

答え

分数倍（2）

比べられる量を求める

名前

1 ボール投げをしました。ゆうきさんは，18m投げました。

はるさんは，ゆうきさんの$\dfrac{11}{6}$倍長く投げました。

はるさんは，ボールを何m投げたのでしょうか。

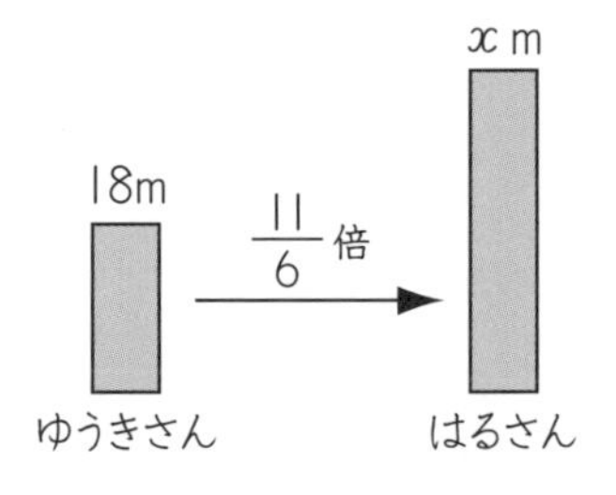

式

答え

2 xにあてはまる数を求めましょう。

① $32m^2$の$\dfrac{5}{8}$倍は，$x\,m^2$

式

答え

② 26kgの$\dfrac{3}{2}$倍は，$x$kg

式

答え

③ 48kgの$\dfrac{7}{8}$倍は，$x$kg

式

答え

④ 102枚の$\dfrac{2}{3}$倍は，x枚

式

答え

⑤ 28kmの$\dfrac{7}{2}$倍は，$x$km

式

答え

⑥ 136mの$\dfrac{5}{8}$倍は，xm

式

答え

分数倍（3）

比べられる量を求める

名前

1 まりこさんは，本を48ページ読みました。たくみさんは，まりこさんの $\frac{7}{4}$ 倍読みました。たくみさんは，本を何ページ読んだのでしょうか。

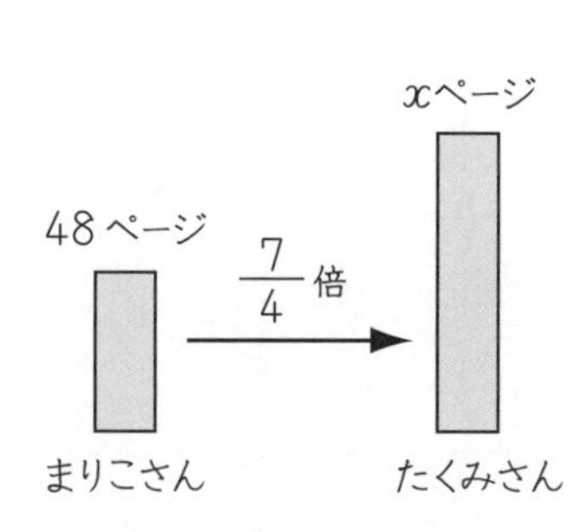

48ページの $\frac{7}{4}$ 倍は，xページ

$48 \times \frac{7}{4} = \square$

答え ＿＿＿＿＿＿

2 xにあてはまる数を求めましょう

① 15mの $\frac{7}{5}$ 倍は，x m

$15 \times \frac{7}{5} = \square$

答え ＿＿＿＿＿＿

② 14Lの $\frac{5}{7}$ 倍は，x L

$\square \times \square = \square$

答え ＿＿＿＿＿＿

③ 24kgの $\frac{5}{2}$ 倍は，$x$kg

式

答え ＿＿＿＿＿＿

④ 56kmの $\frac{3}{8}$ 倍はx km

式

答え ＿＿＿＿＿＿

分数倍（4）

名前

1 よういちくんの学校の人数は360人です。かなこさんの学校の人数は，その $\frac{6}{5}$ 倍だそうです。かなこさんの学校の人数は何人ですか。

式

答え ＿＿＿＿＿＿

2 姉はおこづかいを1500円もっています。妹は，姉の $\frac{2}{3}$ 倍もっています。妹のおこづかいは何円ですか。

式

答え ＿＿＿＿＿＿

3 ゆみさんの荷物は $\frac{20}{3}$ kgです。あきらさんの荷物は $2\frac{2}{5}$ kgです。ゆみさんの荷物の重さは，あきらさんの荷物の何倍ですか。

式

答え ＿＿＿＿＿＿

4 ゆきさんの組で，犬を飼っている人は6人です。これは，組全体の人数の $\frac{2}{9}$ にあたります。ゆきさんの組の人数は何人ですか。

式

答え ＿＿＿＿＿＿

5 家から学校まで歩いて行くと $\frac{1}{2}$ 時間かかりますが，自転車で行くと $\frac{1}{6}$ 時間で着きます。歩いて行く時間は，自転車に乗って行く時間の何倍になりますか。

式

答え ＿＿＿＿＿＿

ふりかえりテスト 分数のかけ算・わり算2

名前

1 次の計算をしましょう。約分できるものは約分しましょう。(4×15)

① $\frac{5}{6} \div \frac{4}{15} \times \frac{2}{3}$

② $\frac{17}{4} \times 8 \div \frac{34}{9}$

③ $\frac{1}{5} \div \frac{3}{8} \div \frac{6}{25}$

④ $4 \times \frac{5}{18} \div \frac{2}{3}$

⑤ $6\frac{2}{3} \times 0.6 \div \frac{7}{5}$

⑥ $\frac{1}{3} \div 5 \times 4.5$

⑦ $\frac{1}{2} \div \frac{1}{3} \div \frac{1}{4}$

⑧ $2\frac{5}{8} \times 0.4 \div 1\frac{3}{4}$

⑨ $6 \div \frac{13}{8} \times 2.6$

⑩ $\frac{1}{12} \div 6 \times 4.5$

⑪ $\frac{2}{7} \times 0.8 \div \frac{32}{21}$

⑫ $1.2 \div \frac{4}{15} \div 1.8$

⑬ $0.9 \times 0.4 \div 4\frac{1}{5}$

⑭ $1\frac{1}{3} \times 0.2 \div \frac{8}{25} \times 4$

⑮ $0.5 \times \frac{9}{4} \div \frac{7}{8} \div 6$

2 鉄の棒 $\frac{18}{5}$m の重さをはかったら，$\frac{9}{4}$kg でした。この鉄の棒 1m の重さは何 kg ですか。(10)

式

答え

3 あつしさんは，シールを 52 枚持っています。ひろこさんは，あつしさんの $\frac{3}{4}$ 倍持っています。ひろこさんのシールは何枚ですか。(10)

式

答え

4 1dL のペンキで $\frac{3}{5}$$m^2$ のかべがぬれます。このペンキ $3\frac{3}{8}$dL では，何 m^2 のかべがぬれますか。(10)

式

答え

5 なつこさんのクラスでは今日，3 人休みました。これは学級全体の $\frac{1}{9}$ にあたります。なつこさんのクラスの人数は何人ですか。(10)

式

答え

比と比の値（1）

名前 ＿＿＿＿＿＿＿＿

1 比で表しましょう。

① ホットケーキの粉 200 g と牛乳 180 g の比

答え ＿＿＿＿＿＿＿＿

② 酢(す) 20mL とサラダ油 30mL の比

答え ＿＿＿＿＿＿＿＿

③ 男子 36 人と女子 24 人の比

答え ＿＿＿＿＿＿＿＿

④ 紙の長さ，縦 39cm と横 26cm の比

答え ＿＿＿＿＿＿＿＿

2 比の値を求めましょう。

① 4：7　（　　　）　② 3：8　（　　　）

③ 3：5　（　　　）　④ 7：2　（　　　）

⑤ 6：9　（　　　）　⑥ 12：56（　　　）

⑦ 48：36（　　　）　⑧ 72：18（　　　）

比と比の値（2）

名前 ＿＿＿＿＿＿＿＿

◆ 次の２つの比の値をそれぞれ求めて（　）に書き，等しい比かどうか調べましょう。２つが等しい比であれば，□に○を書きましょう。

① 4：5　（　　　）　16：20（　　　）　□

② 3：7　（　　　）　21：28（　　　）　□

③ 40：80（　　　）　24：12（　　　）　□

④ 24：16（　　　）　48：32（　　　）　□

⑤ 4：5　（　　　）　8：12　（　　　）　□

☆比の値の大きい方を通ってゴールしましょう。（通った方の答えを下の □ に書きましょう。）

スタート　ゴール

① 5：10　① 6：9　② 20：10　② 21：24

① ＿＿＿＿　② ＿＿＿＿

比と比の値（3）

名前

◆ 次の比の値を求めて，□の中から等しい比を見つけ，○をつけましょう。

① 2：5

6：15	8：10	8：15

② 6：9

3：6	2：5	2：3

③ 12：3

4：2	3：1	4：1

④ 40：25

48：30	10：8	15：12

⑤ 5：2

15：6	40：18	20：6

⑥ 3：5

5：10	33：55	45：27

⑦ 2：7

9：21	4：14	14：42

比と比の値（4）

名前

1 次の比を簡単にしましょう。

① 12：36 =

② 9：15 =

③ 8：24 =

④ 48：21 =

⑤ 8：56 =

⑥ 13：65 =

⑦ 25：35 =

⑧ 81：18 =

⑨ 35：49 =

⑩ 40：52 =

2 次の比を簡単にしましょう。

① 0.2：0.5 =

② 1.2：0.9 =

③ 1.2：3.6 =

④ 1.6：0.8 =

⑤ 3.6：6 =

⑥ 4.5：9 =

比と比の値（5）

名前

1 次の比を簡単にしましょう。

① $\frac{1}{2}:\frac{1}{3}=$

② $\frac{7}{4}:\frac{3}{4}=$

③ $\frac{2}{5}:\frac{5}{6}=$

④ $\frac{2}{5}:\frac{3}{8}=$

⑤ $\frac{3}{5}:\frac{2}{9}=$

⑥ $4:\frac{5}{6}=$

⑦ $\frac{4}{7}:\frac{5}{3}=$

⑧ $5:\frac{3}{2}=$

2 ホットケーキを作るのに，ホットケーキの粉を 120 g と，牛乳 90 g を混ぜました。ホットケーキの粉と牛乳の比を，簡単な比で表しましょう。

答え

比と比の値（6）

名前

◆ xにあてはまる数を求めましょう。

① $4:3=16:x$　　$x=$

② $4:5=x:10$　　$x=$

③ $2:3=4:x$　　$x=$

④ $10:15=2:x$　　$x=$

⑤ $30:18=x:6$　　$x=$

⑥ $36:x=9:4$　　$x=$

⑦ $15:x=3:5$　　$x=$

⑧ $4:x=16:40$　　$x=$

⑨ $x:5=30:25$　　$x=$

⑩ $x:4=42:24$　　$x=$

☆答えの大きい方を通ってゴールしましょう。（通った方の答えを下の ▭ に書きましょう。）

スタート

① $7:x=21:45$

① $25:x=75:30$

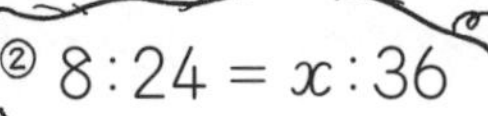

② $8:24=x:36$

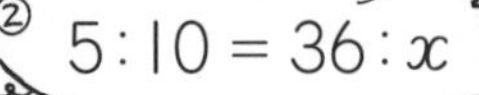

② $5:10=36:x$

ゴール

①

②

比と比の値（7）

名前

1 酢（す）とサラダ油を2：5になるようにしてドレッシングを作ります。サラダ油を35mLにすると，酢は何mLになりますか。

式

答え

2 花の色が白いチューリップと赤いチューリップの球根を2：3の割合で買うことにします。赤い球根を36個買うとすると，白い球根は何個買えばよいですか。

式

答え

3 縦の長さと横の長さが5：9になるように長方形の花だんをつくります。縦の長さを15mにすると，横の長さは何mになりますか。

式

答え

4 よしきくんの学級の男女の割合は5：4です。男子の人数は20人です。女子の人数は何人ですか。

式

答え

5 高さが2mの棒（ぼう）のかげの長さが5mです。このとき，高さが8mの木のかげの長さは何mですか。

式

2m

5m

答え

比と比の値（8）

名前

1 ケーキをつくるのに，砂糖と小麦粉を4：7になるように混ぜます。砂糖を92g使うと，小麦粉は何g必要ですか。

式

答え

2 兄と弟はカードを3：2になるように分けました。兄のカードは18枚です。弟のカードは何枚ですか。

式

答え

3 井上さんの畑は，大根と白菜を7：2の比の面積で育てることにしました。大根の畑を35m^{2}としたら，白菜の畑を何m^{2}にすればよいですか。

式

答え

4 姉が持っているリボンと，妹が持っているリボンの長さの比は9：7です。

① 姉のリボンの長さは，妹のリボンの長さの何倍ですか。

式

答え

② 妹のリボンの長さは，姉のリボンの長さの何倍ですか。

式

答え

③ 妹のリボンの長さは63cmです。姉のリボンは何cmですか。

式

答え

5 縦の長さと横の長さの比を8：5にしてドッジボールのコートをかきます。

① 縦の長さを32mにすると，横の長さは何mにすればいいですか。

式

答え

② 横の長さを15mにすると，縦の長さは何mにすればいいですか。

式

答え

比と比の値（9）

名前

1 長さ20mのロープを，3：2になるように2本に切り分けたいと思います。何mと何mになりますか。

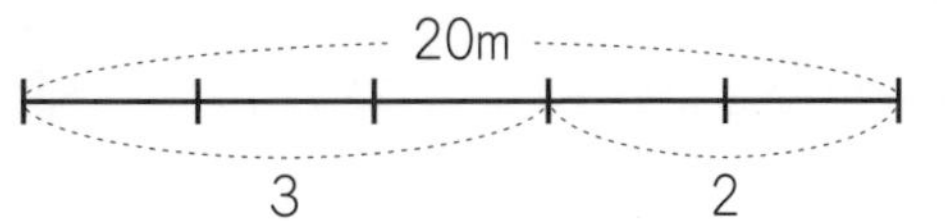

式

答え　　　mと　　　m

2 酢（す）とサラダ油を2：5の割合でまぜて，ドレッシングを210mL つくります。それぞれ何mL にすればよいですか。

式

答え　酢　　　mL，サラダ油　　　mL

3 1400円の本を，兄と弟の2人で4：3の割合でお金を出して買うことにしました。それぞれ何円ずつ出せばよいですか。

式

答え　兄　　　円，弟　　　円

4 くじを120本つくりました。当たりくじとはずれくじとの比は1：19にしました。当たりくじとはずれくじは，それぞれ何本ありますか。

式

答え　当たりくじ　　　，はずれくじ

比と比の値（10）

名前

1 ホットケーキをつくるのに，ホットケーキの粉を0.3kgと牛乳160gを混ぜました。ホットケーキの粉と牛乳の比を簡単にして表しましょう。

式

答え

2 縦と横の比が5：1の長方形の花だんをつくります。横の長さを8.5mにすると，縦の長さは何mになりますか。

式

答え

3 酢とサラダ油を4：5の割合で混ぜて，ドレッシングを360mL つくります。それぞれ何mL にすればいいですか。

式

答え　酢　　　，サラダ油

4 公園の芝生と土のところの比は5：3になっています。土のところの面積は4.2aです。芝生の面積は何aですか。

式

答え

5 あゆみさんは，3時間20分かかっておばあちゃんの家に行きました。船と電車に乗っている時間の比は3：2だったそうです。それぞれ何時間何分乗っていましたか。

式

答え　船　　　，電車

6 4人分のコーヒー牛乳には，コーヒー0.32L と，牛乳が0.52L が入っています。1人分のコーヒー牛乳にはそれぞれ何mL 入っていますか。

式

答え　コーヒー　　　，牛乳

ふりかえりテスト 比と比の値

名前

1 次の2つの比が，等しい比になっていたら○を，等しい比でなければ×を（　）に書きましょう。(5×4)

①（　　）　5：8　　25：40

②（　　）　9：4　　3：2

③（　　）　16：28　　4：7

④（　　）　12：6　　56：24

2 ①〜③の比について，比の値を求めて（　）に書きましょう。また，等しい比を□の中から1つ選んで○をつけましょう。(5×3)

① 2：5　　比の値（　　　　）

10：15　6：15　4：15　10：3

② 36：60　　比の値（　　　　）

6：5　4：5　3：5　2：5

③ 24：18　　比の値（　　　　）

6：3　12：9　8：5　12：6

3 次の比を簡単にしましょう。(5×4)

① 18：12＝

② 2.4：0.6＝

③ $\frac{3}{8}:\frac{9}{10}=$

④ $\frac{4}{5}:\frac{3}{4}=$

4 xにあてはまる数を求めましょう。(5×3)

① $x:4=48:12$　　$x=$

② $5:2=15:x$　　$x=$

③ $3:25=x:125$　　$x=$

5 高さが2mの棒のかげの長さが2.5mのとき，かげの長さが10mの木の高さは何mですか。(10)

式

答え

6 60cmのリボンを5：1になるように，2本に切り分けます。何cmと何cmになりますか。(10)

式

答え　　　cmと　　　cm

7 720mLの麦茶を5：4になるように，2個のコップに分けます。何mLと何mLになりますか。(10)

式

答え　　　mLと　　　mL

拡大図と縮図（1）

名前

◆ 次の２つの図は，同じ形です。□にあてはまることばや数を書きましょう。

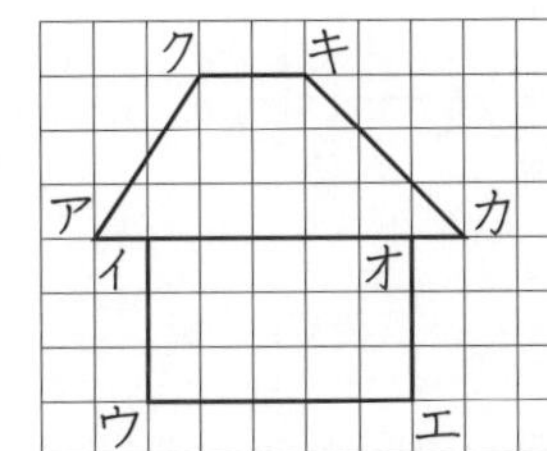

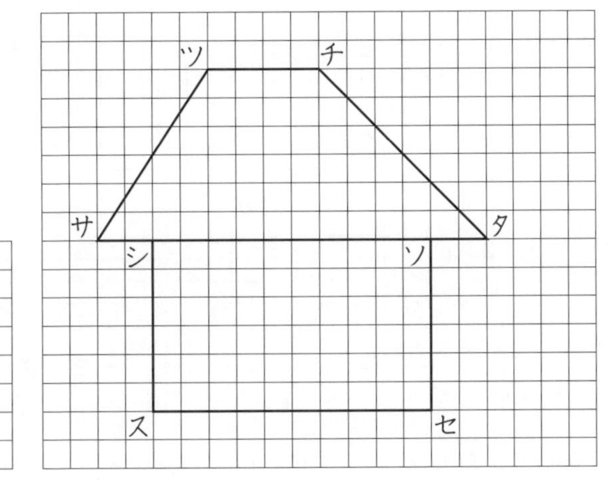

(1) ２つの図の対応する角の大きさを調べてみましょう。

① 角アに対応する角は □　　② 角キに対応する角は □

③ 角カに対応する角は □

(2) ２つの図の対応する辺の長さを，簡単な比で表しましょう。

① 辺ウエ：辺スセ　＝　□ ： □

② 辺アカ：辺サタ　＝　□ ： □

(3) 対応する角の大きさが等しく，対応する辺の長さの比が等しいとき，２つの図の形は等しいです。

このとき，もとの図を大きくした図を □ といい，小さくした図を □ といいます。

拡大図と縮図（2）

名前

1 三角形アイウの３倍の拡大図，三角形カキクがあります。問いに答えましょう。

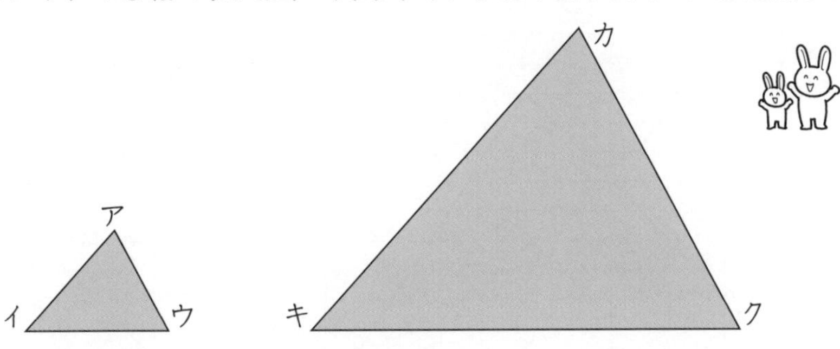

① 角イが 45°のとき，角キは何度ですか。 □

② 角ウが 60°のとき，角クは，何度ですか。 □

③ 辺イウの長さが 3.5cm のとき，辺キクは何 cm ですか。 □

④ 辺カクの長さが 8.7cm のとき，辺アウは何 cm ですか。 □

2 長方形アイウエを 1.5 倍に拡大した，長方形カキクケがあります。問いに答えましょう。

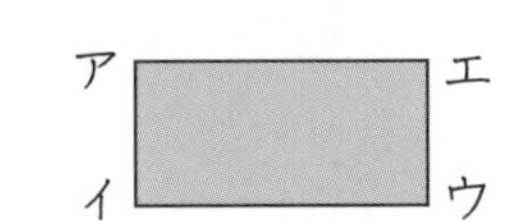

① 辺アイの長さは 2.4cm です。辺カキの長さは何 cm ですか。

□

② 辺キクの長さは 7.2cm です。辺イウの長さは何 cm ですか。

□

拡大図と縮図（3）

名前

1 ㋐の拡大図はどれですか。また，それは何倍の拡大図ですか。

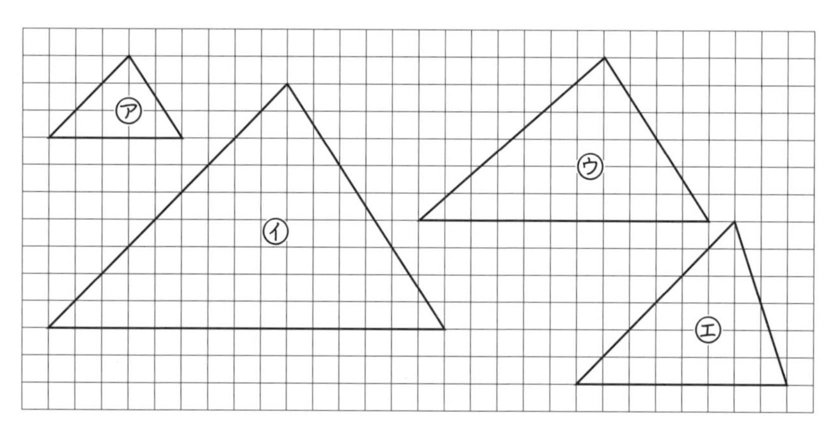

□，□倍

2 ㋐の縮図はどれですか。また，それは何分の１の縮図でしょうか。

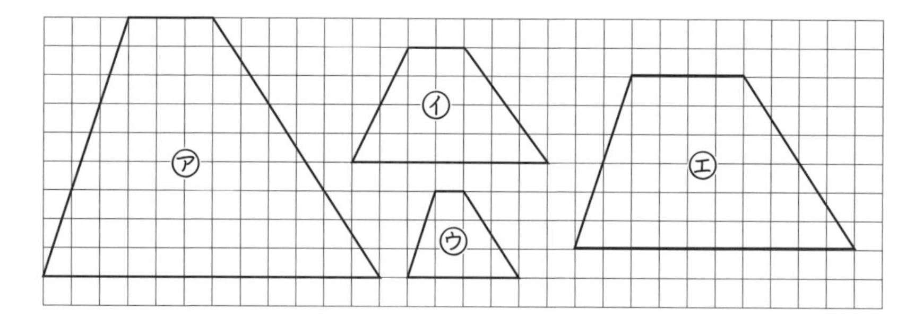

□，□分の１

拡大図と縮図（4）

名前

1 長方形㋐の拡大図をすべて見つけ，それぞれ何倍の拡大図か答えましょう。

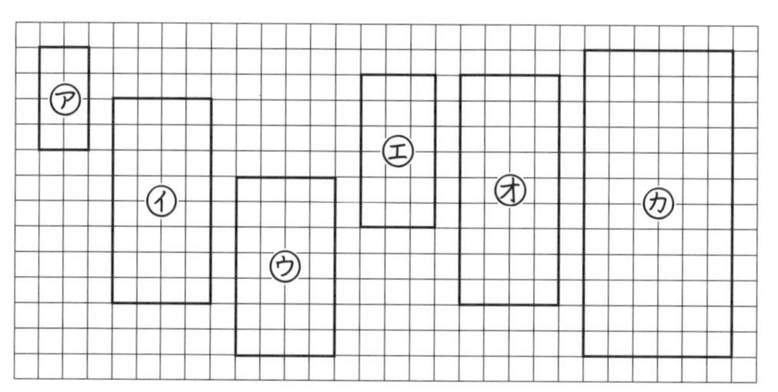

□，□倍　□，□倍　□，□倍

2 三角形㋐の縮図をすべて見つけ，それぞれ何分の何の縮図か答えましょう。

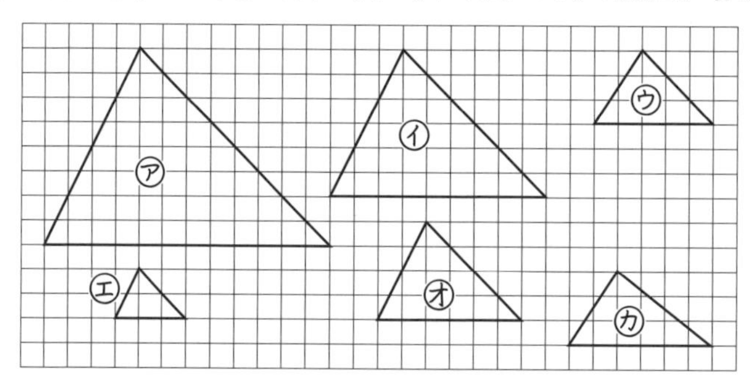

□，□　□，□　□，□

☆BがAの２倍の拡大図になるように，Bのまちがいをなおしましょう。

A　B

拡大図と縮図（5）

名前

1 三角形アイウを 4 倍に拡大した，三角形カキクをかきましょう。

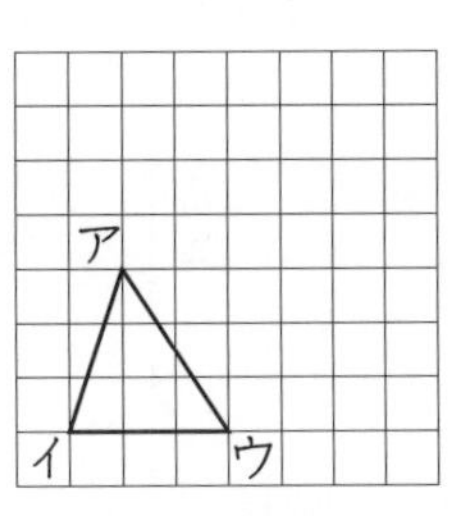

※　点イに対応する点キは右図の位置に決めてあります。

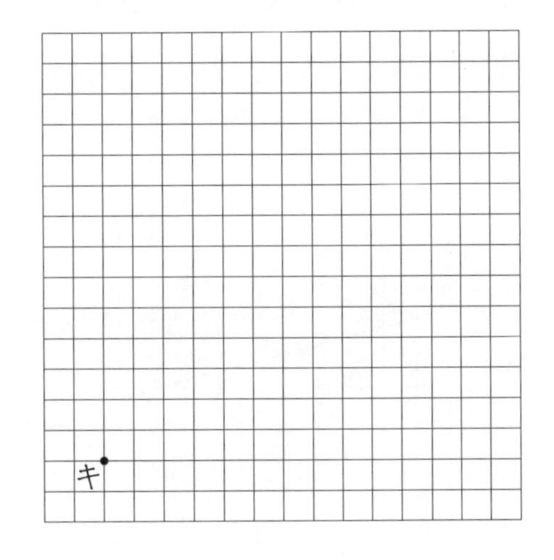

2 長方形アイウエを 2 倍に拡大した，長方形カキクケをかきましょう。

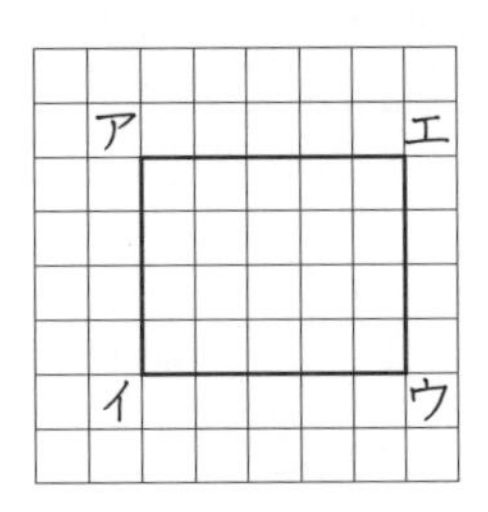

※　点イに対応する点キは右図の位置に決めてあります。

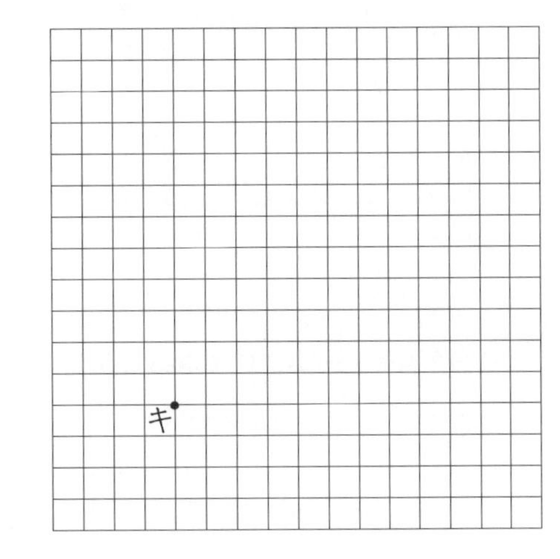

拡大図と縮図（6）

名前

1 台形アイウエを 2 倍に拡大した，台形カキクケをかきましょう。

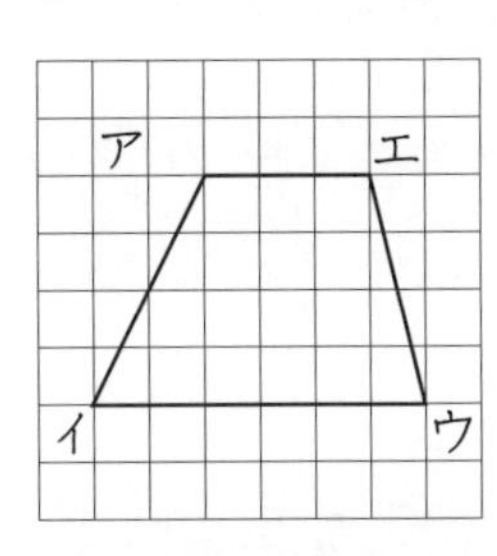

※　点イに対応する点キは，右の位置に決めてあります。

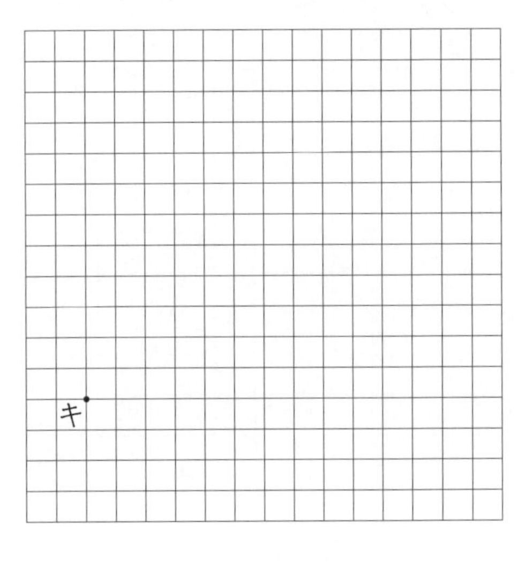

2 四角形アイウエを 2 倍に拡大した四角形カキクケと，3 倍に拡大した四角形サシスセをかきましょう。

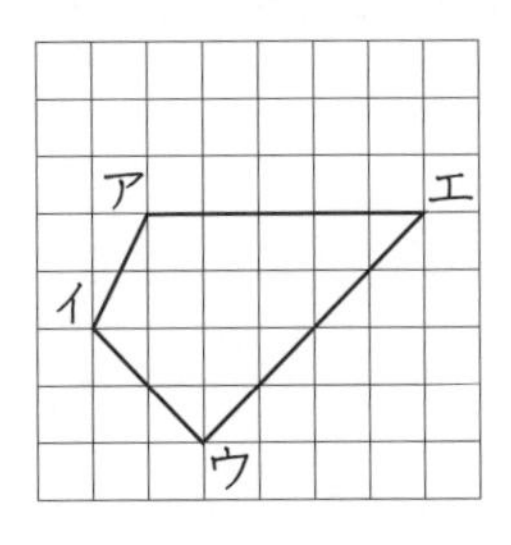

※　点イに対応する点キと点シは，方眼の同じ位置に決めてあります。

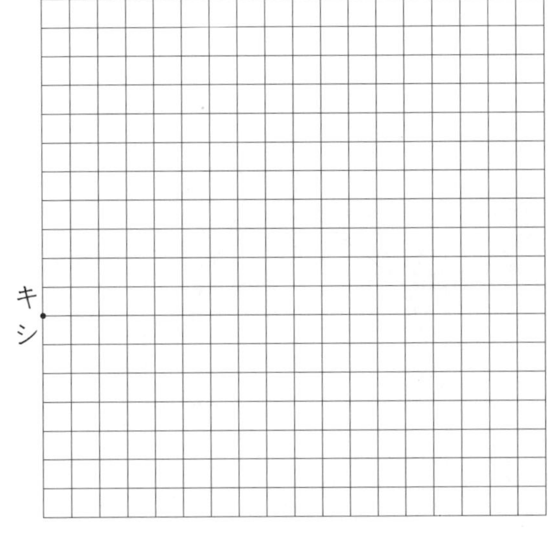

拡大図と縮図（7）

名前

1 三角形アイウを $\frac{1}{2}$ に縮小した，三角形カキクを右の方眼にかきましょう。

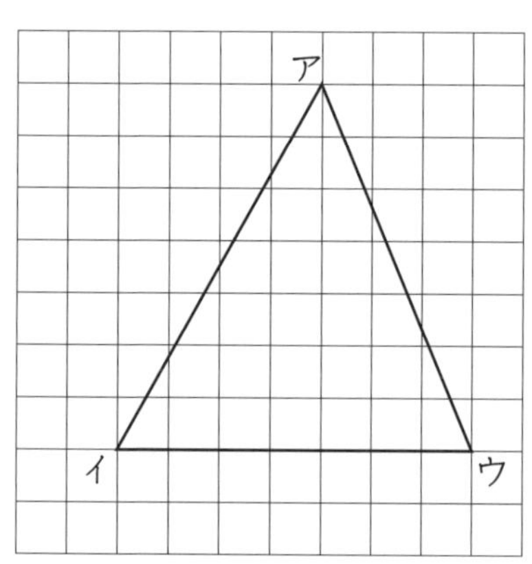

（右の方眼の１ますの大きさは，
左の方眼の $\frac{1}{2}$ になっています。）

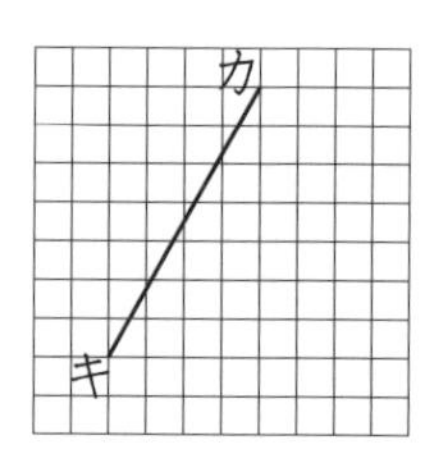

2 四角形アイウエを $\frac{1}{2}$ に縮小した，四角形カキクケを右の方眼にかきましょう。

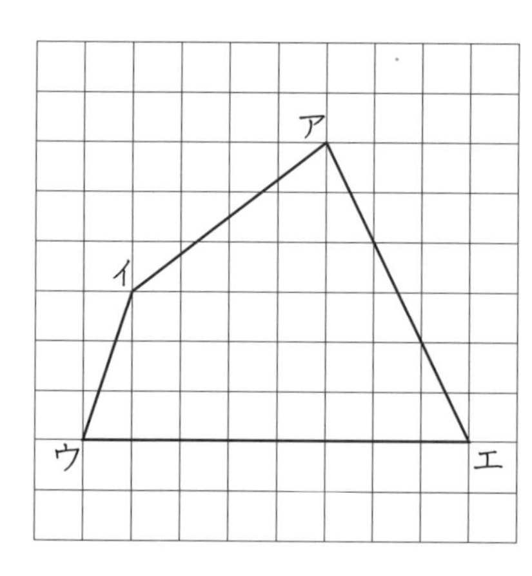

（右の方眼の１ますの大きさは，
左の方眼の $\frac{1}{2}$ になっています。）

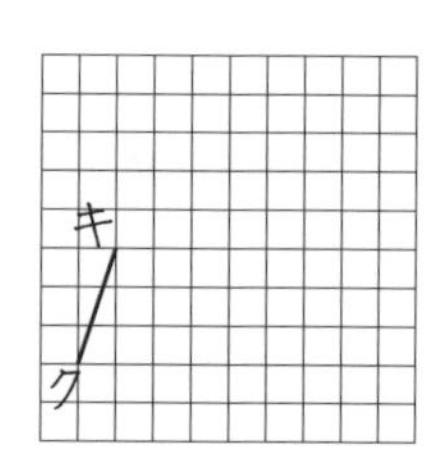

拡大図と縮図（8）

名前

1 三角形アイウを $\frac{1}{2}$ に縮小した三角形カキクを，右の方眼にかきましょう。
★方眼の１めもりの大きさは同じです。

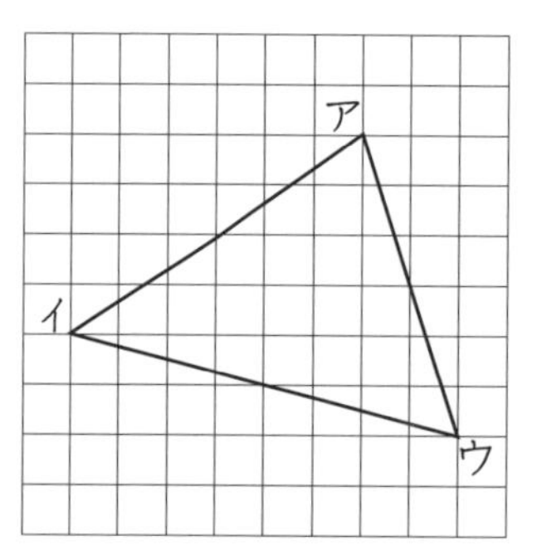

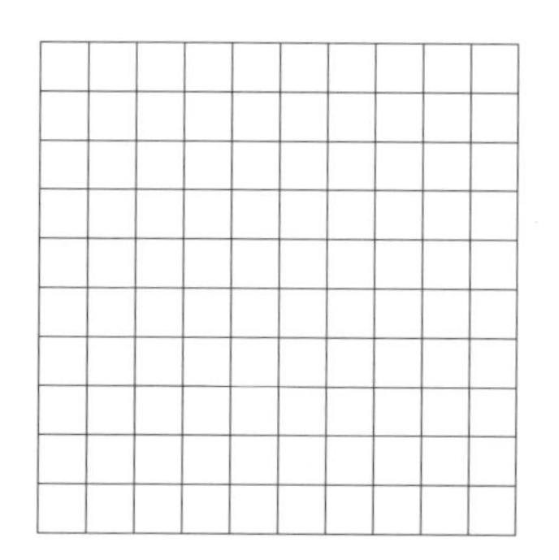

2 台形アイウエを $\frac{1}{2}$ に縮小した台形カキクケを，右の方眼にかきましょう。
★方眼の１めもりの大きさは同じです。

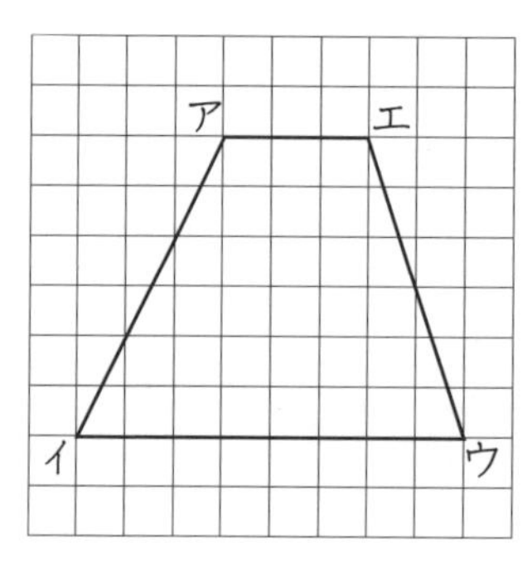

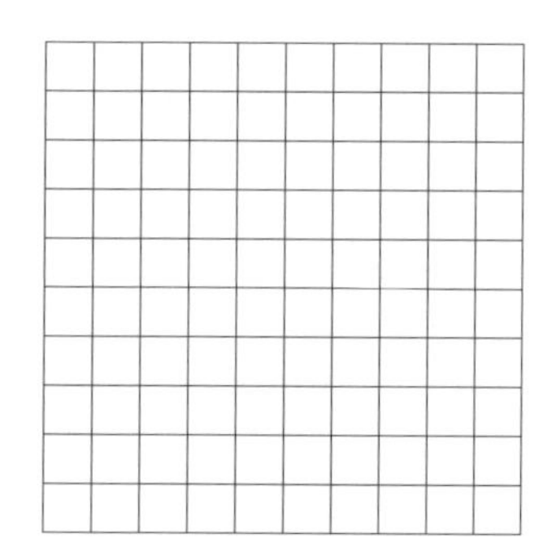

☆BがAの $\frac{1}{2}$ の縮図になるように，Bのまちがいをなおしましょう。

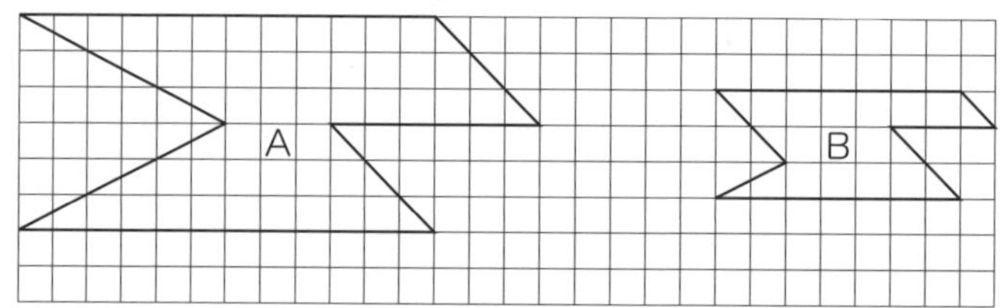

拡大図と縮図（9）

名前

① 三角形アイウを２倍に拡大した，三角形カキクをかきましょう。

A　コンパスを使ってかきましょう。

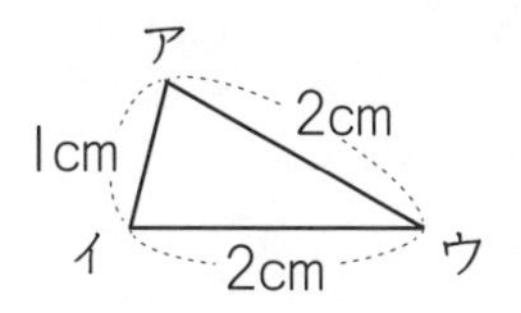

② 三角形アイウを２倍に拡大した，三角形カキクをかきましょう。

B　コンパスと分度器を使ってかきましょう。

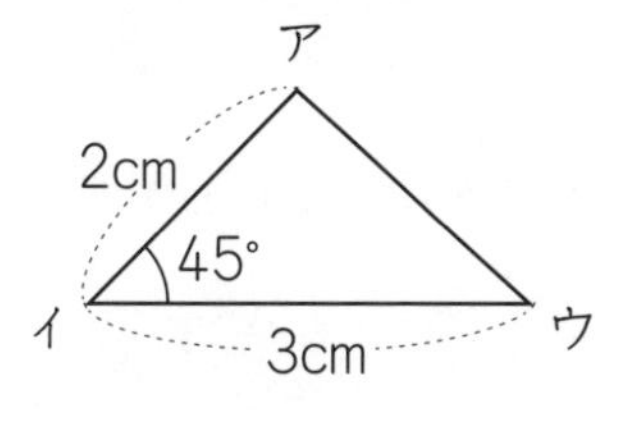

③ 三角形アイウを２倍に拡大した，三角形カキクをかきましょう。

C　おもに分度器を使ってかきましょう。

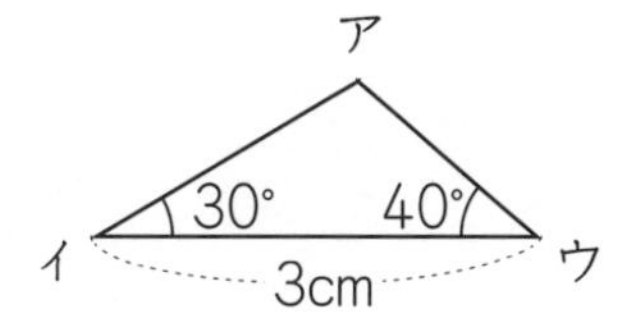

拡大図と縮図（10）

名前

① 三角形アイウを２倍に拡大した，三角形カキクをかきましょう。

（必要な長さや角度をはかってかきましょう。）

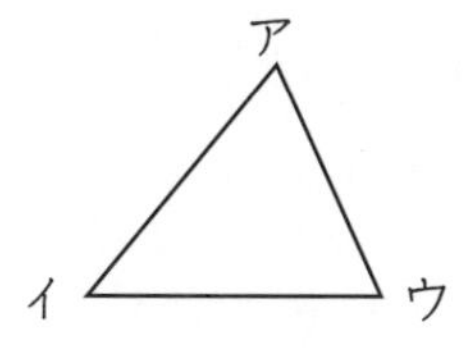

キ•

② 四角形アイウエを２倍に拡大した，四角形カキクケをかきましょう。

（必要な長さや角度をはかってかきましょう。）

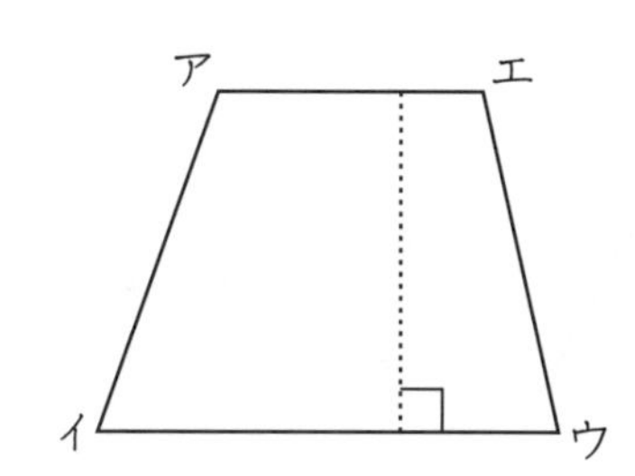

キ•

拡大図と縮図（11）

名前

1 次の三角形の $\frac{1}{2}$ の縮図を右にかきましょう。

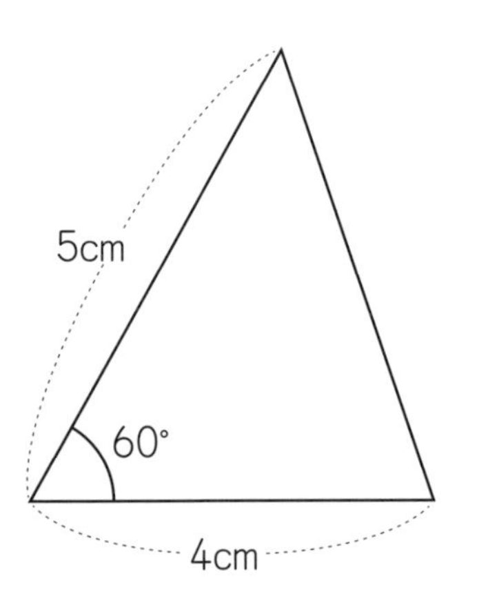

2 次の四角形の $\frac{1}{3}$ の縮図を右にかきましょう。

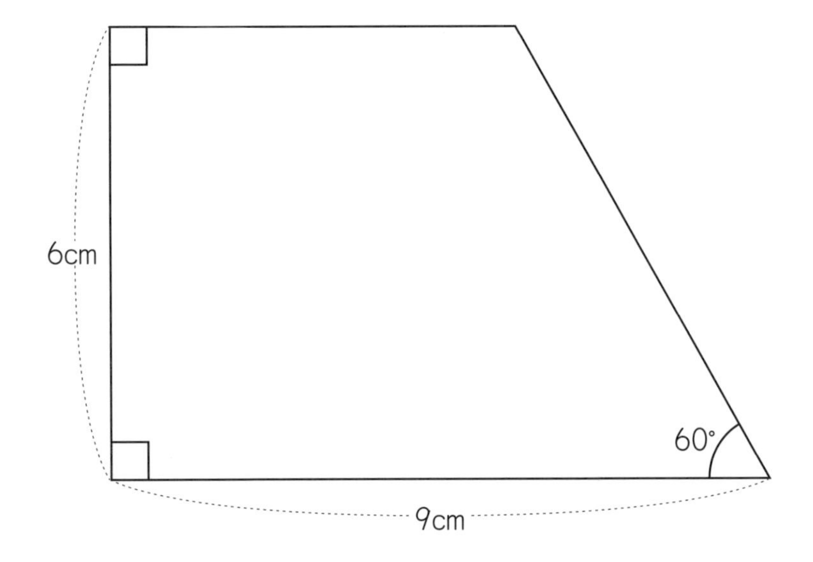

拡大図と縮図（12）

名前

1 三角形アイウを $\frac{1}{3}$ に縮小した，三角形カキクをかきましょう。
（必要な長さや角度をはかってかきましょう。）

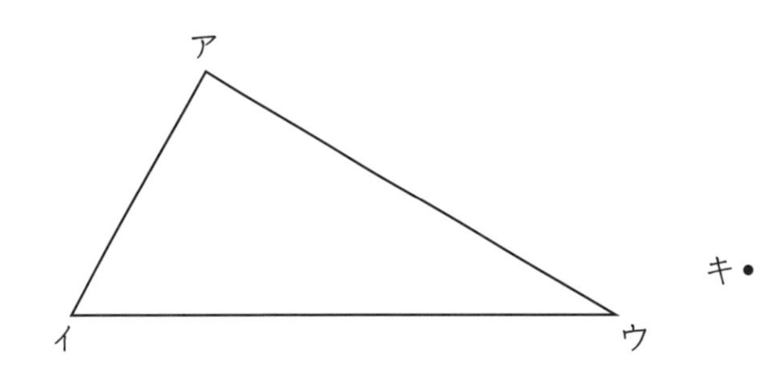

2 四角形アイウエを $\frac{1}{2}$ に縮小した，四角形カキクケをかきましょう。
（必要な長さや角度をはかってかきましょう。）

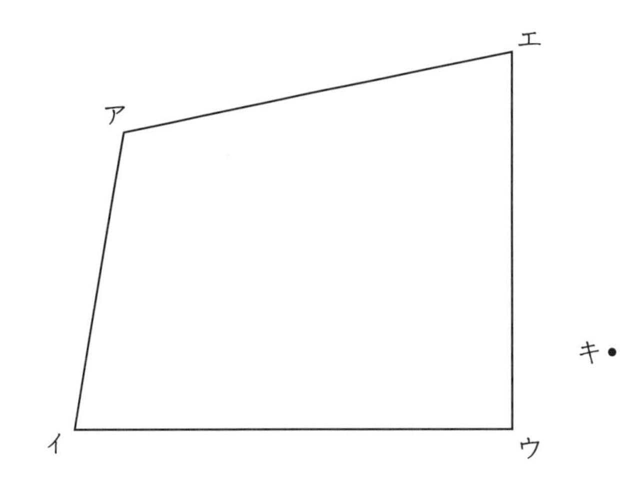

拡大図と縮図（13）

名前

1 三角形アイウを $\frac{1}{2}$ に縮小した，三角形カキクをかきましょう。
（必要な長さや角度をはかってかきましょう。）

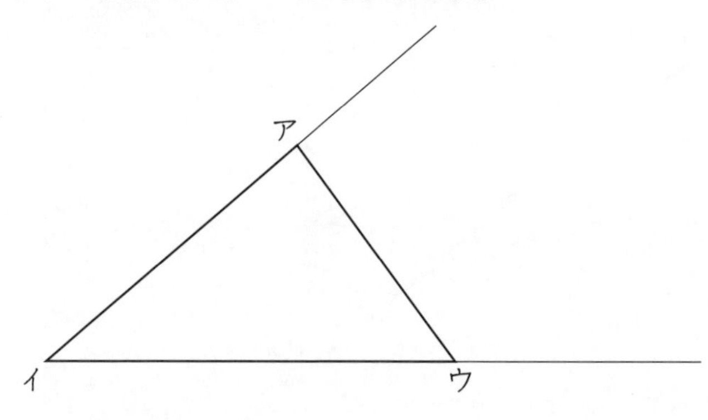

2 四角形アイウエを $\frac{1}{3}$ に縮小した，四角形カキクケをかきましょう。
（必要な長さや角度をはかってかきましょう。）

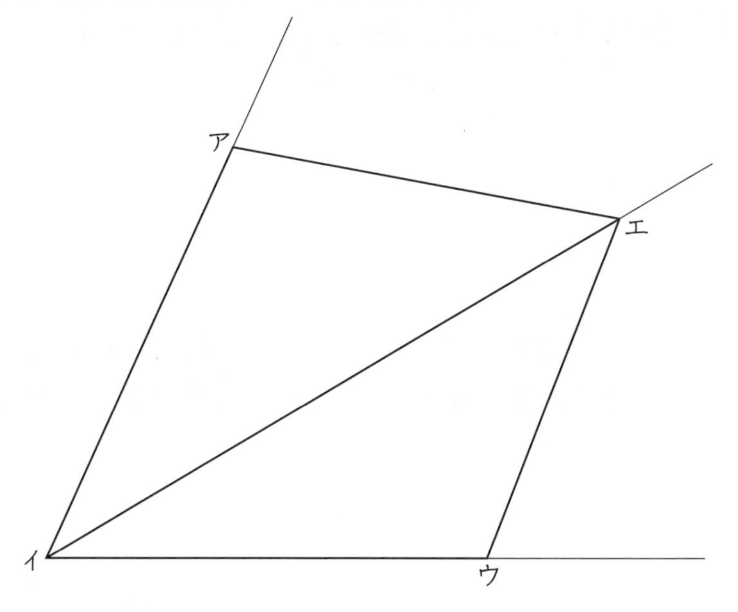

拡大図と縮図（14）

名前

◆ 下の図は，ある小学校の $\frac{1}{1000}$ の縮図です。図をみて答えましょう。

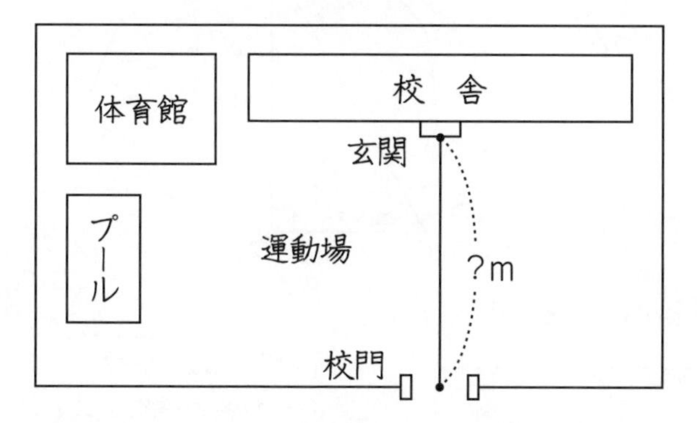

① 縮図でプールの横の長さを測ると，ちょうど 2.5cm でした。実際の長さは何 m ですか。□に数を入れて考えましょう。

2.5 × 1000 = □

□ cm = □ m

② 縮図で校舎の横の長さを測ると，ちょうど 8cm でした。
実際の長さは何 m ですか。

式

答え

③ 縮図では，校門から玄関まで 5.2cm です。実際の長さは何 m ですか。

式

答え

拡大図と縮図（15）

名前

◆ 右のような形の池があります。アからウまでの長さを求めるにはどうしたらよいでしょうか。

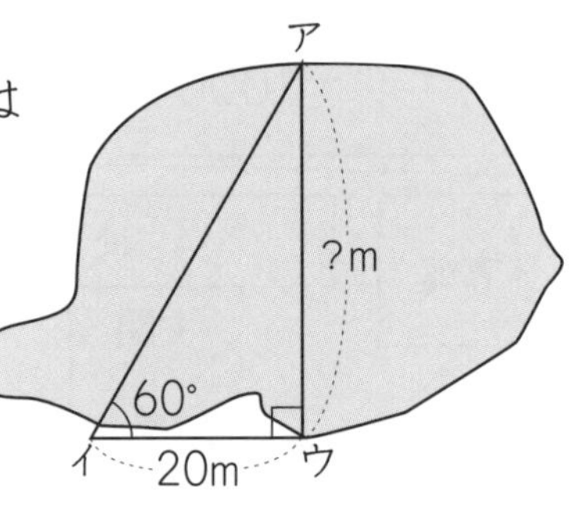

① $\frac{1}{500}$ の縮図をかいて調べましょう。

イ・

縮図のかき方

① イウの長さを実際の $\frac{1}{500}$ にしてひく。

② ウから垂直な直線をひく。

③ イから60°の直線をひき，②の線と交わったところに点アを決め，三角形アイウをかく。

② イウ(20m)の $\frac{1}{500}$ は何cmでしょうか。

式

答え

③ アウの実際の長さを，縮図のアウの長さを測って求めましょう。

式　縮図のアウは約______cm

答え　約

拡大図と縮図（16）

名前

◆ 下の図は，東京湾アクアラインの地図の一部です。縮尺は20万分の一です。

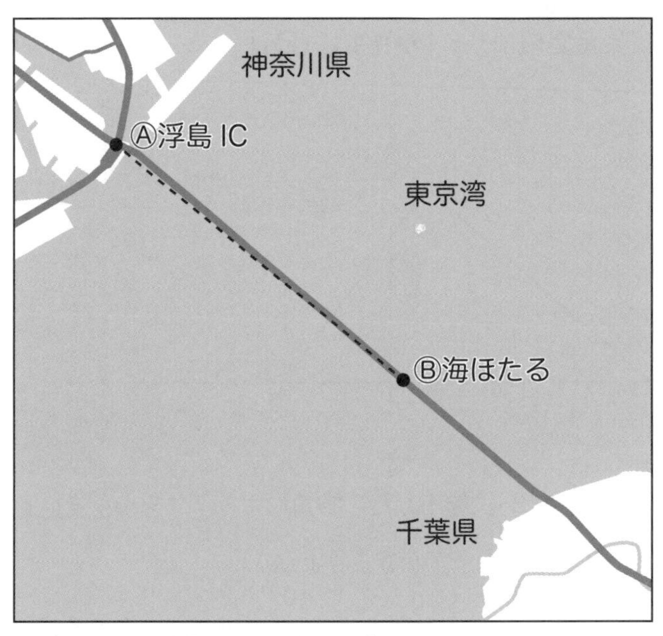

① 地図上の1cmは，実際には何kmですか。

式　20万分の1の縮尺だから，

1cm × 20万 ＝

答え

② 地図上で北西にある浮島(うきしま)IC（インターチェンジ）Ⓐから，南東にある海ほたるⒷまで，直線で約何kmはなれていますか。地図上でⒶからⒷまでの長さを測って求めましょう。

式　地図上のⒶからⒷまで______cm

答え　約

ふりかえりテスト 拡大図と縮図

名前 ＿＿＿＿＿＿＿＿

1 四角形アイウエの1.5倍の拡大図，四角形カキクケがあります。[　]にあてはまる数を書きましょう。(8×2)

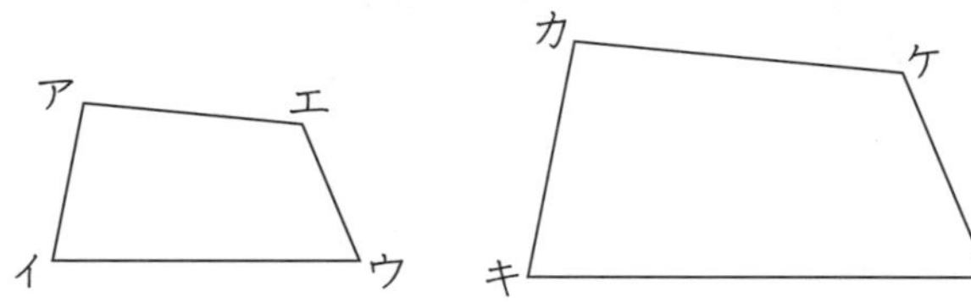

① 辺イウの長さが4cmのとき，辺キクの長さは[　]cmです。

② 角イが80°のとき，角キは[　]°です。

2 下の図をみて答えましょう。(6×4)

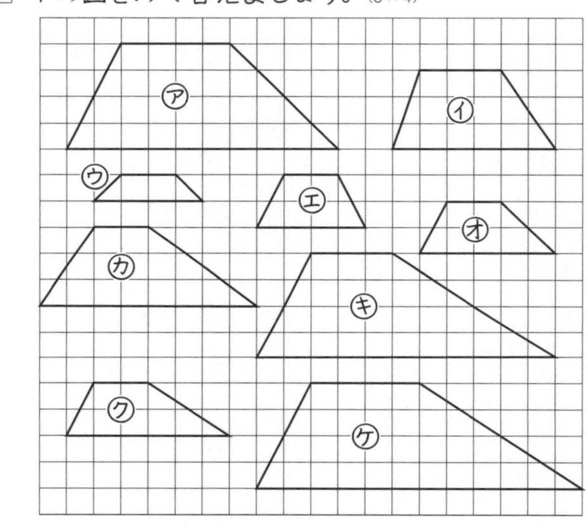

① ㋐の縮図はどれですか。また，それは何分の１の縮図ですか。 [　]，[　]分の１

② ㋗の拡大図はどれですか。また，それは何倍の拡大図ですか。 [　]，[　]倍

3 下の三角形を$\frac{1}{2}$に縮小した三角形と，３倍に拡大した三角形をかきましょう。(8×2)

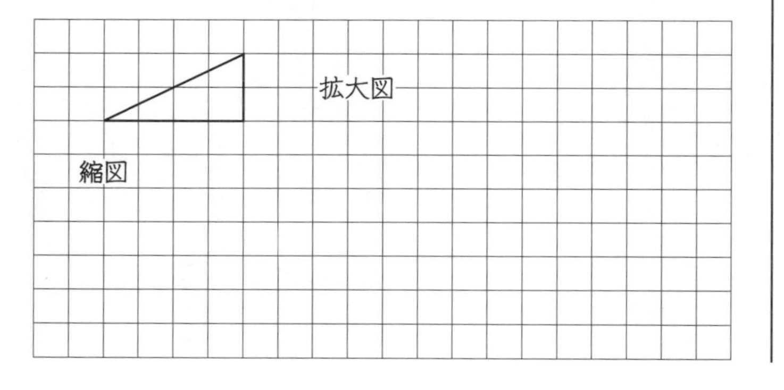

4 下の三角形アイウを２倍に拡大した三角形カキクをかきましょう。(点キの位置は図のように決めてあります。)(10)

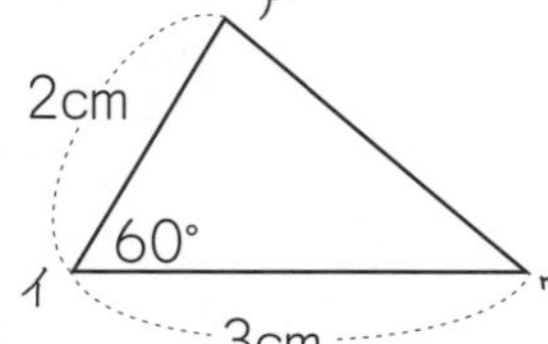

キ●

5 四角形アイウエの，アを中心にして２倍に拡大した四角形と，$\frac{1}{2}$に縮小した四角形をかきましょう。(8×2)

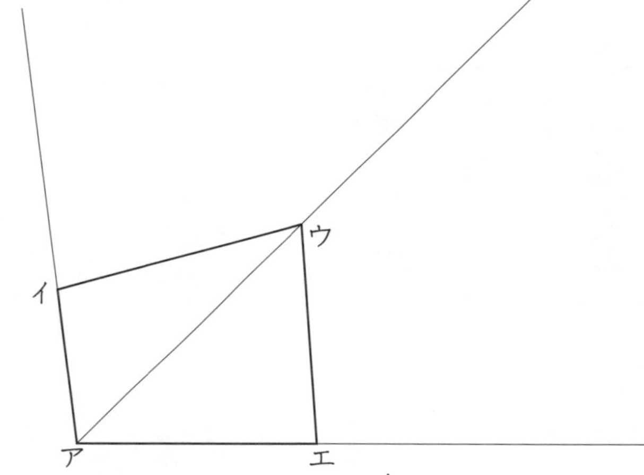

6 木の高さを求めるために，$\frac{1}{500}$の縮図をかきます。(8×3)

① 実際の10m(イウ)は，縮図では何cmになりますか。

式

答え ＿＿＿＿＿＿

② 縮図をかきましょう。

ア
?m
60°
イ
10m
ウ

縮図

③ 縮図から，木の高さを求めましょう。

式　縮図の木の高さ(アイ)＝約＿＿＿＿cm

答え ＿＿＿＿＿＿

円の面積（1）

名前＿＿＿＿＿＿＿＿＿＿

◆ 次の円の，円周の長さと，円の面積を求めましょう。

①

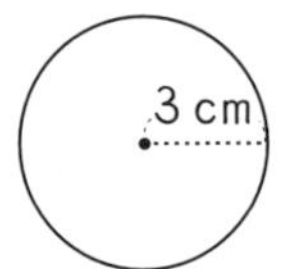

【円周】
式

答え＿＿＿＿＿＿

【円の面積】
式

答え＿＿＿＿＿＿

②

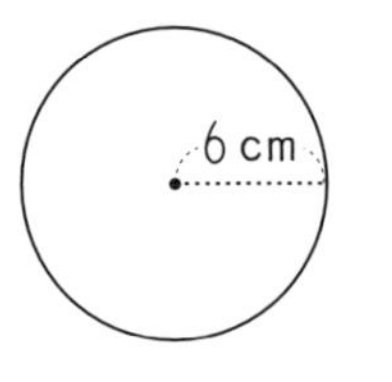

【円周】
式

答え＿＿＿＿＿＿

【円の面積】
式

答え＿＿＿＿＿＿

③

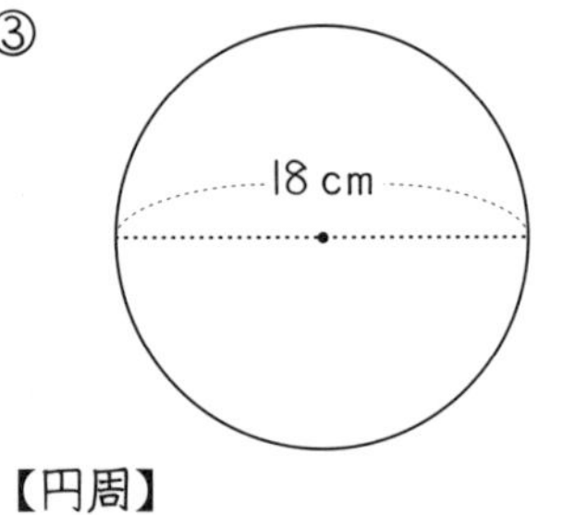

【円周】
式

答え＿＿＿＿＿＿

【円の面積】
式

答え＿＿＿＿＿＿

円の面積（2）

名前＿＿＿＿＿＿＿＿＿＿

◆ 次の円の面積を求めましょう。

①

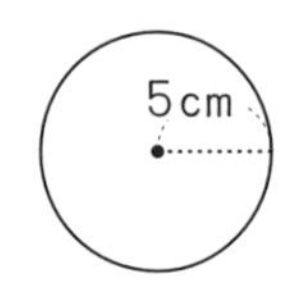

式

答え＿＿＿＿＿＿

②

10 cm

半径が 2 倍になったら面積は何倍になっているかな?

式

答え＿＿＿＿＿＿

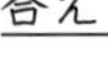

③

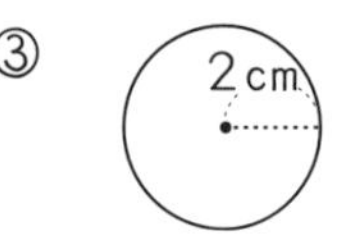

式

答え＿＿＿＿＿＿

④

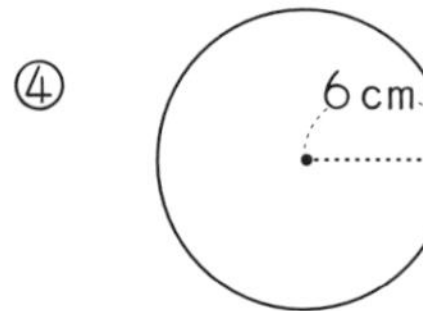

半径が 3 倍になったら面積は何倍になっているかな?

式

答え＿＿＿＿＿＿

⑤

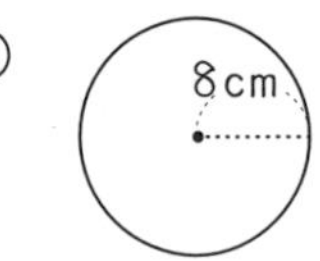

式

答え＿＿＿＿＿＿

⑥

式

答え＿＿＿＿＿＿

円の面積（3）

名前

◆ 次の半円と，円を４等分したおうぎ形の面積を求めましょう。

①

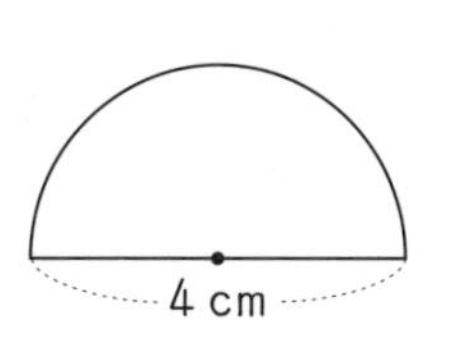

式

答え

②

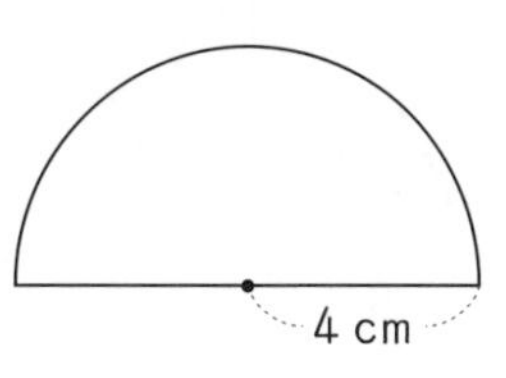

式

答え

③

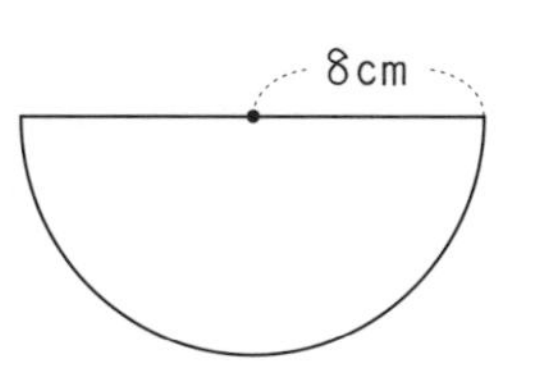

式

答え

④

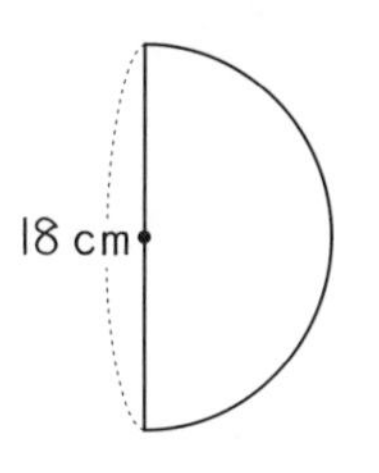

式

答え

⑤

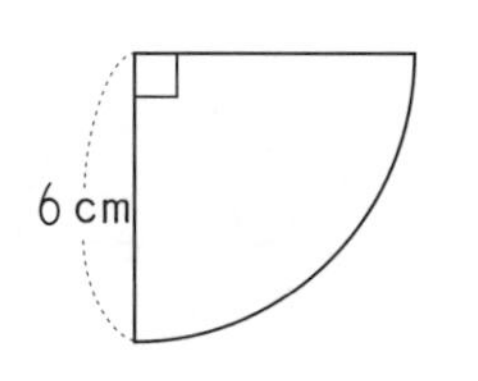

式

答え

⑥

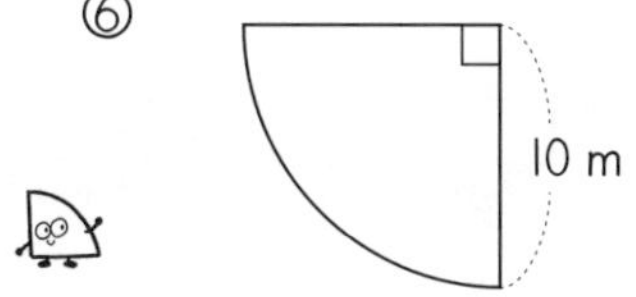

式

答え

円の面積（4）

名前

1 次の円周の長さから，円の半径の長さと面積を求めましょう。

① 円周　62.8cmの円

【半径】

式

答え

【面積】

式

答え

② 円周　25.12cmの円

【半径】

式

答え

【面積】

式

答え

③ 円周　43.96cmの円

【半径】

式

答え

【面積】

式

答え

④ 円周　12.56cmの円

【半径】

式

答え

【面積】

式

答え

☆円と半円の面積をくらべ，面積の広い方を通ってゴールしましょう。（広い方の面積を□に書きましょう。）

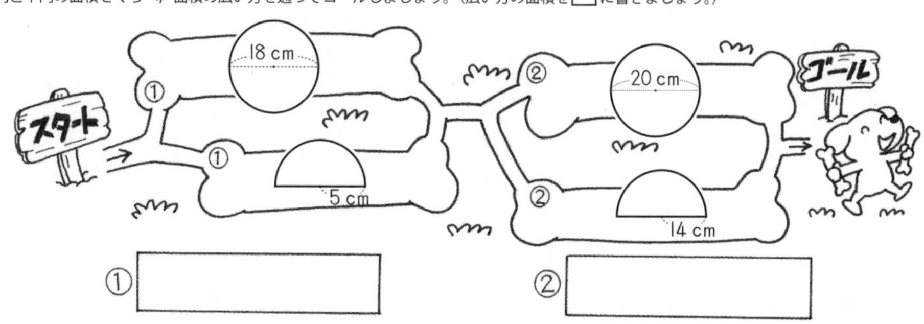

① □

② □

円の面積（5）

名前

◆ 色のついた部分の面積を求めましょう。

①

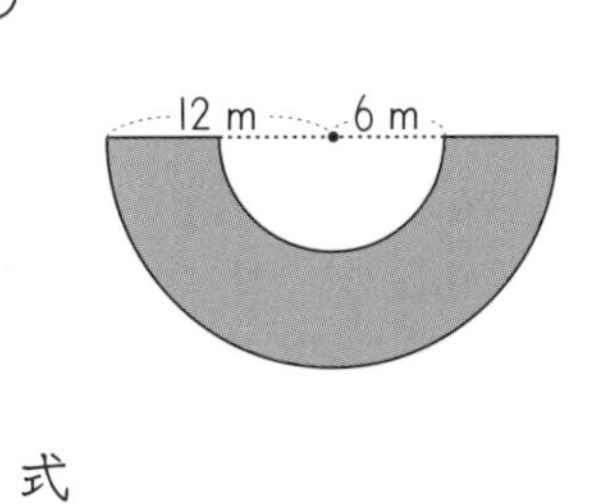

式

答え

②

40 cm

40 cm

式

答え

③

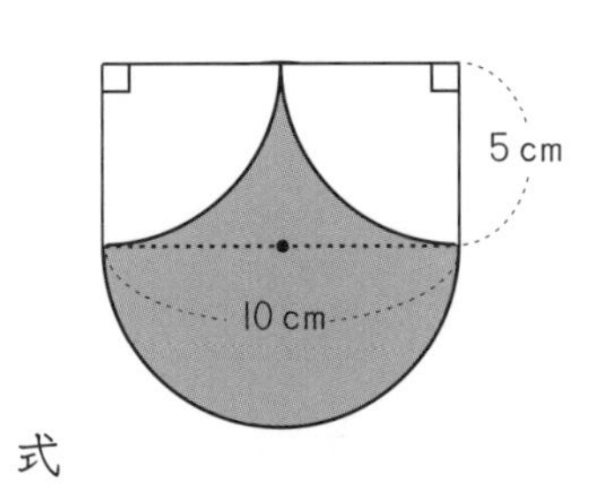

式

答え

④

20 cm

20 cm

式

答え

円の面積（6）

名前

◆ 次のおうぎ形の面積を求めましょう。

①

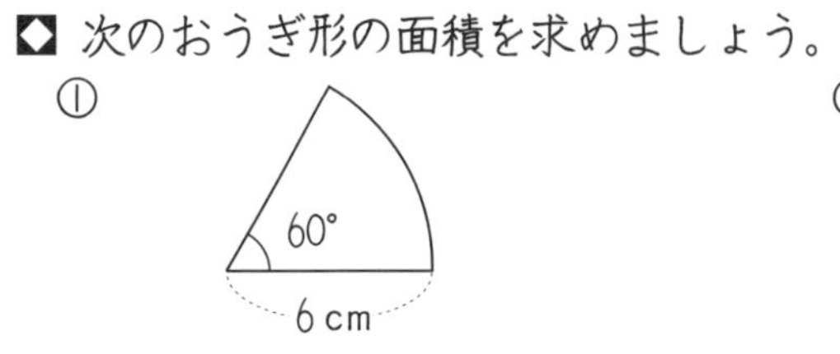

式

答え

②

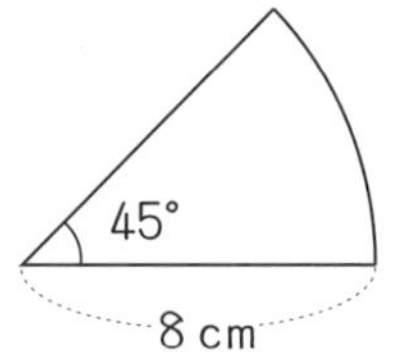

式

答え

③

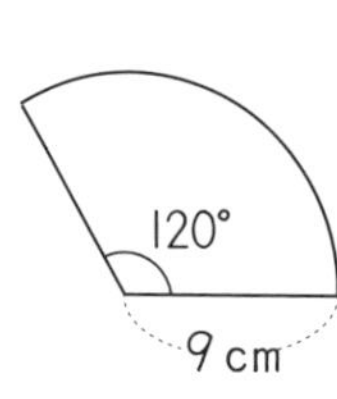

式

答え

④

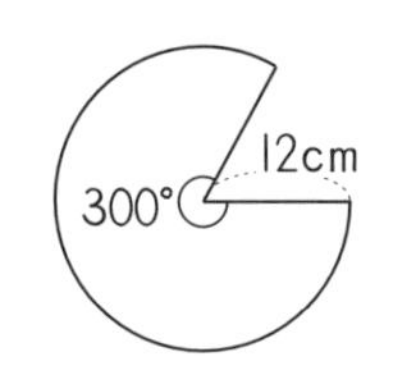

式

答え

☆面積の広い方を通ってゴールしましょう。（広い方の記号と面積を□に書きましょう。）

スタート

① 10 cm

① 45° 20 cm

② 60° 6 cm

② 12 cm

ゴール

①

②

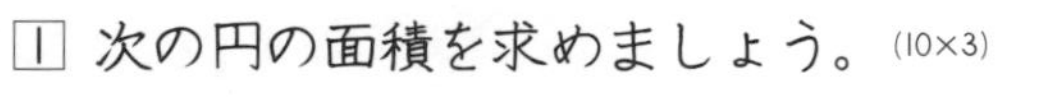

力だめし★円の面積

名前

[1] 次の円の面積を求めましょう。(10×3)

①

式

答え

②

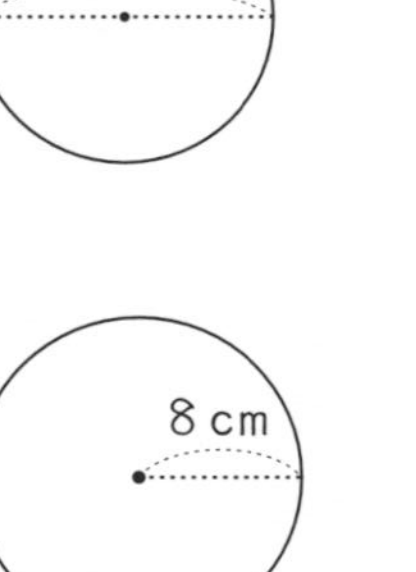

式

答え

③

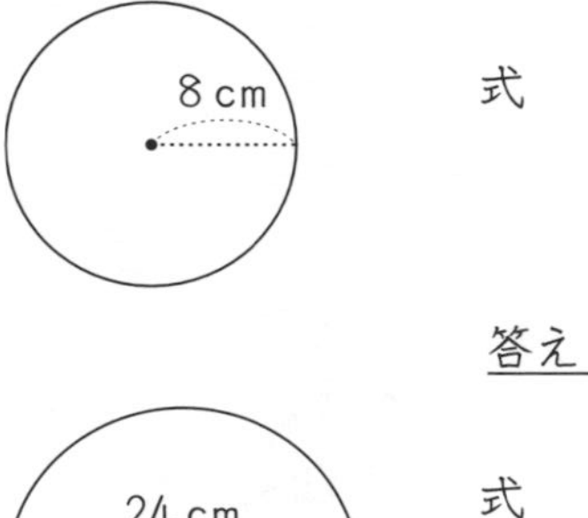

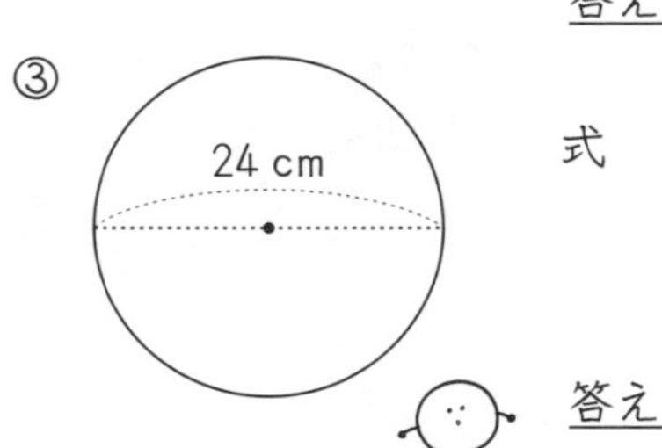

式

答え

[2] 次の図形の面積を求めましょう。(10×3)

① 半円

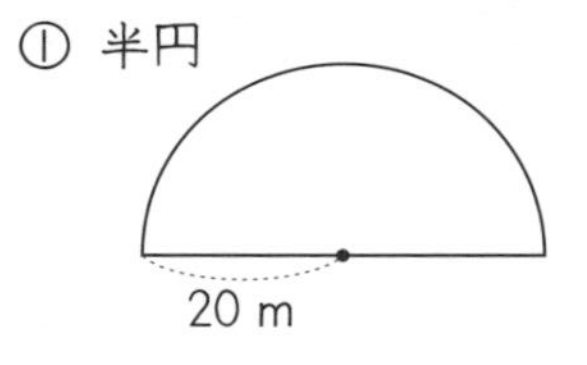

式

答え

② 半円

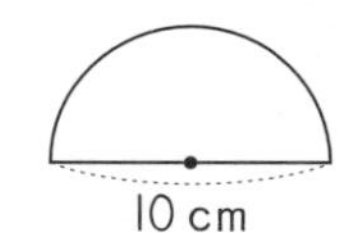

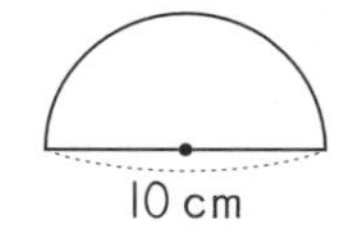

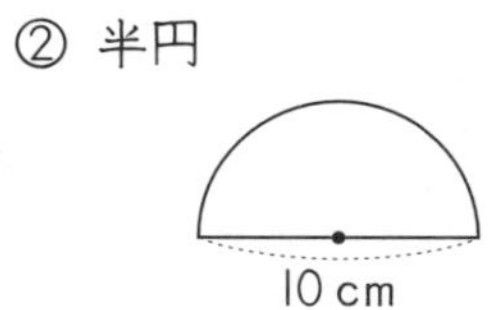

式

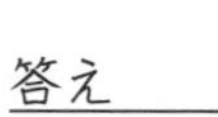

答え

③ 4等分した円

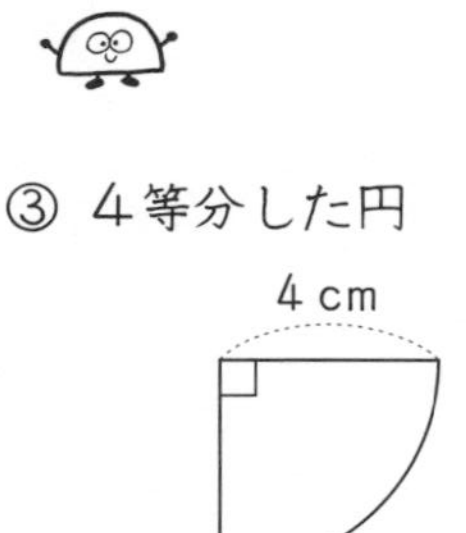

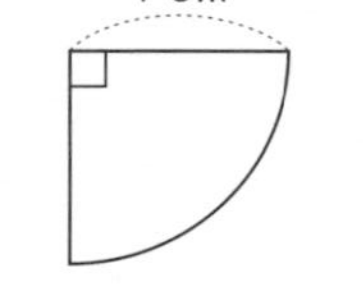

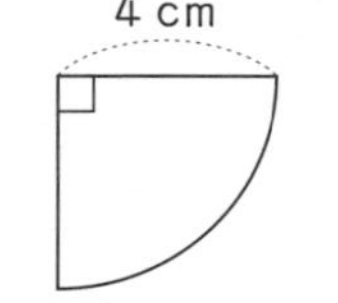

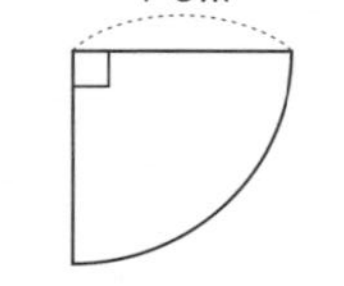

式

答え

[3] 色のついた部分の面積を求めましょう。(10×4)

①

20cm　10cm

式

答え

②

16 cm

式

答え

③

10cm　10cm

式

答え

④

60m　30m

式

答え

角柱と円柱の体積（1）

名前＿＿＿＿＿＿＿＿＿＿＿＿＿＿＿＿＿＿

◆ 次の四角柱の体積を求めましょう。

①

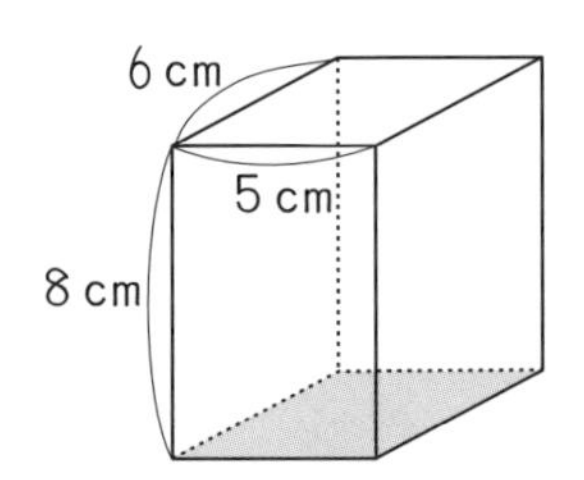

式

答え＿＿＿＿＿＿＿＿＿＿＿＿

②

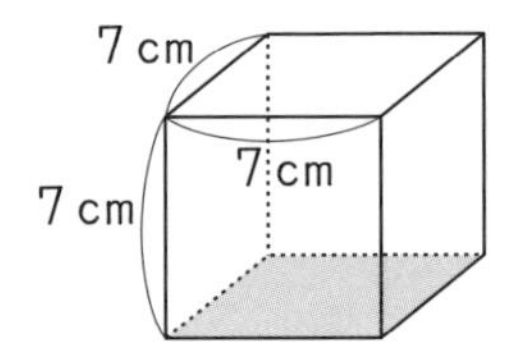

式

答え＿＿＿＿＿＿＿＿＿＿＿＿

③

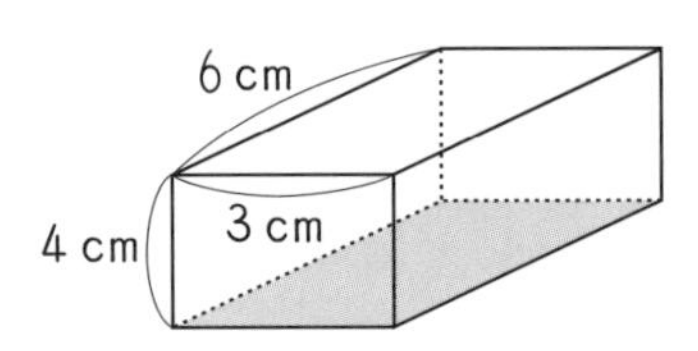

式

答え＿＿＿＿＿＿＿＿＿＿＿＿

角柱と円柱の体積（2）

名前＿＿＿＿＿＿＿＿＿＿＿＿＿＿＿＿＿＿

◆ 次の角柱の体積を求めましょう。

①

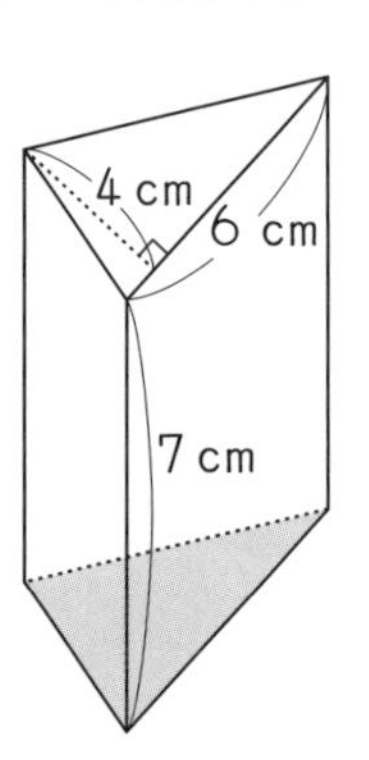

式

答え＿＿＿＿＿＿＿＿＿＿＿＿

②

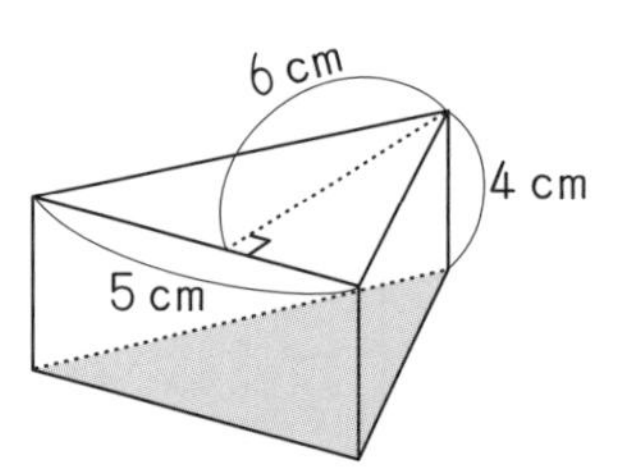

式

答え＿＿＿＿＿＿＿＿＿＿＿＿

③

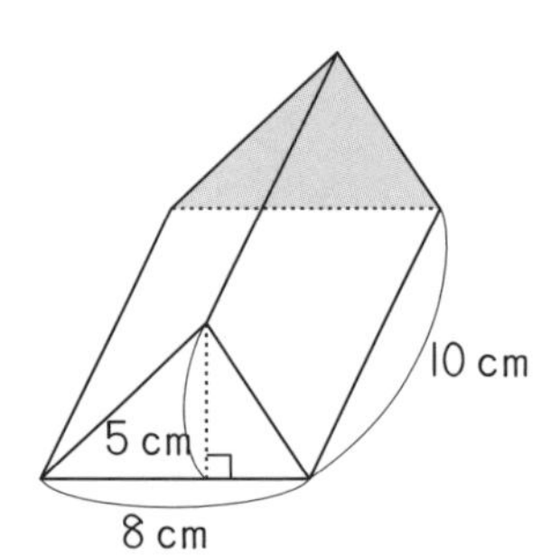

式

答え＿＿＿＿＿＿＿＿＿＿＿＿

角柱と円柱の体積（3）

名前

◆ 次の角柱の体積を求めましょう。

①

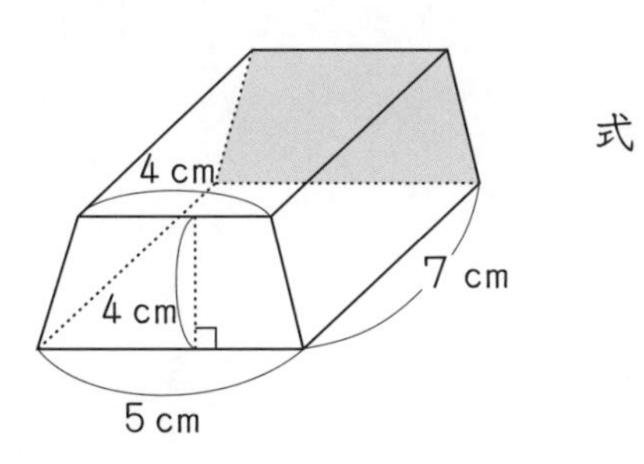

式

答え

② 底面は台形

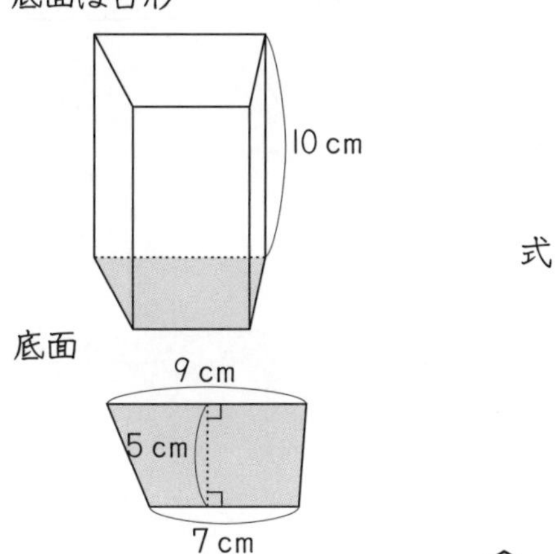

式

答え

③ 底面はひし形

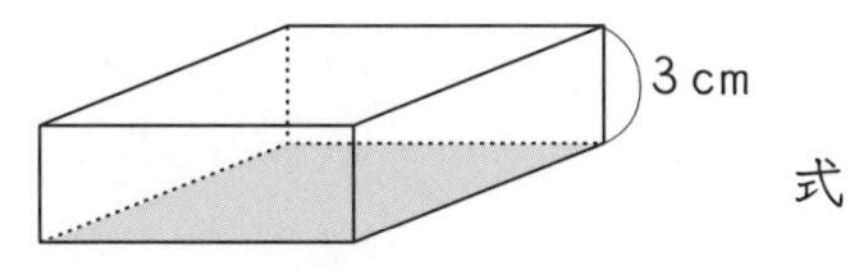

底面

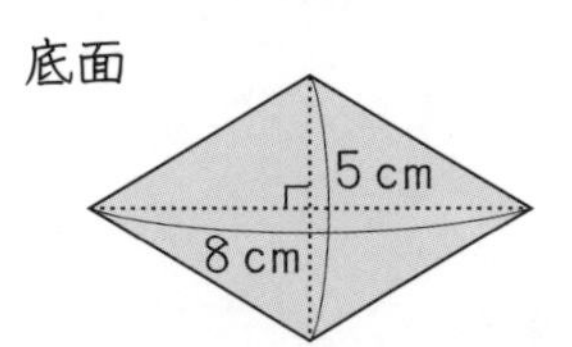

式

答え

角柱と円柱の体積（4）

名前

◆ 次の円柱の体積を求めましょう。

①

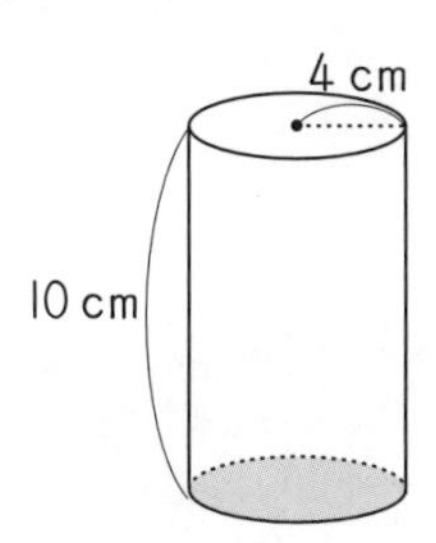

式

答え

②

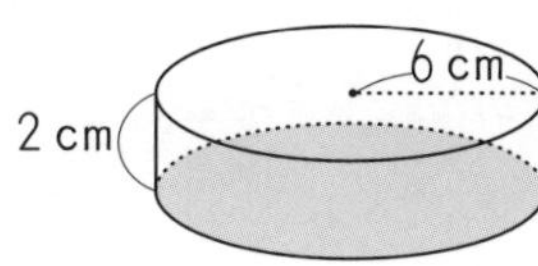

式

答え

③

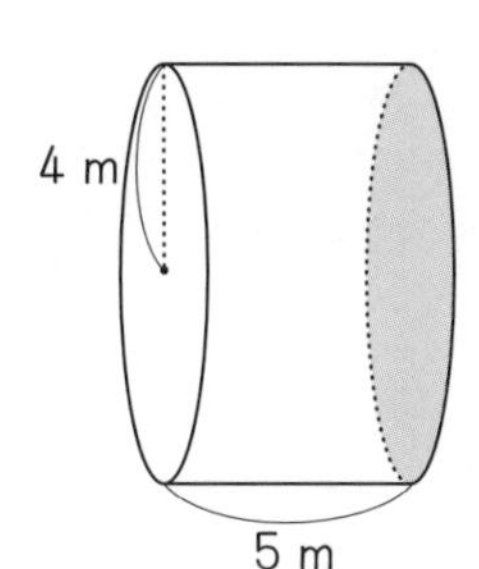

式

答え

角柱と円柱の体積（5）

名前

◆ 次の立体の体積を求めましょう。

① 三角柱

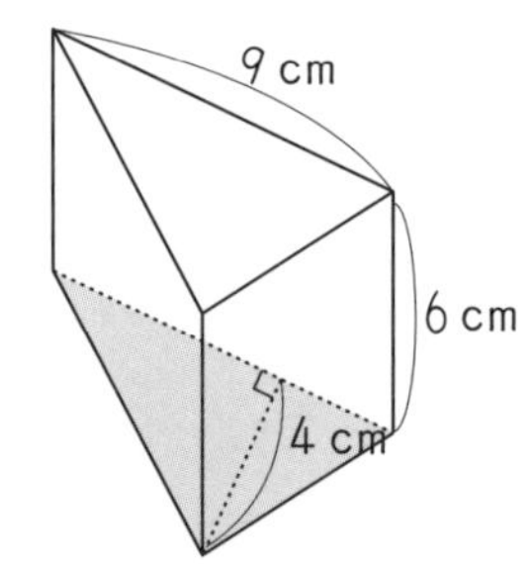

式

答え

② 円柱

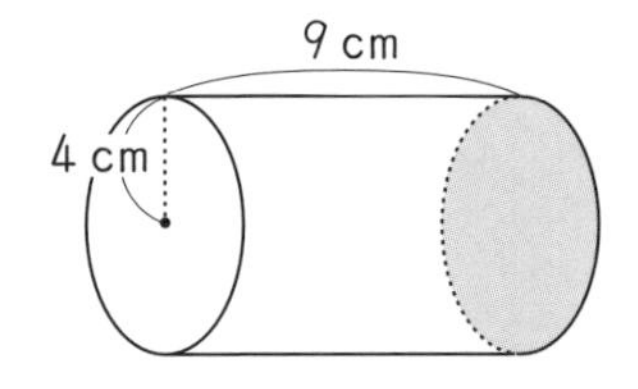

式

答え

③ 四角柱（底面が台形）

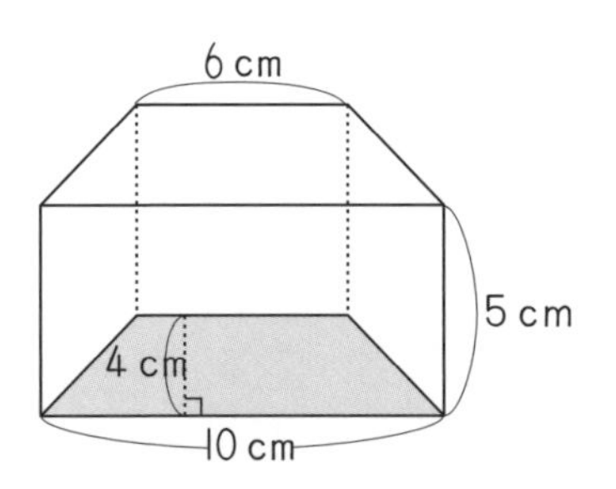

式

答え

角柱と円柱の体積（6）

名前

◆ 次の立体の体積を底面積 × 高さの式で求めましょう。

① 円柱の半分

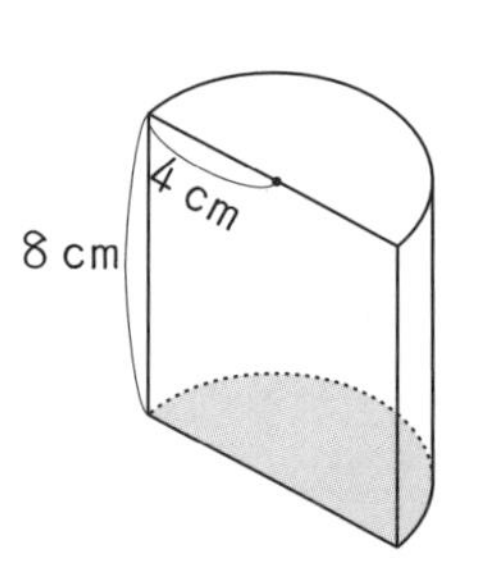

式

答え

②

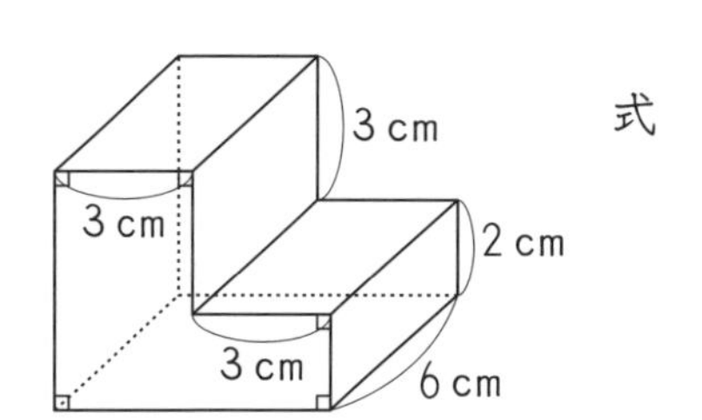

式

答え

③

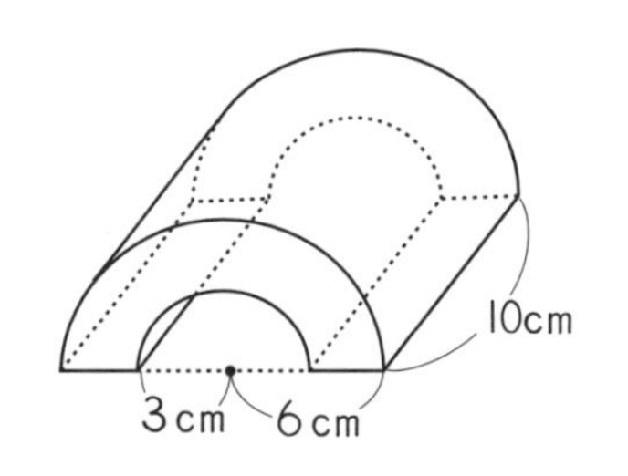

式

答え

ふりかえりテスト 角柱と円柱の体積

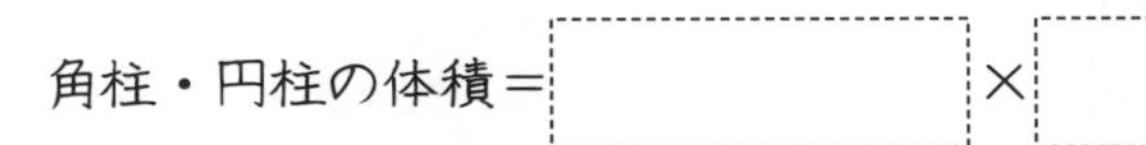
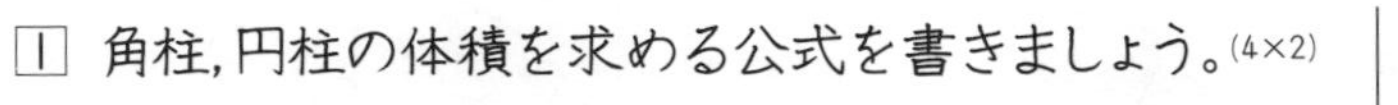

名前
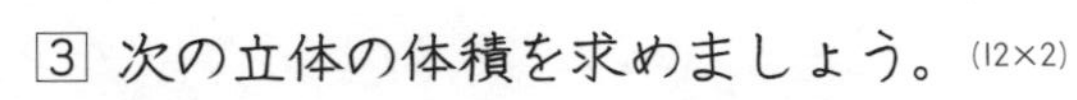

1 角柱，円柱の体積を求める公式を書きましょう。(4×2)

角柱・円柱の体積＝[　　　　]×[　　　]

2 次の角柱の体積を求めましょう。(①②は各10 ③④は各12)

①
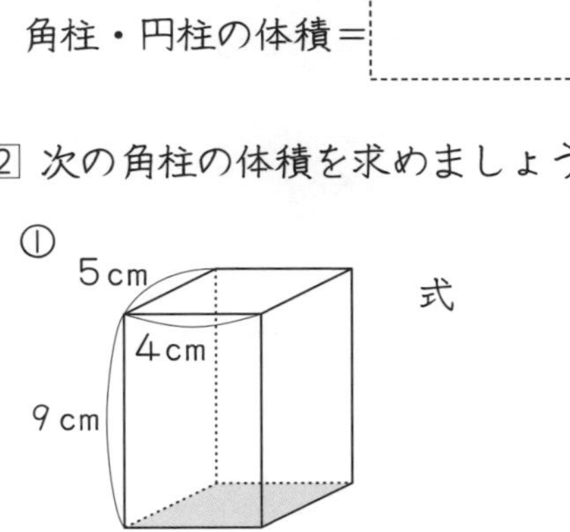

式

答え ____________

②
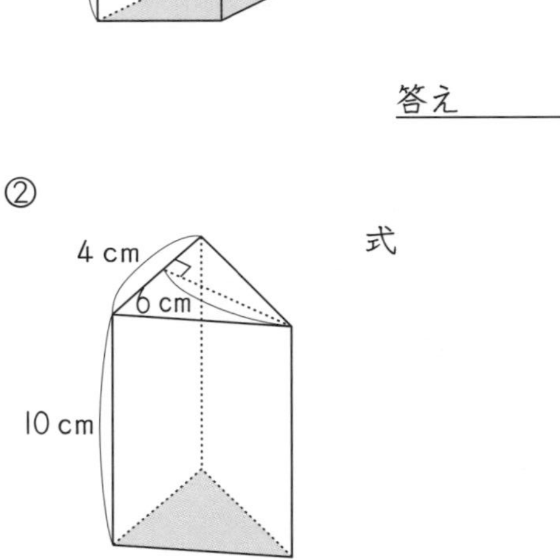

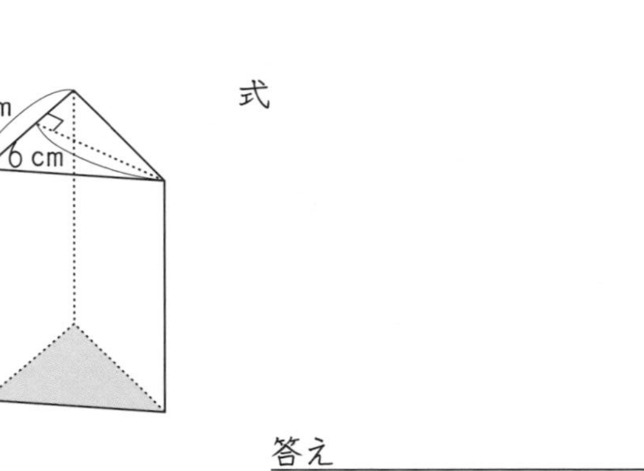

式

答え ____________

③
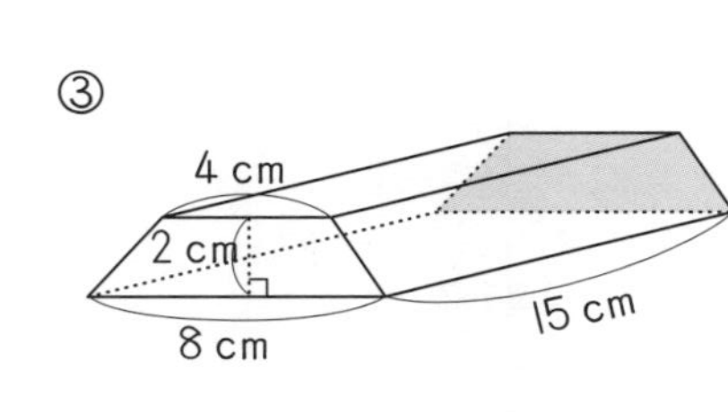
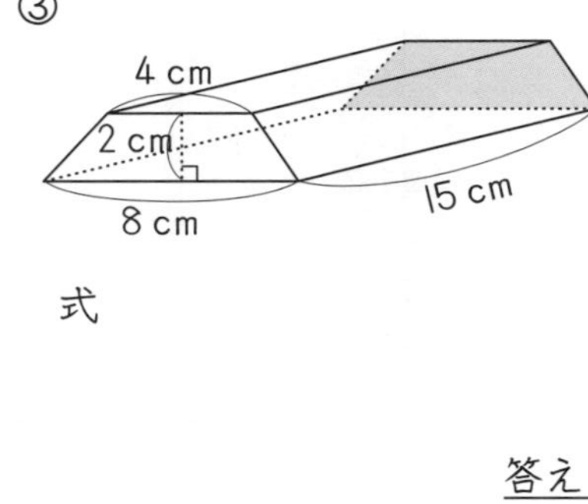

式

答え ____________

④
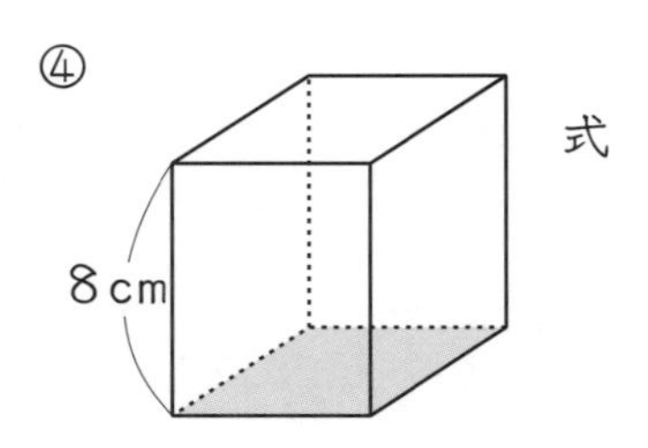

式

底面がひし形
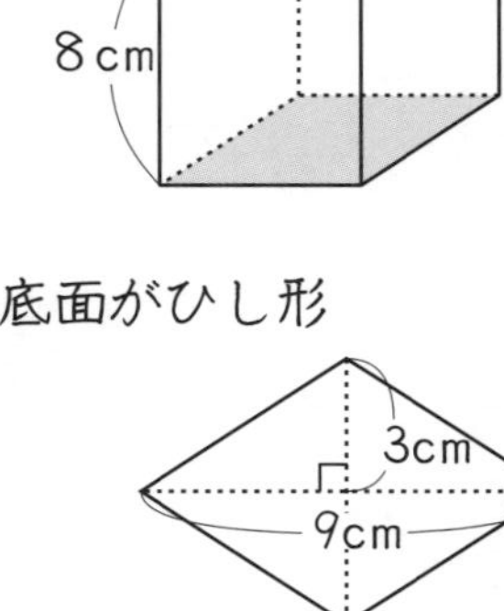

答え ____________

3 次の立体の体積を求めましょう。(12×2)

①
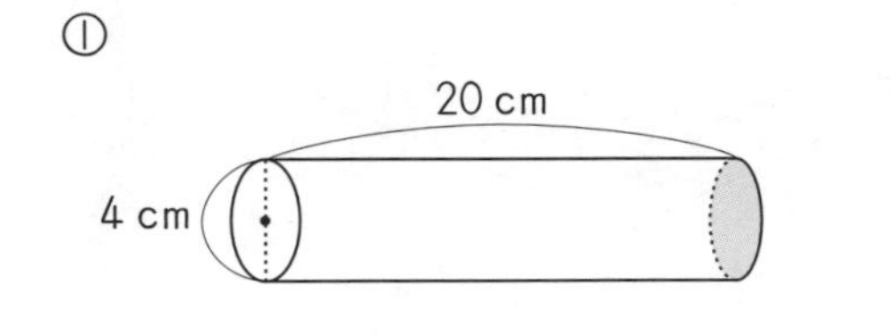

式

答え ____________

② 底面は半円
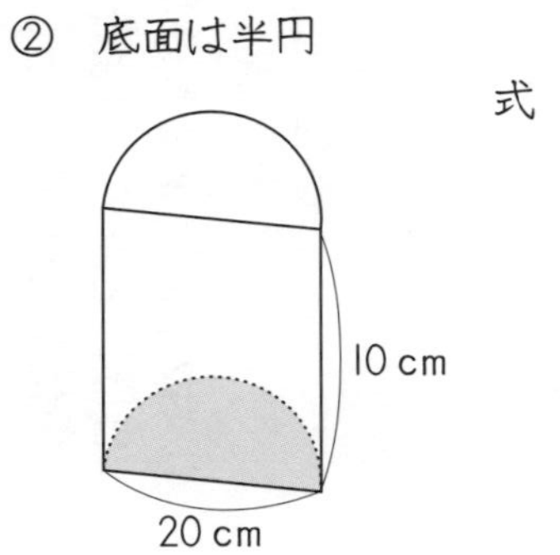

式

答え ____________

4 底面積×高さの式で体積を求めましょう。(12×2)

①
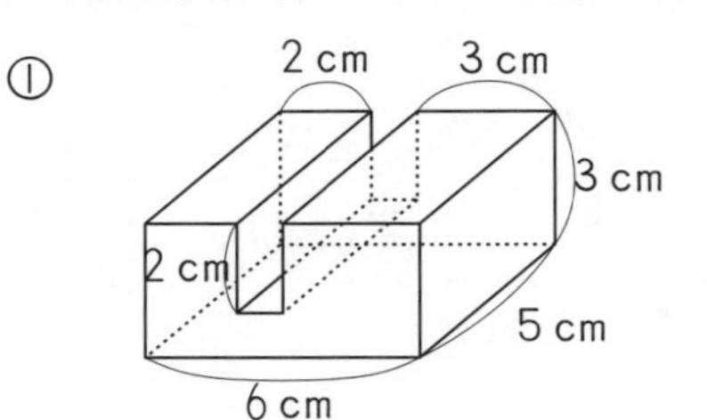

式

答え ____________

②
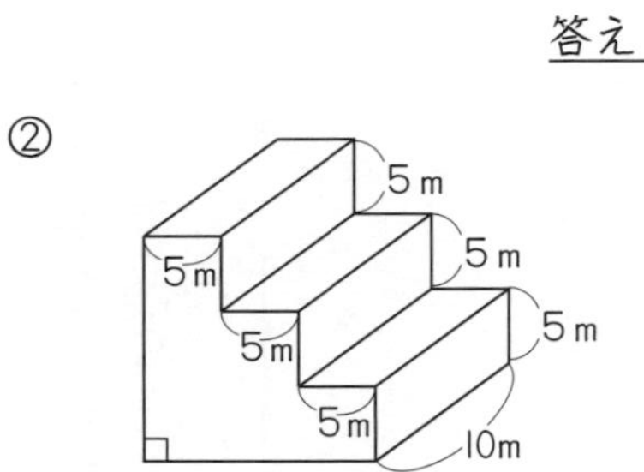
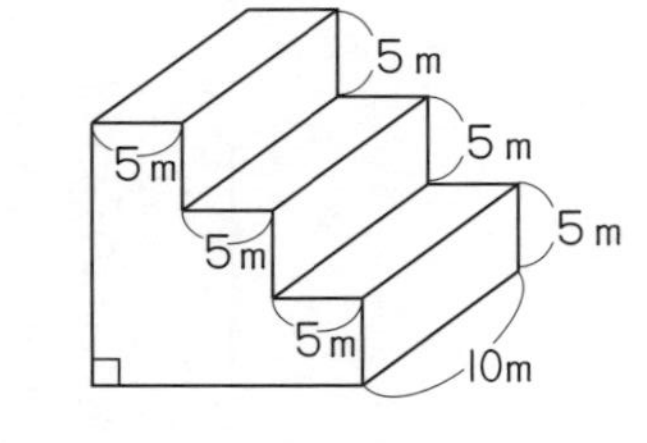

式

答え ____________

およその面積と体積（1）

面積

名前

□1 右のような形の畑があります。ほぼ三角形とみて，およその面積を求めましょう。

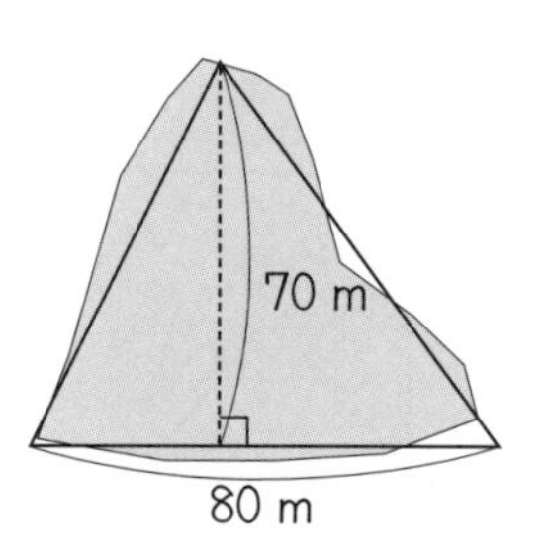

式

答え

□2 右の図は，ある池の形です。ほぼ台形と考えて，およその面積を求めましょう。

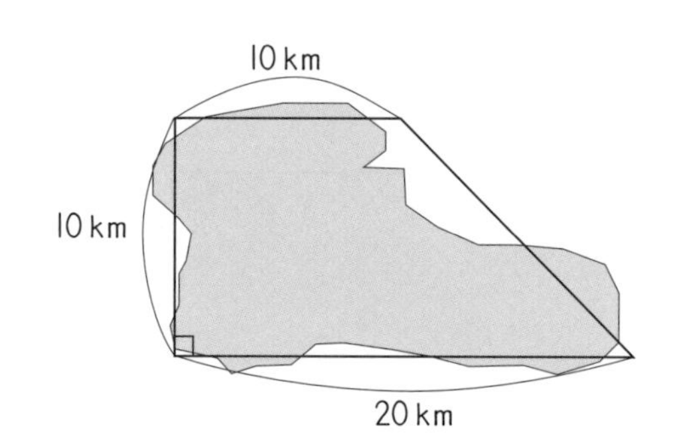

式

答え

□3 右の図は，島の地図です。島の形をほぼ平行四辺形とみて，およその面積を求めましょう。

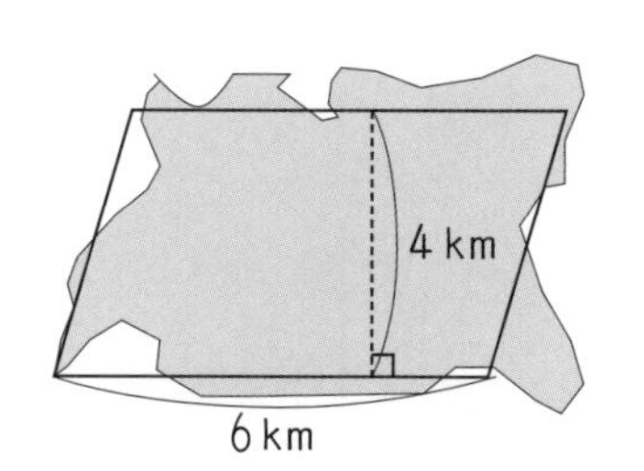

式

答え

およその面積と体積（2）

面積

名前

□1 右の図は，ある庭の形です。ほぼひし形とみて，およその面積を求めましょう。

式

答え

□2 右の図は，ある島の形です。ほぼ円とみて，およその面積を求めましょう。

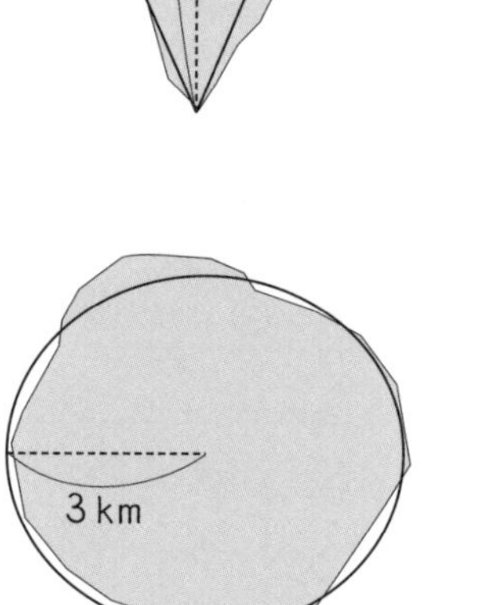

式

答え

□3 右の図は，イチョウの葉です。ほぼ半円とみて，およその面積を求めましょう。

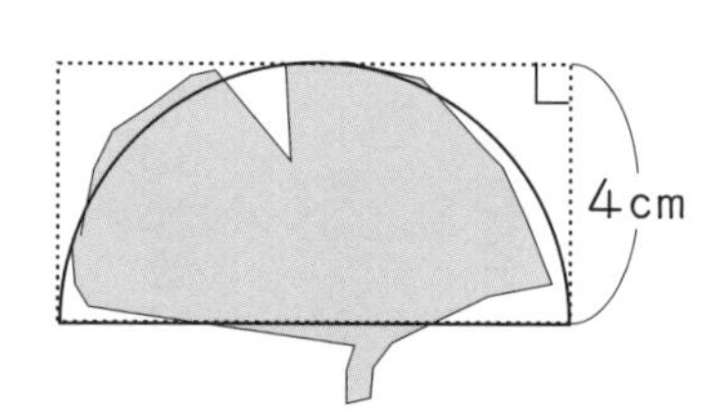

式

答え

およその面積と体積 (3)

面積

名前

◆ 次の立体のおよその容積や体積を求めましょう。

① かんづめ

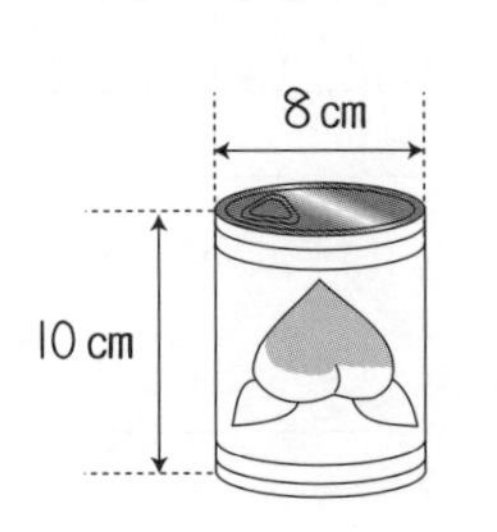

式

答え

② かばん

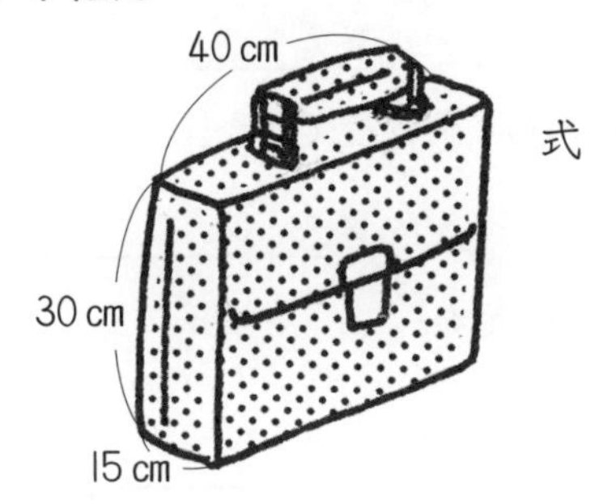

式

答え

③ バウムクーヘン（外周りの円の直径は 20cm。真ん中に直径６cm のあながあり，高さは 10cm です。）

式

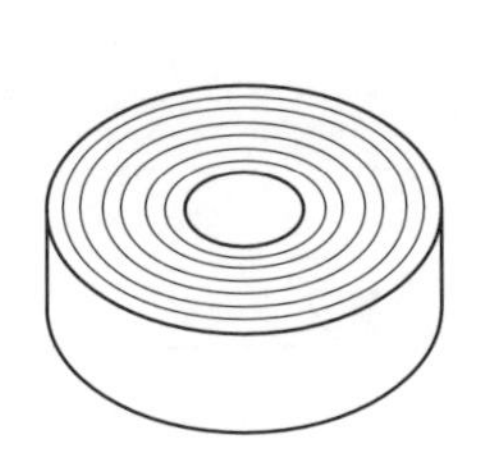

答え

およその面積と体積 (4)

面積

名前

◆ 次の立体のおよその容積や体積を求めましょう。

① ケーキを三角柱とみて

式

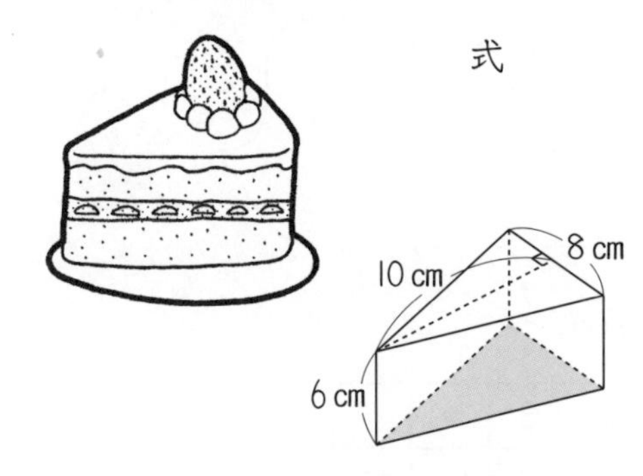

答え

② 石油タンク（円の直径 40m，円柱の高さ 30m）

式

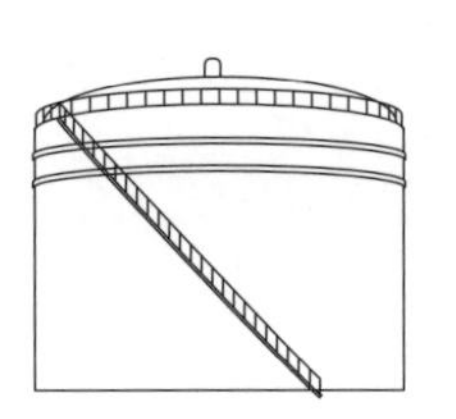

答え

③ かまぼこ（底面を半円と考えましょう。）

式

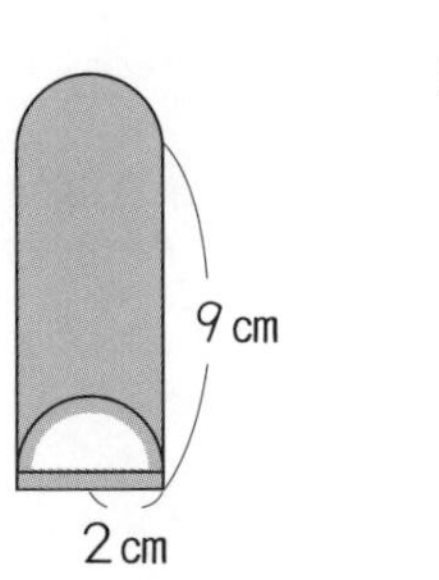

答え

比例 (1)

名
前

◆ 次の２つの量で，yがxに比例しているのはどれですか。比例しているものは，□に○を書きましょう。

ともなって変わる２つの量xとyがあって，
xの値が２倍，３倍，…になるとき，
yの値も２倍，３倍，…になると，
yはxに比例するといいます。

① 立方体の１辺の長さ$x$cmと体積$y$cm³

□

１辺の長さx(cm)	1	2	3	4	5
体　積　y(cm³)	1	8	27	64	125

② 時速40kmで走る自動車の走った時間x時間と道のり$y$km

□

時　間　x(時間)	1	2	3	4	5
道のり　y(km)	40	80	120	160	200

③ 底辺の長さが5cmの平行四辺形の高さ$x$cmと面積$y$cm²

□

高　さ　x(cm)	1	2	3	4	5
面　積　y(cm²)	5	10	15	20	25

④ 直方体の水そうに水を入れる時間x分とたまった水の深さ$y$cm

□

時　間　x(分)	1	2	3	4	5
水の深さy(cm)	3	6	9	12	15

比例 (2)

名
前

1 水そうに，１分間に2.5cmの深さで水を入れます。

① 下の表を完成させましょう。

水を入れる時間と深さ

水を入れる時間x(分)	1	2	3	4	5	6	7	8
水の深さy(cm)								

② x(水を入れる時間）が１分ふえると，y(水の深さ）は何cmふえますか。

答え

③ xとyの関係を式に表しましょう。

④ 水を入れ始めて14分後には，水の深さは何cmになっていますか。

式

答え

⑤ 水の深さが30cmになるのは，水を入れ始めて何分後ですか。

式

答え

2 高速道路を時速60kmで走る自動車があります。

① 時間と道のりの関係を表に書きましょう。

時速60kmで走ったときの時間と道のり

時間x(時間)	1	2	3	4	5	6	7	8
道のりy(km)								

② xとyの関係を式に表しましょう。

③ 4.5時間では，何km走っていますか。

式

答え

④ 150km走るには，何時間かかりますか。

式

答え

比例（3）

名前

1 直方体の水そうに水を入れます。水１Lでは深さ４cmまで水が入ります。

① 下の表を完成させましょう。

水を入れる量と深さ

水の量　x(L)	1	2	3	4	5	6	7	8
水の深さ y(cm)	4							

② xとyの関係を式で表しましょう。

$y = \square \times x$

③ ②の式で□に入ったきまった数は，何を表していますか。

答え

④ ②の式を使って，水の量xが14L，16Lのときの深さyを求めましょう。

㋐ 14Lでは

式

答え

㋑ 16Lでは

式

答え

⑤ 水の深さが48cmのとき，水の量は何Lですか。②の式を使って求めましょう。

式

答え

比例（4）

名前

1 正三角形の１辺の長さを$x$cm，周りの長さを$y$cmとして答えましょう。

① 表を完成させましょう。

正三角形の1辺の長さと周りの長さ

１辺の長さx(cm)	1	2	3	4	5	6
周りの長さy(cm)						

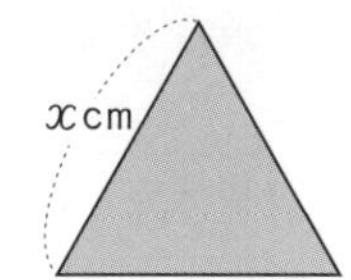

② xとyの関係を式に表しましょう。

③ ②の式で，きまった数は何を表していますか。

きまった数は（　　　　　　　　　　）を表している。

④ 式を使って，１辺が次の長さのときの周りの長さを求めましょう。

㋐ 4.5cmでは

式

答え

㋑ 7.5cmでは

式

答え

2 １mあたり5kgの鉄の棒があります。棒の長さと重さは比例します。

① 表を完成させましょう。

棒の長さと重さ

長さx(m)	1	2	3	4	5	6	7	8
重さy(kg)								

② xとyの関係を式で表しましょう。

3 次のxとyの関係を，表と式に表しましょう。また，式のきまった数は何を表していますか。

円の直径$x$cmと，円周$y$cm

直径x(cm)	1	2	3	4	5
円周y(cm)					

式

きまった数は（　　　　　　　　　　）を表している。

比例（5）

名前

1 針金の長さ$x$cmと重さygは比例します。

① 下の表を完成させましょう。

針金の長さと重さ

長さx(cm)	0	1	2	3	4	5	6
重さy(g)	0	0.5					

② ①の表をグラフに表しましょう。

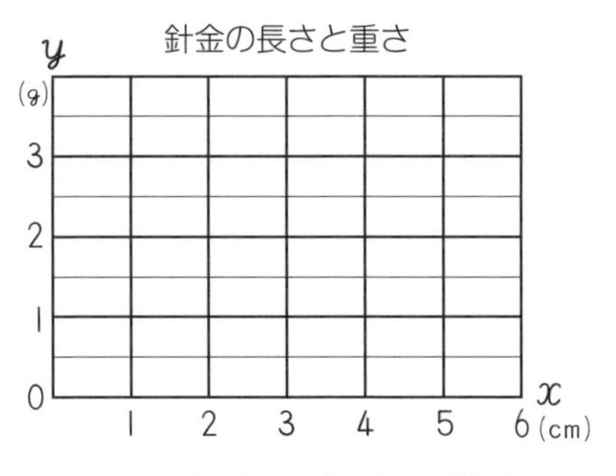

③ xとyの関係を式に表しましょう。

式

2 直方体の水そうに水を入れる時間x分と，たまった水の深さ$y$cmは比例します。

① 下の表を完成させましょう。

水を入れる時間と深さ

時間x(分)	0	1	2	3	4	5	6
深さy(cm)	0	2					

② ①の表をグラフに表しましょう。

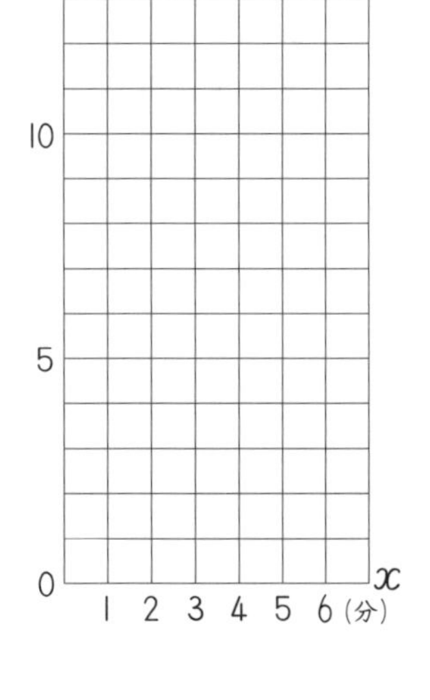

③ xとyの関係を式に表しましょう。

式

比例（6）

名前

◆ 次の表は，自転車で走る時間x時間と道のり$y$kmの関係を表しています。

① 下の表を完成させましょう。

自転車で走る時間と道のり

時　間x(時間)	0	0.5	1	1.5	2	2.5	3	3.5	4
道のりy(km)	0	4							

② 表をグラフに表しましょう。

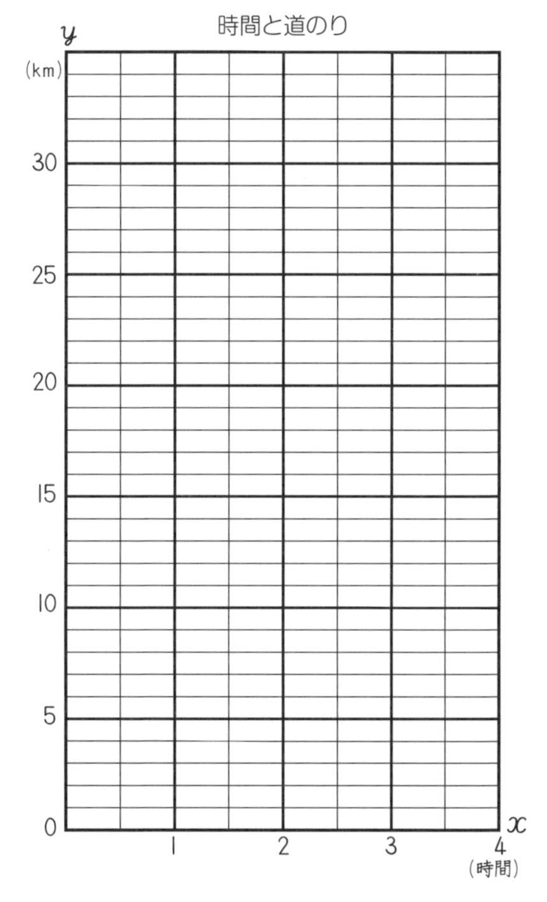

③ xとyの関係を式に表しましょう。

式

④ 2.5時間（2時間30分）走ったときの道のりは何kmですか。グラフから読みとりましょう。

答え

⑤ 36km走るには何時間かかりますか。③の式を使って求めましょう。

式

答え

比例（7）

名前

◆ ⒶⒷの２本の鉄の棒（ぼう）の長さ x mと重さ y kgの関係をグラフに表しました。グラフをみて答えましょう。

鉄の棒の長さと重さ

① 鉄の棒ⒶとⒷとでは，どちらが重いといえますか。

（　　　　　）

② グラフから，次の重さや長さを読みとりましょう。

㋐ 1mの重さ

Ⓐ（　　　　　）

Ⓑ（　　　　　）

㋑ 1.5mの重さ

Ⓐ（　　　　　）

Ⓑ（　　　　　）

㋒ 5.6kgの長さ

Ⓐ（　　　　　）

Ⓑ（　　　　　）

③ それぞれの棒の長さ x(m)と重さ y(kg)の関係の式を書きましょう。

Ⓐ

Ⓑ

比例（8）

名前

◆ 3本の金ぞくの棒（ぼう）Ⓐ，Ⓑ，Ⓒの長さ x mと重さ y kgの関係を表したグラフをみて答えましょう。

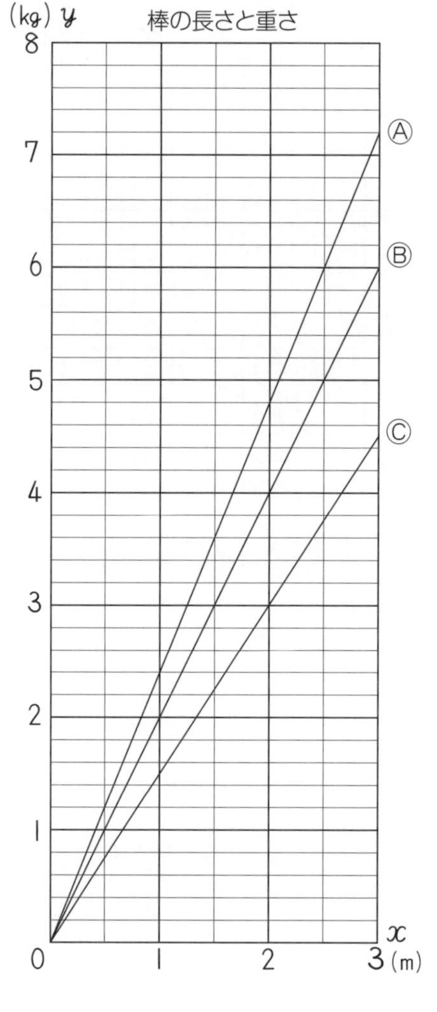

1 グラフから，次の長さや重さを読みとりましょう。

① 1mのとき

Ⓐの重さ ＿＿＿＿

Ⓑの重さ ＿＿＿＿

Ⓒの重さ ＿＿＿＿

② 2mのとき

Ⓑの重さ ＿＿＿＿

Ⓒの重さ ＿＿＿＿

③ 6kgのとき

Ⓐの長さ ＿＿＿＿

Ⓑの長さ ＿＿＿＿

2 Ⓐ，Ⓑ，Ⓒの x と y の関係を式に表しましょう。

Ⓐ

Ⓑ

Ⓒ

3 4.8mのとき，それぞれの重さは何kgですか。3の式から求めましょう。

Ⓐ式　　Ⓑ式　　Ⓒ式

答え ＿＿＿＿　　答え ＿＿＿＿　　答え ＿＿＿＿

比例（9）

名前

◆ 下のグラフは，けいすけさんとようこさんの走った時間x時間と道のり$y$kmです。グラフをみて答えましょう。

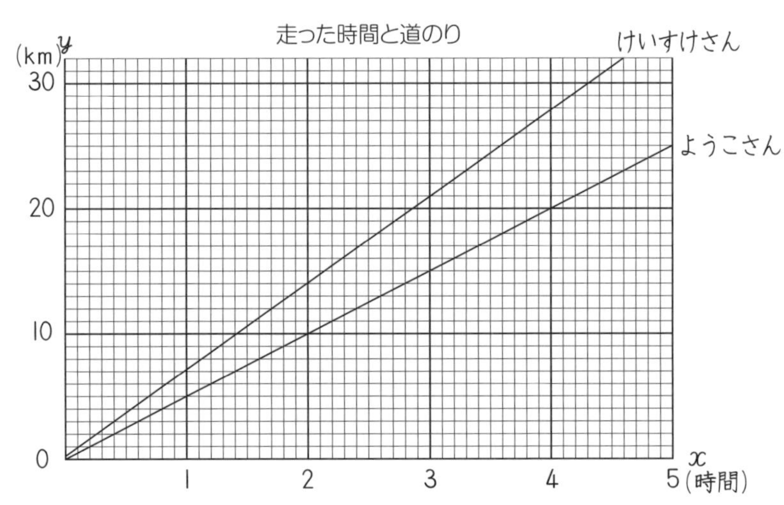

① けいすけさんとようこさんとでは，どちらが速く走るといえるでしょうか。

　　　　　　　　さん

② グラフから，次の時間に走った道のりを読みとりましょう。

㋐ 1時間　けいすけさん（　　　　）
　　　　　ようこさん（　　　　）

㋑ 2時間　けいすけさん（　　　　）
　　　　　ようこさん（　　　　）

③ それぞれが走った時間x時間と道のり$y$kmの関係の式を書きましょう。

㋐ けいすけさん（　　　　　　　）

㋑ ようこさん（　　　　　　　）

比例（10）

名前

◆ 下のグラフは，あきらさん，まみさん，ひかるさんの歩いた時間x時間と道のり$y$kmです。グラフをみて答えましょう。

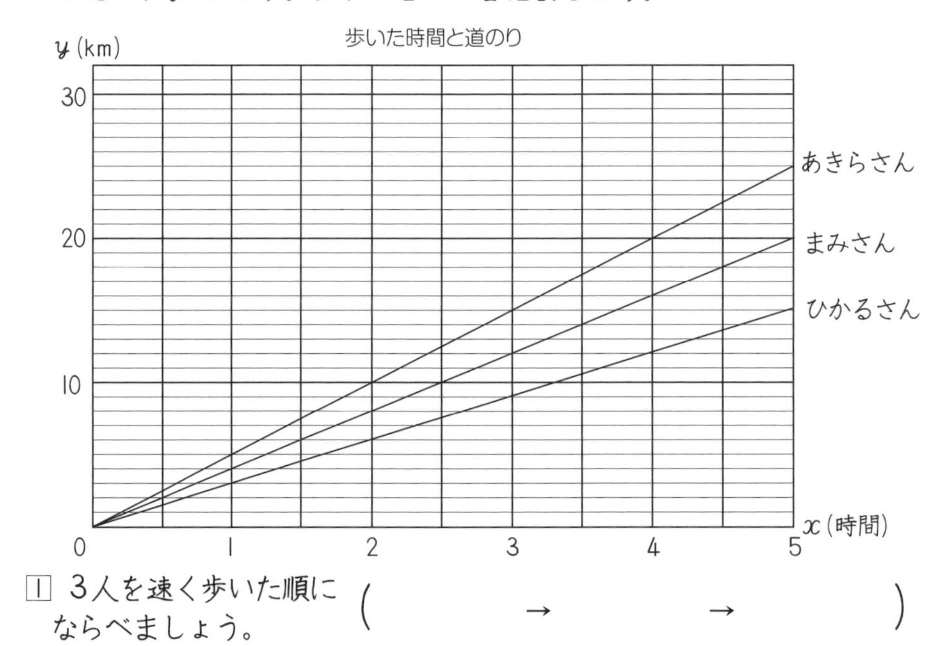

1 3人を速く歩いた順にならべましょう。（　　　→　　　→　　　）

2 時間が次の㋐～㋒のとき，3人の歩いた道のりをグラフから読みとりましょう。

	㋐ 1 時間	㋑ 2.5 時間	㋒ 4 時間
あきらさん			
まみさん			
ひかるさん			

3 それぞれが歩いた時間x時間と道のり$y$kmの関係を式に表しましょう。

あきらさん

まみさん

ひかるさん

比例（11）

名前

□1 画用紙の10枚の重さをはかったら，50gでした。
このことをもとにして，500枚の重さを求めましょう。

① 画用紙1枚の重さを求めましょう。
式

画用紙の枚数と重さ

枚数 x(枚)	1	10	500
重さ y(g)		50	

答え

② 1枚の重さをもとにして，500枚の重さを求めましょう。
式

答え

③ 画用紙750gは何枚ですか。
式

答え

□2 1mの木の棒のかげの長さは60cmでした。同じ時刻に，かげの長さが㋐，㋑のときの高さを求めましょう。

高さとかげの長さ

高さ x(m)	1	㋐	㋑
かげの長さ y(cm)	60	360	540

㋐ かげの長さが360cmの木の高さ
式

答え

㋑ かげの長さが540cmの建物の高さ
式

答え

比例（12）

名前

□1 同じくぎ20本の重さをはかったら，48gでした。
このくぎを全部数えないで，400本用意する方法を考えましょう。

① くぎ1本の重さを求めてから，
400本の重さを求めましょう。
式

くぎの本数と重さ

本数 x(本)	20	400
重さ y(g)	48	

答え

② くぎ400本は20本の何倍かを求めてから，400本の重さを求めましょう。
式

答え

□2 画用紙を100枚重ねて厚さをはかったら，2.5cmありました。

① この画用紙を数えないで800枚用意します。
800枚は100枚の何倍かを求めてから，
画用紙を800枚重ねたときの厚さを求めましょう。
式

画用紙の枚数と厚さ

枚数 x(枚)	100	800	
厚さ y(cm)	2.5		37.5

答え

② 画用紙の厚さが37.5cmのとき，画用紙は何枚ありますか。
37.5cmは2.5cmの何倍かを求めてから，枚数を求めましょう。
式

答え

反比例（1）

名前

◆ 面積が36cm²の長方形について，縦の長さ$x$cmと横の長さ$y$cmの変わり方を調べましょう。

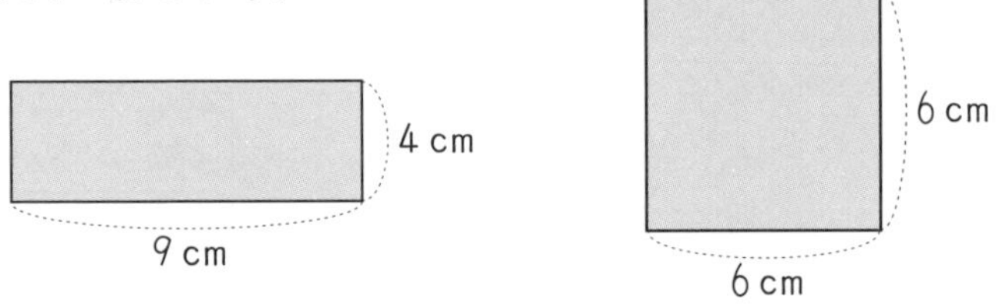

面積が36cm²の長方形の縦と横の長さ

縦の長さx(cm)	1	2	3	4	6	9	12	18	36
横の長さy(cm)	36								

① 上の表を完成させましょう。

② 面積がきまっているとき，縦と横の長さの関係はどうなりますか。
□にあてはまることばや数を書きましょう。

縦の長さ$x$cmが２倍，３倍，…になると，横の長さ$y$cmは
□倍，□倍，…になっています。

また，縦の長さ$x$cmと横の長さ$y$cmをかけると，いつもきまった数の□になります。

このとき，yはxに□するといいます。

③ □に数を入れて，xとyの関係を式に表しましょう。

$x \times y =$ □　または　$y =$ □ $\div x$

反比例（2）

名前

◆ 深さが60cmの水そうに水を入れるときの，1分あたりに入る水の深さ$x$cmと水を入れる時間y分について調べましょう。

深さが60cmの水そうの水の深さ$x$cmと水を入れる時間y分

1分あたりに入る水の深さx(cm)	1	2	3	4	5	6
水を入れる時間y(分)	60					

① 上の表を完成させましょう。

② 水の深さが2倍，3倍になると，水を入れる時間はどうなっていますか。

答え

③ 水の深さと水を入れる時間をかけると決まった数になります。
その数は何ですか。下の式に数字を書きましょう。

$x \times y =$ □

④ 上の式から，yをxの式で表しましょう。

$y =$ □ $\div x$

⑤ ④の式を使って，xが次の値のときのyの値を求めましょう。

（ア）xの値が15のとき
式

答え

（イ）xの値が2.5のとき
式

答え

反比例（3）

名前

◆ 面積が24cm²の長方形の，縦（たて）の長さ$x$cmと，横の長さ$y$cmの関係をグラフと式に表しましょう。

面積が24cm²の長方形の横と縦の長さ

縦の長さx(cm)	1	2	3	4	6	8	12	24
横の長さy(cm)	24	12	8	6	4	3	2	1

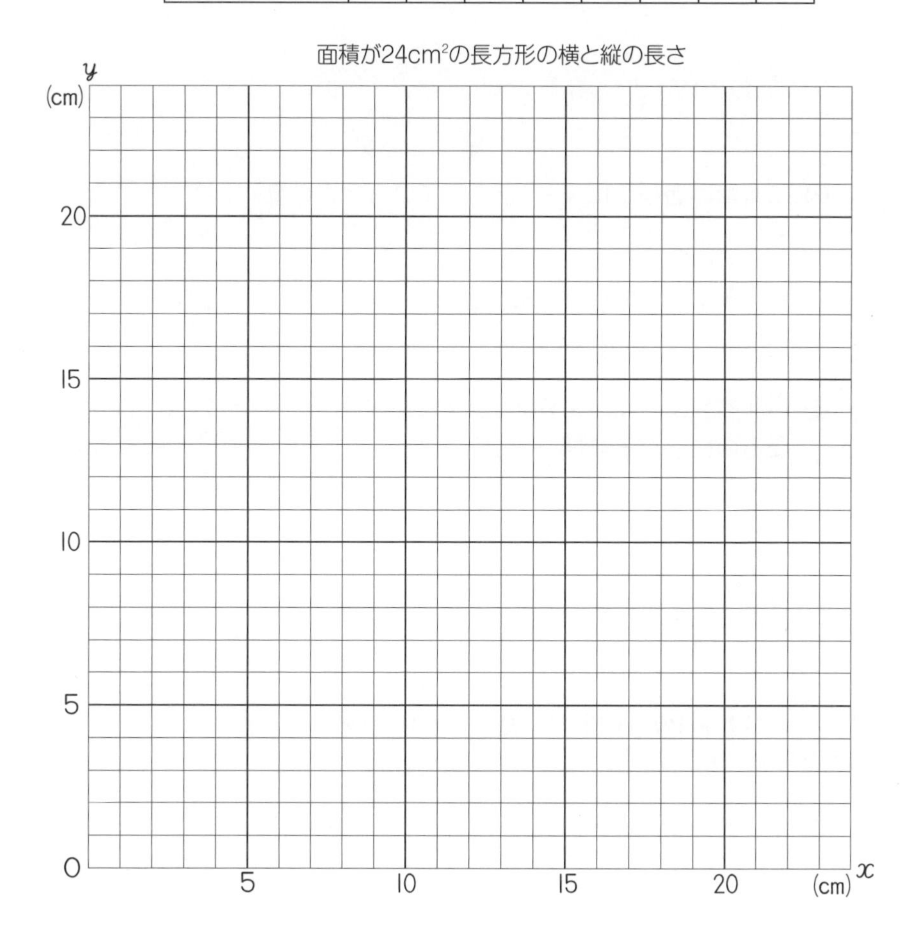

式

反比例（4）

名前

◆ 36kmの道のりを進むときの，時速$x$kmと時間y時間の関係を調べます。下の表を完成させ，xとyの関係をグラフに表しましょう。

36kmの道のりを進むときの時速$x$kmと時間y時間の関係

時速x(km)	1	2	3	4	6	9	12	18	36
時間y(時間)	36								

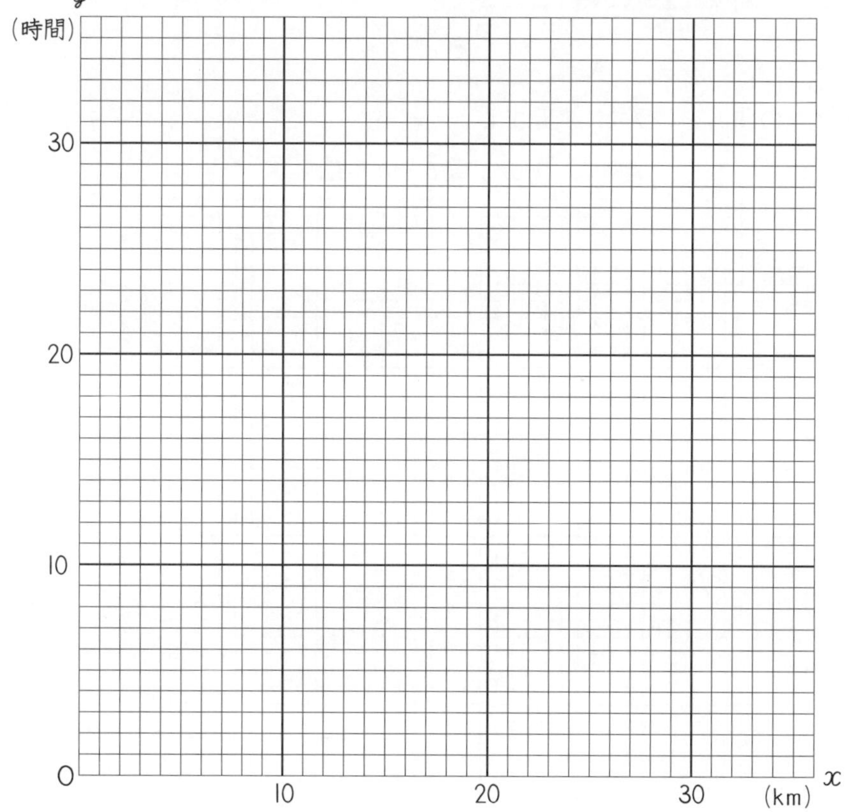

式

反比例（5）

名前

◆ 40m³の水そうに1時間あたりに入る水の量xm³と，水を入れる時間y時間について調べましょう。

① 表を完成させましょう。

1時間に入れる水の量とかかる時間

1時間に入れる水の量x(m³)	1	2	4	5	8	10	20	40
かかる時間y(時間)	40							

② xとyの関係　を式に表しましょう。

式

③ xとyの関係をグラフに表しましょう。

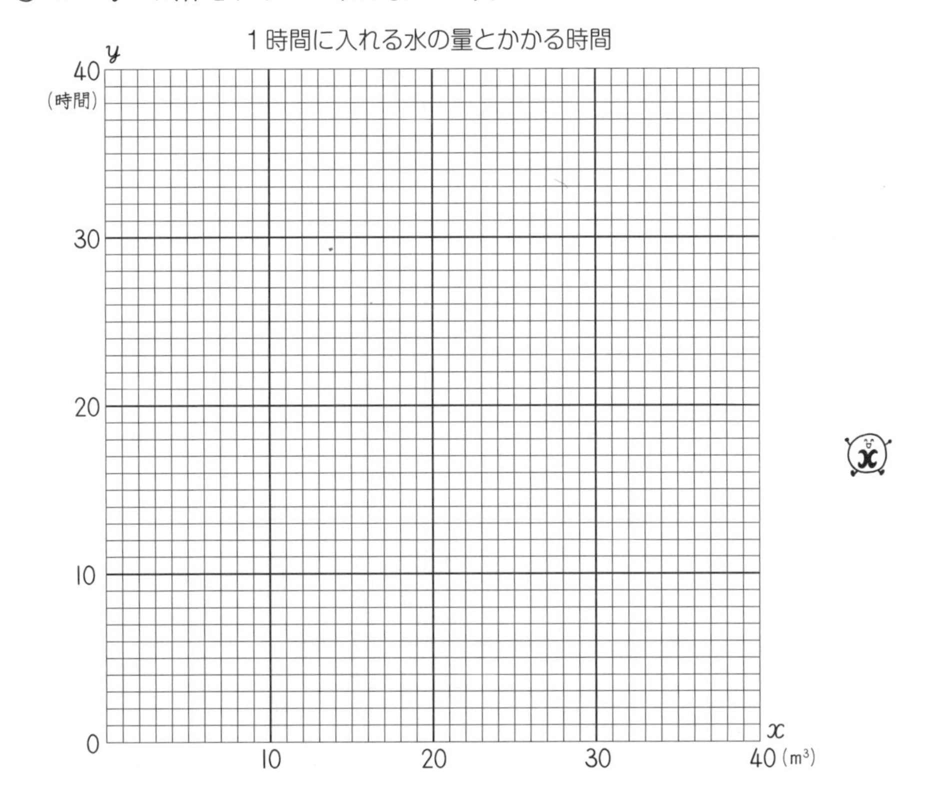

反比例（6）

名前

◆ 次の①〜⑩のうち，ともなって変わる2つの量が比例しているものはどれでしょうか。また，反比例しているものはどれでしょうか。

比例しているものには㋪を，反比例しているものには㋩を，どちらでもないものには×を，（　）に書きましょう。

（　　）① 立方体の1辺の長さと体積

（　　）② ある人の年れいと身長

（　　）③ 三角形の面積が10cm²にきまっているときの底辺と高さ

（　　）④ 買い物をしたときの代金とおつり

（　　）⑤ 180Lのおふろに，1分間に入れる水の量と，いっぱいになるのにかかる時間

（　　）⑥ 銅線の長さと重さ

（　　）⑦ 100kmを進むときの，速さとかかる時間

（　　）⑧ 時速40kmの自動車の，走った時間と道のり

（　　）⑨ 1日のうち起きている時間とねている時間

（　　）⑩ 三角形の底辺が4cmにきまっているときの高さと面積

ふりかえりテスト 比例と反比例 (1)

名前

1 鉄の棒(ぼう)の長さと重さは比例します。

① 表の㋐～㋓にあてはまる数を書きましょう。(3×4)

鉄の棒の長さと重さ

長さ　x(m)	1	2	3	4	5	6
重さ　y(kg)	1.5	3	㋐	㋑	㋒	㋓

㋐（　　　　）　㋑（　　　　）

㋒（　　　　）　㋓（　　　　）

② 鉄の棒の長さをxm，重さを$y$kgとして，xとyの関係を式に表しましょう。(8)

答え

③ 鉄の棒が15mのとき，重さは何kgになりますか。(8)

式

答え

2 水そうに水を入れる時間x分と，たまった水の深さy cmは比例します。

水を入れる時間と深さ

水を入れる時間x(分)	1	2	3	4	6	10	15
水の深さ　y(cm)	2.5	5	7.5	10	15	25	37.5

① xとyの関係を式に表しましょう。(8)

答え

② xとyの関係をグラフに表しましょう。(8)

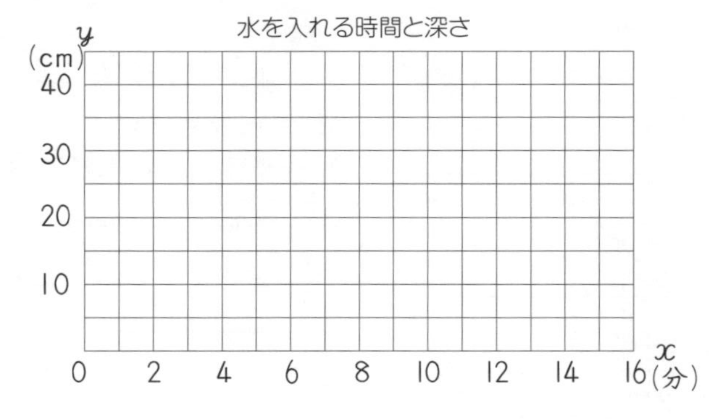

③ 水を12分入れたときの深さは何cmですか。(8)

式

答え

④ 深さが60cmになるのは，水を入れ始めてから何分後ですか。(8)

式

答え

3 下のグラフは，ゆたかさんと，えみさんの歩いた時間x時間と道のり$y$kmの関係を表したものです。(5×3)

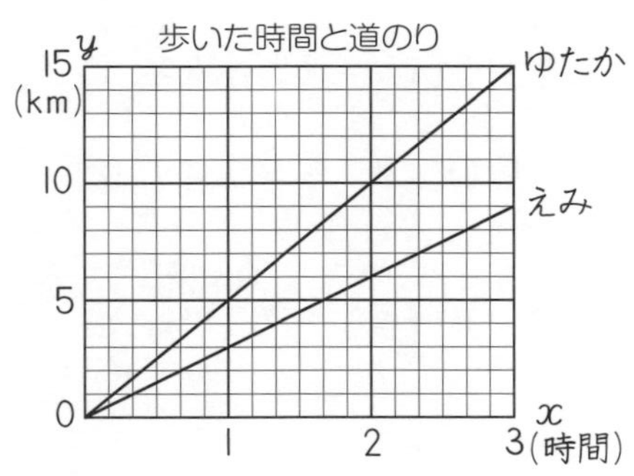

① ゆたかさんとえみさんとでは，どちらが速く歩いたといえますか。

② それぞれが1時間に歩いた道のりをグラフから読みとりましょう。

ゆたか　　　　えみ

4 面積が18cm²の長方形の，横の長さ$x$cmと，縦の長さ$y$cmの関係を考えます。

面積が18cm²の長方形の横と縦の長さ

横の長さx(cm)	1	2	3	4	6	9	18
縦の長さy(cm)	18	9	6	4.5	3	2	1

① xとyの関係をグラフに表しましょう。(9)

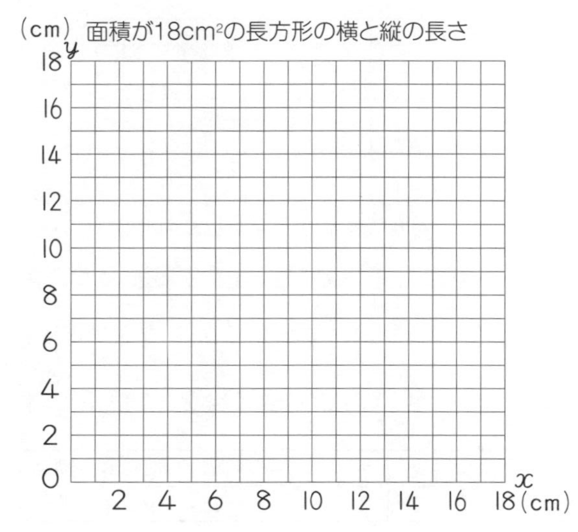

② xとyの関係を式に表しましょう。(8)

式

③ xの値が2.5のとき，yの値を求めましょう。(8)

式

答え

ふりかえりテスト 比例と反比例 (2)

名前

1 下のグラフは，自動車Ⓐと自動車Ⓑが走った時間 x 時間と道のり y kmの関係を表したものです。 (6×5)

① 自動車ⒶとⒷの時速はそれぞれ何kmですか。

Ⓐ

Ⓑ

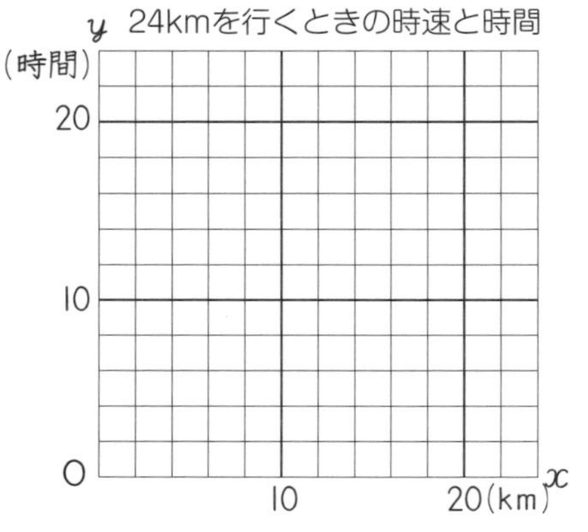

② 4時間では，自動車ⒶとⒷのそれぞれが走った道のりは何kmですか。

Ⓐ

Ⓑ

2 鉄の棒の長さ x mと重さ y kgは比例します。

① 下の表の㋐〜㋒にあてはまる数を書きましょう。 (3×3)

長さ x (m)	0	1	2	3	4
重さ y (kg)	0	1.2	㋐	㋑	㋒

㋐（　　　）㋑（　　　）㋒（　　　）

② x と y の関係を式に表しましょう。 (6)

式

③ x と y の関係をグラフに表しましょう。 (6)

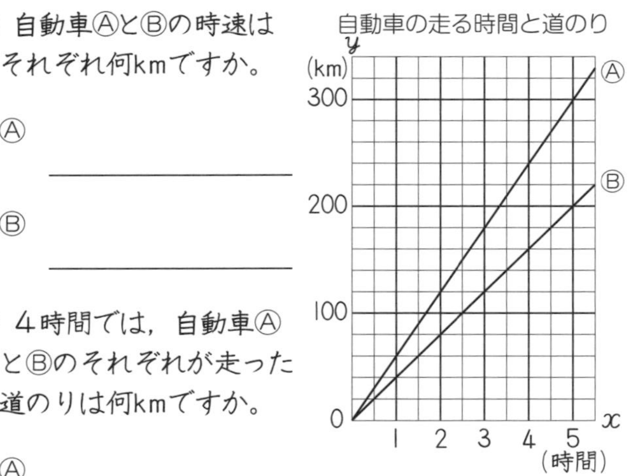
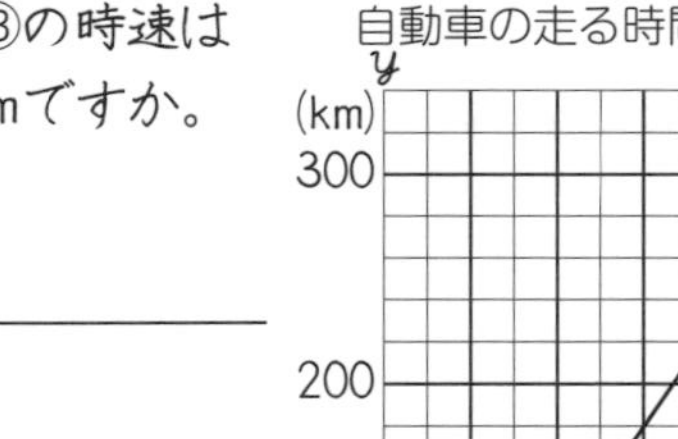

④ 長さが7mのとき，重さは何kgになりますか。 (6)

式

答え

3 下の表は，24kmの道のりを自転車で行くときの時速と，かかる時間の変わり方です。

24kmを行くときの時速と時間

時速 x (km)	1	2	3	4	5	6	12	24
時間 y (時間)	24	㋐	8	6	㋑	4	2	1

① 表の㋐㋑に入る数を書きましょう。 (3×2)

㋐（　　　）　㋑（　　　）

② x と y の関係をグラフに表しましょう。 (7)

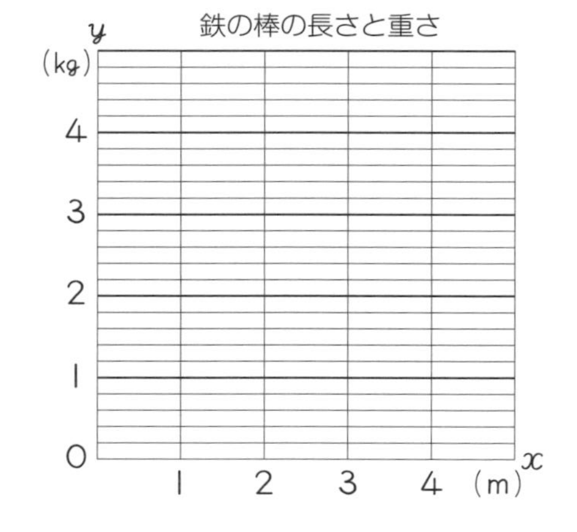

③ x と y の関係を式に表しましょう。 (6)

式

④ 時速が8kmのとき，かかる時間は何時間になりますか。 (6)

式

答え

4 ともなって変わる２つの量が比例しているものには○を，反比例しているものには△を，比例でも反比例でもないものには×を，（　）に書きましょう。 (3×6)

（　　）① 時速50kmの自動車の走った時間と道のり

（　　）② 1日のうち，夜の時間と昼の時間

（　　）③ 面積が決まっている三角形の底辺と高さ

（　　）④ 水を入れる時間とたまった水の深さ

（　　）⑤ 20kmの道のりを行く速さと時間

（　　）⑥ ある人の身長と体重

並べ方と組合せ方（1）

名前

1 あきら，ゆうと，こうきの３人でリレーのチームをつくりました。走る順番は，何通りあるでしょうか。

① あきらはⓐ，ゆうとはⓨ，こうきはⓚとして，図にかいて考えましょう。

あきらが第１走者　　ゆうとが第１走者　　こうきが第１走者

第１走者　第２走者　第３走者　　第１走者　第２走者　第３走者　　第１走者　第２走者　第３走者

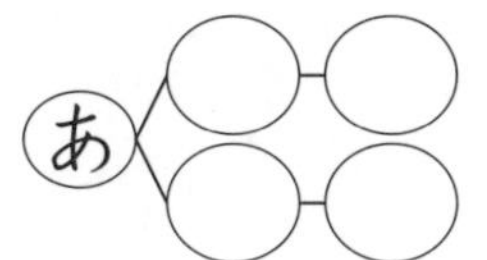
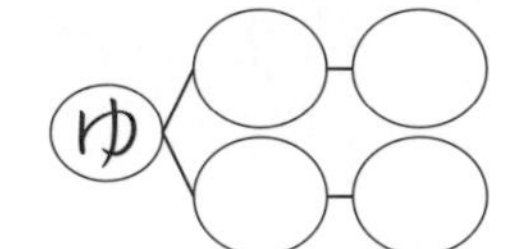
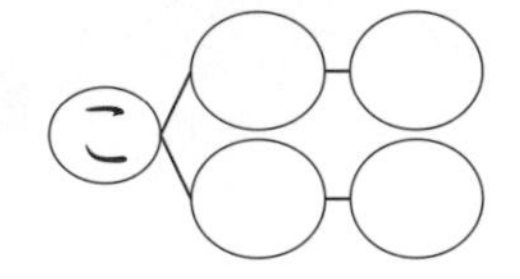

② ３人で走る順番は，全部で何通りあるでしょうか。

（　　　）通り

2 かなみ，まりさ，ゆかの３人がならんで写真をとってもらいます。ならび方は，何通りあるでしょうか。

① かなみはⓚ，まりさはⓜ，ゆかはⓨとして，図にかいて考えましょう。

左　中　右　　左　中　右　　左　中　右

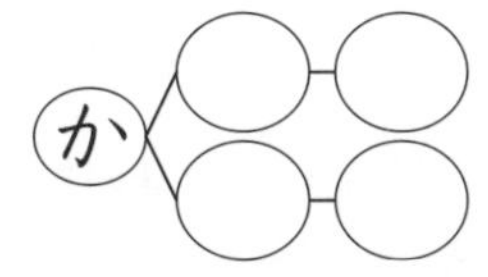
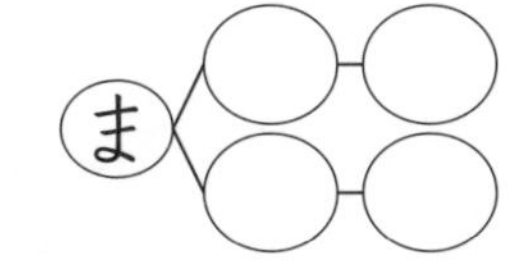
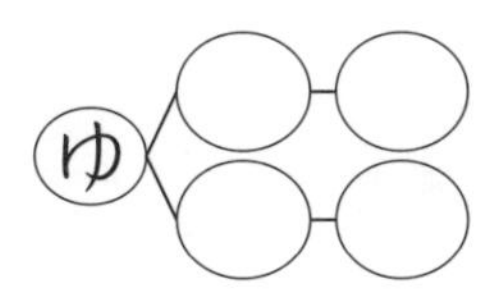

② ３人のならび方は，全部で何通りあるでしょうか。

（　　　）通り

並べ方と組合せ方（2）

名前

1 なつみ，けいと，ゆか，たかしの４人でリレーのチームを作りました。４人の走る順番の決め方を考えましょう。

① なつみが第１走者になる場合を，下の図に表しましょう。

第１走者　第２走者　第３走者　第４走者

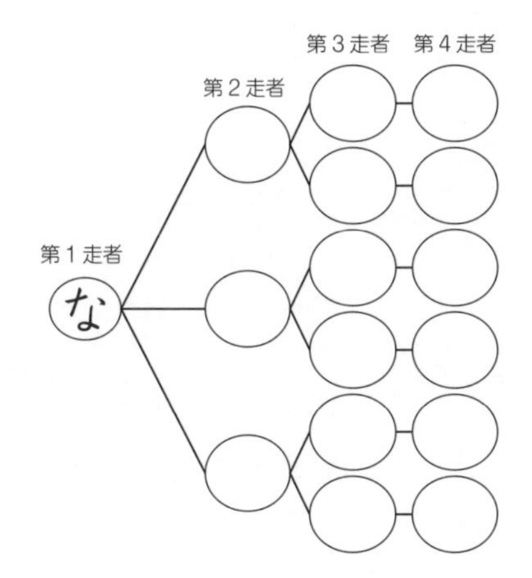

② なつみが第１走者になる場合，何通りの決め方がありますか。

（　　　）通り

③ ４人チームの走る順番は，全部で何通りあるでしょうか。

（　　　）通り

2 Ａ，Ｂ，Ｃ，Ｄ，Ｅの５人が，５人がけのベンチにならんですわります。５人のすわり方は何通りあるか考えます。

① Ａがいちばん右側にすわる場合は，何通りあるでしょうか。

（　　　）通り

② ５人のすわり方は，全部で何通りありますか。

（　　　）通り

並べ方と組合せ方（3）

名前

□1 3 7 9の３枚のカードをならべて，３けたの整数をつくります。

① 3を百の位にした場合，何通りになるかを調べましょう。

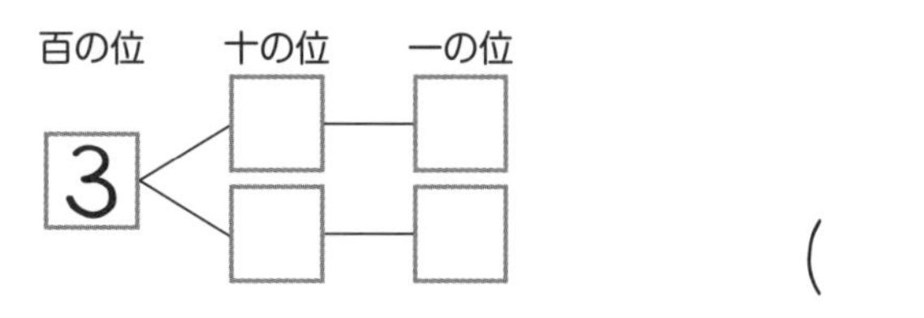

（　　　）通り

② 全部で何通りの整数ができますか。

（　　　）通り

□2 2 4 7 9の４枚のカードをならべて，３けたの整数をつくります。

① 2を百の位にした場合，何通りになるか調べましょう。

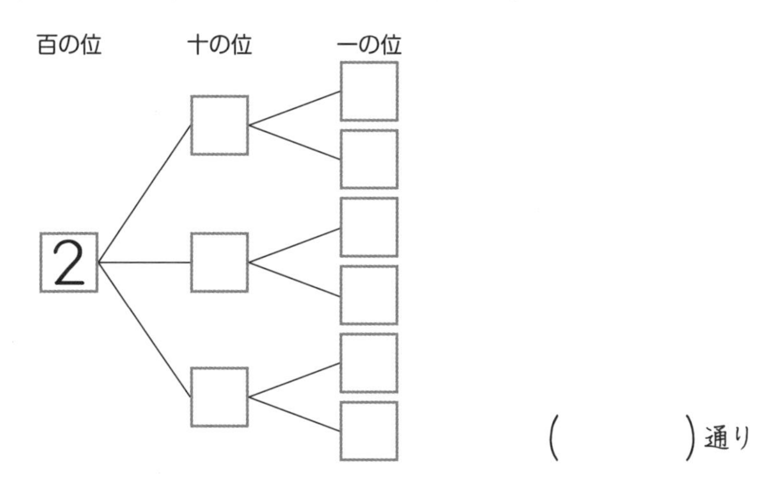

（　　　）通り

② 全部で何通りの整数ができますか。

（　　　）通り

並べ方と組合せ方（4）

名前

□1 コインを3回続けて投げます。表と裏の出方は何通りあるか調べましょう。

① 表を○，裏を●として，1回目が表のときの図を完成させましょう。

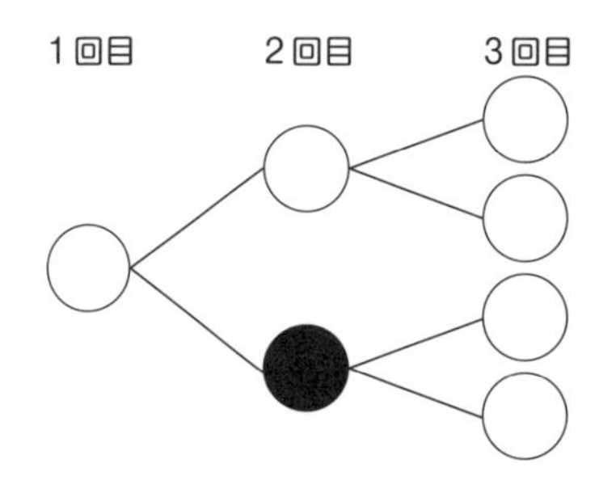

② 全部で何通りの組み合わせができますか。　（　　　）通り

□2 まりなさんは，両親と姉の４人でドライブに行くことになりました。４人乗りの乗用車でドライブに行くとき，４人の座席のすわり方は何通りあるでしょうか。（運転できるのは，お父さんとお母さんです）

① お父さんが運転する場合，何通りのすわり方があるか，図にかいて考えましょう。

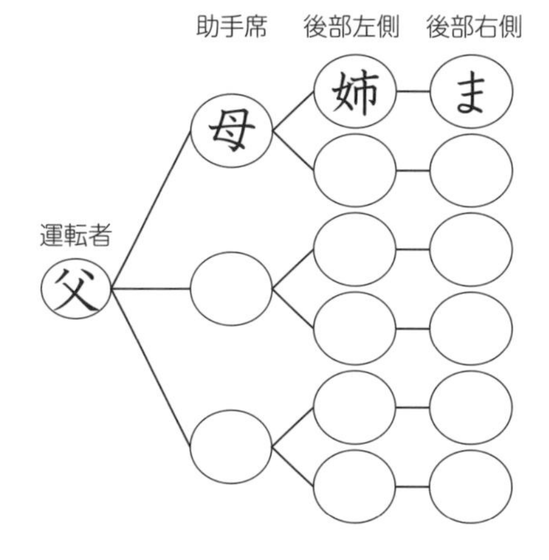

② お父さんが運転する場合，何通りのすわり方ができますか。

（　　　）通り

③ 全部で何通りのすわり方ができますか。

（　　　）通り

並べ方と組合せ方（5）

名前

1 いちや，にこ，みなみ，しろうの４人でバドミントンをします。全員がちがった相手と１回ずつ対戦します。

① 右の表に○や×をかき入れて，組み合わせを考えましょう。

② 全部で何通りの組み合わせができますか。

（　　　）通り

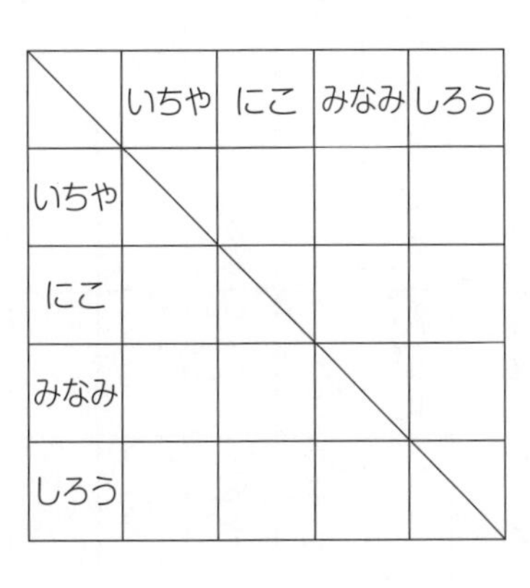

	いちや	にこ	みなみ	しろう
いちや				
にこ				
みなみ				
しろう				

2 A，B，C，D，E，Fの６人でテニスをします。全員がちがった相手と１回ずつ対戦します。

① 右の表に○や×をかき入れて，組み合わせを考えましょう。

② 全部で何通りの組み合わせができますか。

（　　　）通り

	A	B	C	D	E	F
A						
B						
C						
D						
E						
F						

並べ方と組合せ方（6）

名前

1 バニラ，ストロベリー，チョコレート，バナナ，メロンの5種類のアイスクリームの中から，ちがう種類の2つを選びます。

① どんな組み合わせがあるか，表を完成させましょう。

	バニラ	ストロベリー	チョコレート	バナナ	メロン
バニラ					
ストロベリー					
チョコレート					
バナナ					
メロン					

② 選び方は，全部で何通りありますか。

（　　　）通り

2 １円玉，10円玉，50円玉，100円玉が１枚ずつあります。その中から２枚取り出してできる組み合わせを調べましょう。

① 下の表に，取り出す２枚に○をつけ，そのときの２枚の合計金額も書きましょう。

	例								
１円玉	○								
10円玉	○								
50円玉									
100円玉									
合計金額(円)	11								

② 全部で何通りの組み合わせがありますか。　（　　　）通り

ふりかえりテスト 並べ方と組み合わせ方

名前

1 かつみ，ゆきひろ，さとし，たくやの４人が１列にならびます。４人のならび方を考えましょう。

① かつみが１番目になったとき，どのようなならび方があるかを図にかいてみましょう。(10)
(かつみはか，ゆきひろはゆ，さとしはさ，たくやはた)

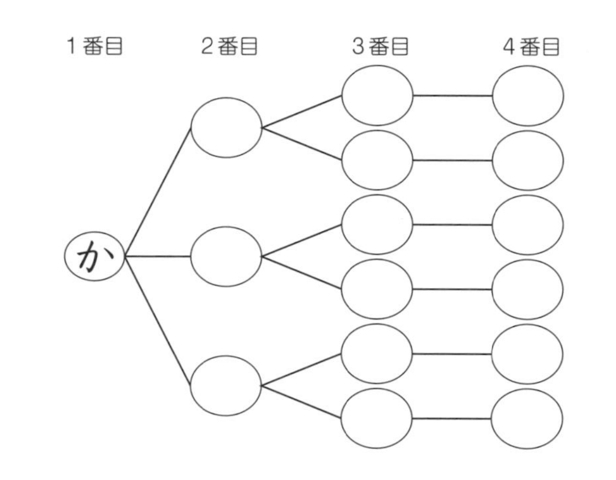

② かつみが１番目になったとき，何通りのならび方がありますか。(10)

(　　　　) 通り

③ ４人のならび方は全部で何通りあるでしょうか。(10)

(　　　　) 通り

2 2578のカードを１枚ずつ使って，４けたの整数をつくります。

① 千の位を２にしてできる整数をすべて書きましょう。(10)

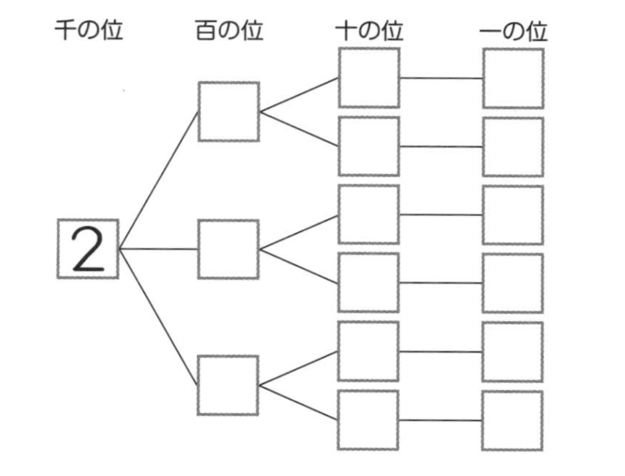

② 全部で何通りの整数ができるでしょうか。(10)

(　　　　) 通り

3 4589の4枚のカードから2枚を選んで，2けたの整数をつくります。全部で何通りの整数ができるでしょうか。(12)

(　　　　) 通り

4 ＡＢＣＤＥＦの６チームでサッカーの試合をします。全チームがちがった相手と１回ずつ対戦します。下の表に○や×をかいて，組み合わせが何通りあるかを考えましょう。(12)

	A	B	C	D	E	F
A						
B						
C						
D						
E						
F						

(　　　　) 試合

5 たまご，大根，じゃがいも，こんにゃく，ちくわの5種類のおでんの具から，ちがう種類の2つを選びます。下の表に○をつけて，組み合わせが何通りあるか考えましょう。(12)

	たまご	大根	じゃがいも	こんにゃく	ちくわ
たまご					
大根					
じゃがいも					
こんにゃく					
ちくわ					

(　　　　) 通り

6 5円玉，10円玉，100円玉，500円玉が1枚ずつあります。この中から2枚を組み合わせてできる金額を，全部書きましょう。(14)

(　　　　　　　　)

データの調べ方 (1)
平均とちらばり

名前

◆ 下の表は，6年1組と6年2組の反復横とびの記録をまとめたものです。

1組の反復横とびの記録 (回)

①50	②46	③44	④41	⑤49	⑥39	⑦38	⑧46	⑨48	⑩52
⑪43	⑫49	⑬46	⑭44	⑮39	⑯42	⑰46	⑱47	⑲49	⑳37

2組の反復横とびの記録 (回)

①43	②44	③37	④42	⑤41	⑥36	⑦38	⑧50	⑨51	⑩53	⑪48
⑫49	⑬48	⑭39	⑮45	⑯38	⑰49	⑱47	⑲39	⑳36	㉑49	

(1) それぞれの組の記録の平均値(へいきんち)を求めましょう。(小数第一位を四捨五入し，整数で表しましょう。)

1組 (　　　　) 2組 (　　　　)

(2) それぞれの組の記録について考えます。

① 1組と2組の記録を，(例) のようにドットプロットにかいて表しましょう。

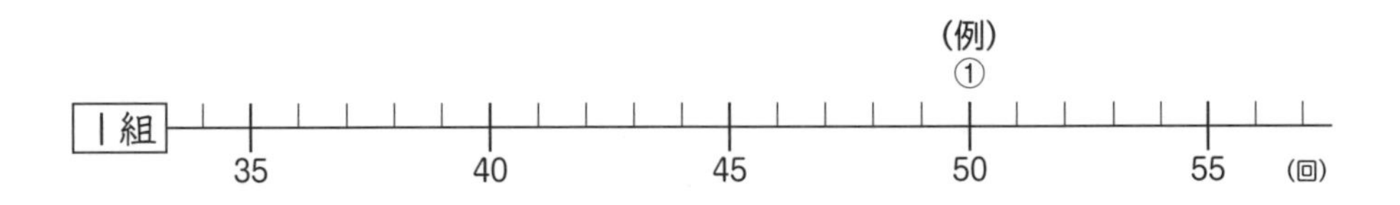

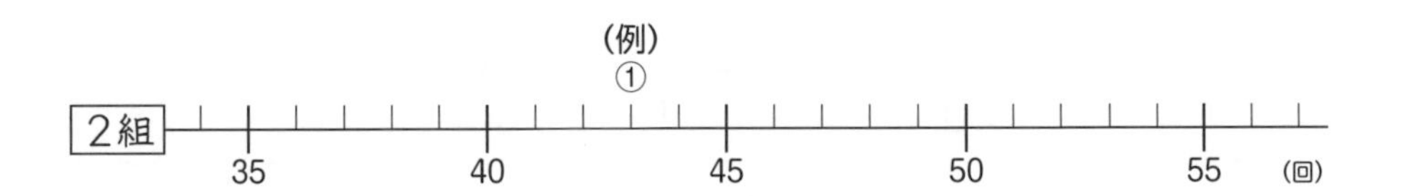

② それぞれの組で，いちばん多い回数といちばん少ない回数は，何回ですか。

1組 いちばん多い回数 (　　　　)
いちばん少ない回数 (　　　　)

2組 いちばん多い回数 (　　　　)
いちばん少ない回数 (　　　　)

③ それぞれの組で，いちばん多い回数といちばん少ない回数の差を求めましょう。

1組
式

答え

2組
式

答え

④ それぞれのドットプロットの，平均値を表すところに，↑をかきましょう。

⑤ それぞれの組で，中央値(ちゅうおうち)は何回ですか。

1組 (　　　　) 2組 (　　　　)

⑥ それぞれの組で，最頻値(さいひんち)は何回ですか。

1組 (　　　　) 2組 (　　　　)

データの調べ方 (2)

平均とちらばり

名前

◆ 1組の反復横とびの記録について，全体のちらばりが数でよくわかるように表に整理しましょう。

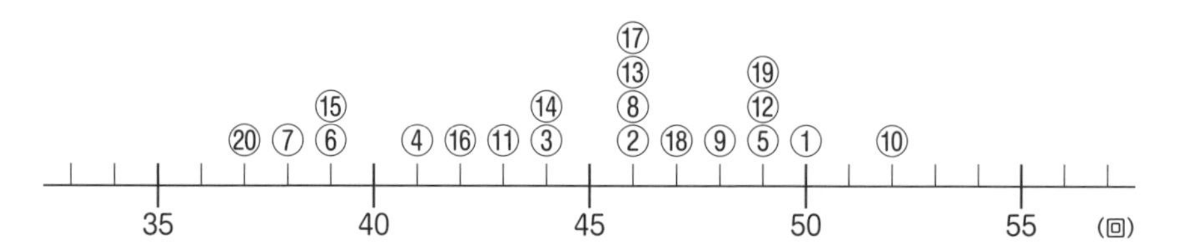

(1) それぞれの回数のはんいに入る人数を，右の表に書きましょう。

1組の反復横とびの記録

回　数(回)	人数(人)
35以上 ～ 40未満	
40　～45	
45　～50	
50　～55	
合 計	

(2) 次の回数の人数は何人ですか。また，それは全体の何%ですか。
(わりきれない場合は，小数第三位を四捨五入して%で表しましょう。)

① 45回未満の人数

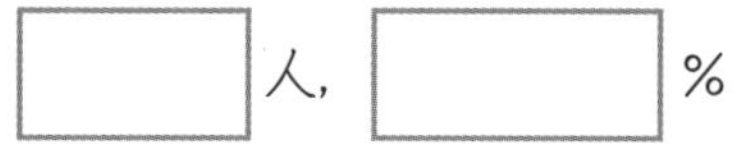

人，　　%

② 50回以上55回未満の人数

人，　　%

③ 45回以上の人数

人，　　%

(3) 人数がいちばん多い階級は，何回以上何回未満の何人ですか。
また，それは全体の人数の何%ですか。
(わりきれない場合は，小数第三位を四捨五入して%で表しましょう。)

以上　　未満，　　人，　　%

データの調べ方 (3)

平均とちらばり

名前

◆ 2組の反復横とびの記録について，全体のちらばりが数でよくわかるように表に整理しましょう。

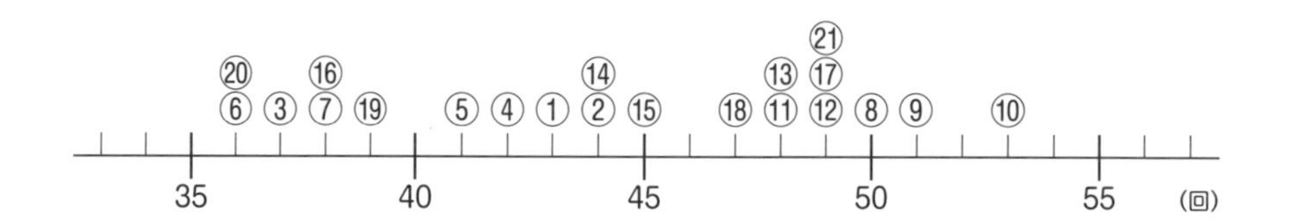

(1) それぞれの回数のはんいに入る人数を，右の表に書きましょう。

2組の反復横とびの記録

回　数(回)	人数(人)
35以上 ～ 40未満	
40　～45	
45　～50	
50　～55	
合 計	

(2) 次の回数の人数は何人ですか。また，それは全体の何%ですか。
(わりきれない場合は，小数第三位を四捨五入して%で表しましょう。)

① 45回未満の人数

人，　　%

② 50回以上55回未満の人数

人，　　%

③ 45回以上の人数

人，　　%

(3) 人数がいちばん多い階級は，何回以上何回未満の何人ですか。
また，それは全体の人数の何%ですか。
(わりきれない場合は，小数第三位を四捨五入して%で表しましょう。)

以上　　未満，　　人，　　%

データの調べ方 (4)

ヒストグラム

名前

◆ 6年1組と6年2組の反復横とびの記録をヒストグラムに表しました。

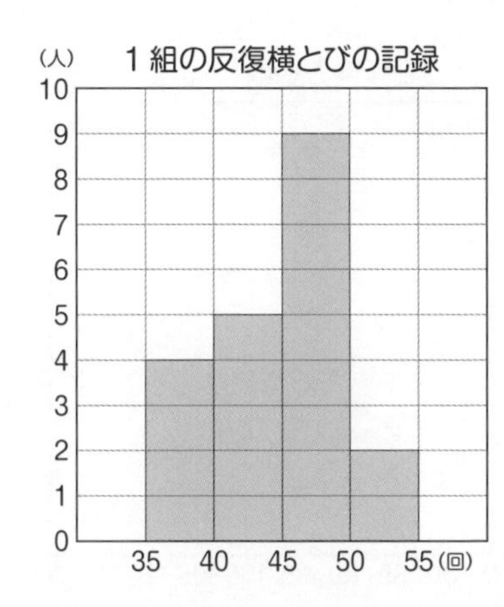

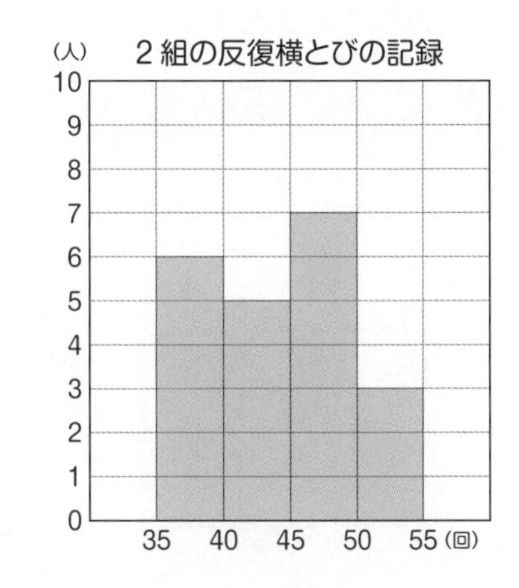

(1) 人数が最も多い階級は，それぞれ何回以上何回未満ですか。
また，それは全体の何％ですか。
（わりきれない場合は，小数第三位を四捨五入(ししゃごにゅう)して％で表しましょう。）

1組 ＿＿＿ 以上 ＿＿＿ 未満，＿＿＿ ％

2組 ＿＿＿ 以上 ＿＿＿ 未満，＿＿＿ ％

(2) 次の回数の人数はそれぞれ何人で何％ですか。
（わりきれない場合は，小数第三位を四捨五入して％で表しましょう。）

① 40回未満の人数

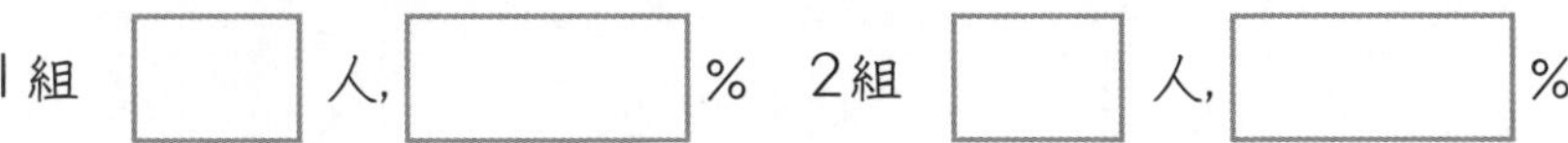

② 50回以上の人数

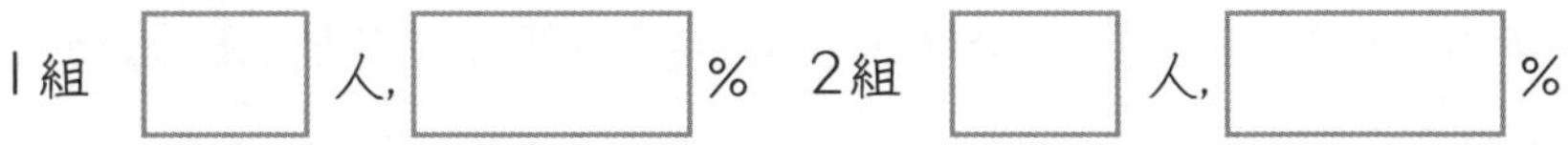

データの調べ方 (5)

ヒストグラム

名前

◆ 下のグラフは，スポーツテストでの1組と2組のボール投げの結果を表したものです。

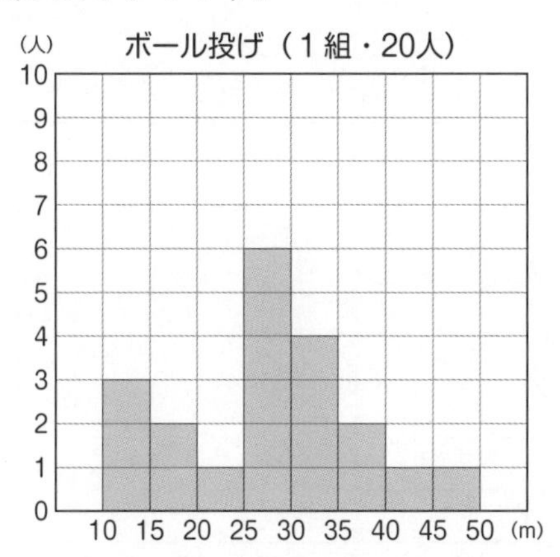

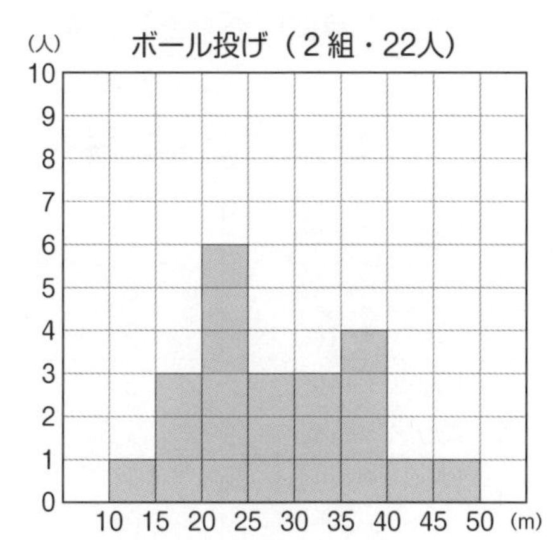

(1) 人数が最も多い階級は，それぞれ何m以上何m未満ですか。
また，それは全体の何％ですか。
（わりきれない場合は，小数第三位を四捨五入(ししゃごにゅう)して％で表しましょう。）

1組 ＿＿＿ 以上 ＿＿＿ 未満，＿＿＿ ％

2組 ＿＿＿ 以上 ＿＿＿ 未満，＿＿＿ ％

(2) 20m未満は，それぞれ何人ですか。また，それは全体の何％ですか。
（わりきれない場合は，小数第三位を四捨五入して％で表しましょう。）

1組 ＿＿ 人，＿＿＿ ％　2組 ＿＿ 人，＿＿＿ ％

(3) 中央値(ちゅうおうち)は何m以上何m未満にありますか。

1組 ＿＿＿ 以上 ＿＿＿ 未満

2組 ＿＿＿ 以上 ＿＿＿ 未満

データの調べ方 (6)

ヒストグラム

名前

◆ 下の表は，Ⓐと Ⓑの畑からとれたみかんの重さについて，整理したものです。

(1) ヒストグラムに表しましょう。

Ⓐの畑からとれたみかんの重さ

重　さ (g)	個数 (個)
80以上 ～ 85未満	1
85 ～ 90	2
90 ～ 95	8
95 ～ 100	3
100 ～ 105	3
105 ～ 110	1
110 ～ 115	1
合　計	19

(個)　Ⓐの畑からとれたみかんの重さ

8 7 6 5 4 3 2 1 0

80 85 90 95 100 105 110 115 (g)

Ⓑの畑からとれたみかんの重さ

重　さ (g)	個数 (個)
80以上 ～ 85未満	1
85 ～ 90	4
90 ～ 95	4
95 ～ 100	7
100 ～ 105	3
105 ～ 110	3
110 ～ 115	3
合　計	25

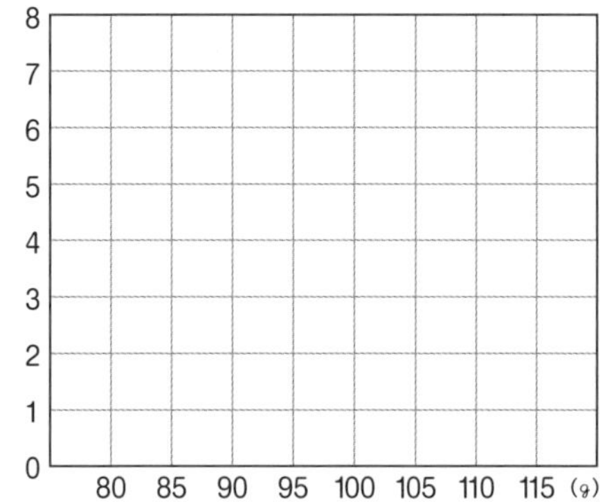

(2) 95g未満はそれぞれ何個で，全体の何％ですか。
（わりきれない場合は，小数第三位を四捨五入して％で表しましょう。）

Ⓐ ＿＿ 個，＿＿ ％

Ⓑ ＿＿ 個，＿＿ ％

データの調べ方 (7)

ヒストグラム

名前

◆ 下の表は，スポーツテストでの 50m 走の記録を整理したものです。

(1) ヒストグラムに表しましょう。

50m 走の記録（1組）

記　録 (秒)	人数 (人)
7.5以上 ～ 8.0未満	2
8.0 ～ 8.5	4
8.5 ～ 9.0	9
9.0 ～ 9.5	6
9.5 ～ 10.0	4
10.0 ～ 10.5	1
10.5 ～ 11.0	2
11.0 ～ 11.5	1
合　計	29

(人)　50m 走の記録（1組）

10 9 8 7 6 5 4 3 2 1 0

7.5 8.0 8.5 9.0 9.5 10.0 10.5 11.0 11.5 (秒)

50m 走の記録（2組）

記　録 (秒)	人数 (人)
7.5以上 ～ 8.0未満	1
8.0 ～ 8.5	5
8.5 ～ 9.0	6
9.0 ～ 9.5	8
9.5 ～ 10.0	3
10.0 ～ 10.5	4
10.5 ～ 11.0	3
11.0 ～ 11.5	0
合　計	30

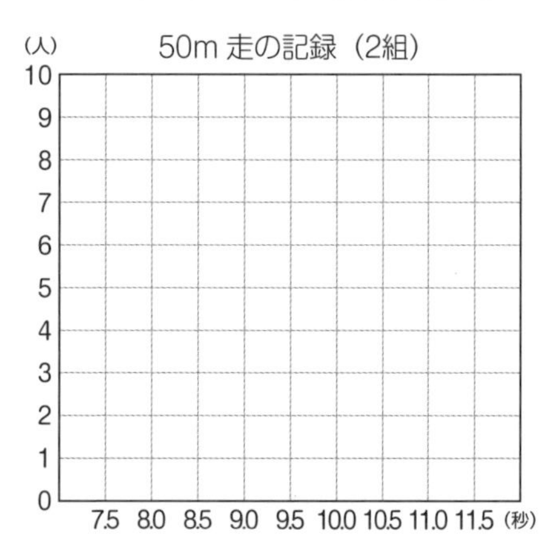

(2) 中央値(ちゅうおうち)はそれぞれ何秒以上何秒未満にありますか。

1組 ＿＿ 以上 ＿＿ 未満　2組 ＿＿ 以上 ＿＿ 未満

(3) 9.0 秒よりも速いのは何人ですか。また，それは全体の何％ですか。
（わりきれない場合は，小数第三位を四捨五入して％で表しましょう。）

1組 ＿＿ 人，＿＿ ％　2組 ＿＿ 人，＿＿ ％

データの調べ方（8）

名前

◆ 下の表は，1947 年から 10 年ごとの日本の出生数（しゅっしょうすう）を調べたものです。

(1) 四捨五入して一万の位までのがい数にし，折れ線グラフに表しましょう。

10 年ごとの出生数

年	人数（人）	がい数
1947	2678792	
1957	1566713	
1967	1935647	
1977	1755100	
1987	1346658	
1997	1191665	
2007	1089818	
2017	946065	

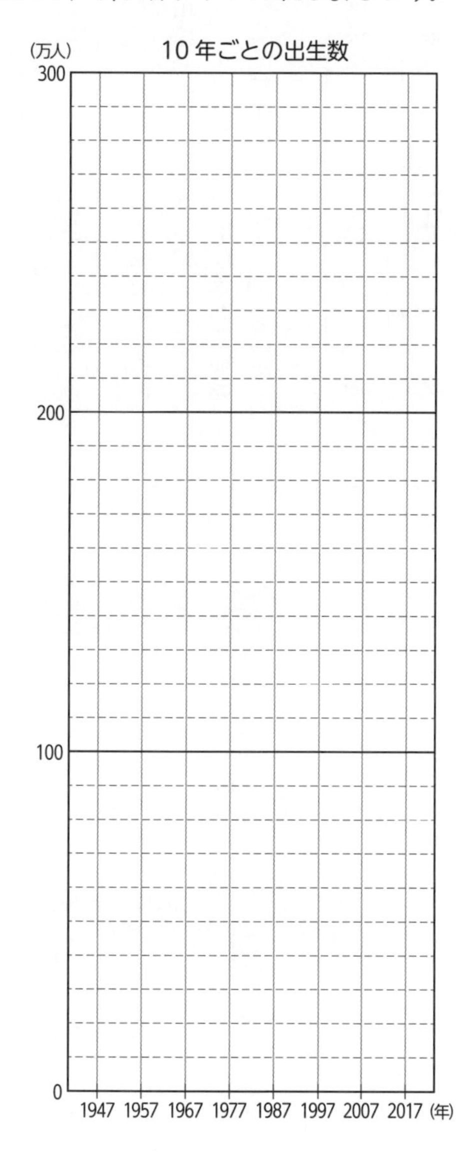

(2) 10 年ごとの出生数は，どうなっていますか。

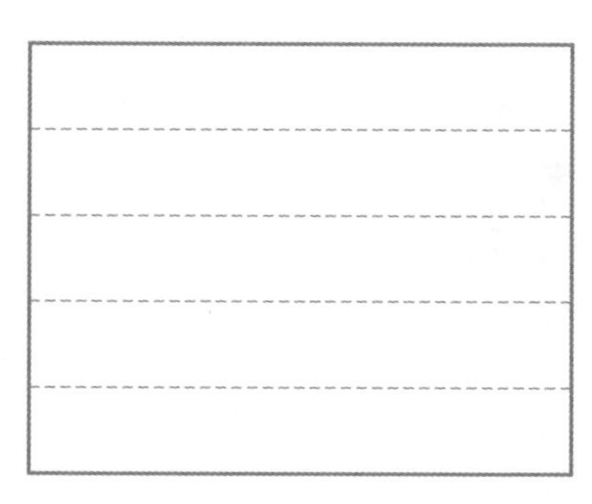

(3) 2008 年から 2017 年まで，1 年ごとの出生数も調べました。四捨五入して一万の位までのがい数にし，折れ線グラフに表しましょう。

1 年ごとの出生数

年	人数（人）	がい数
2008	1091156	
2009	1070035	
2010	1071304	
2011	1050806	
2012	1037231	
2013	1029816	
2014	1003539	
2015	1005677	
2016	976978	
2017	946065	

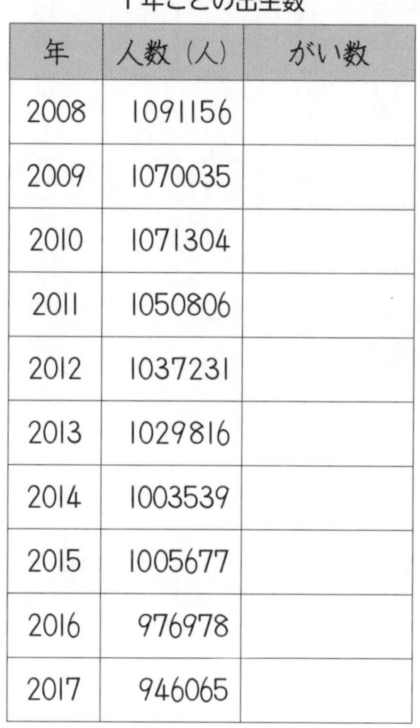

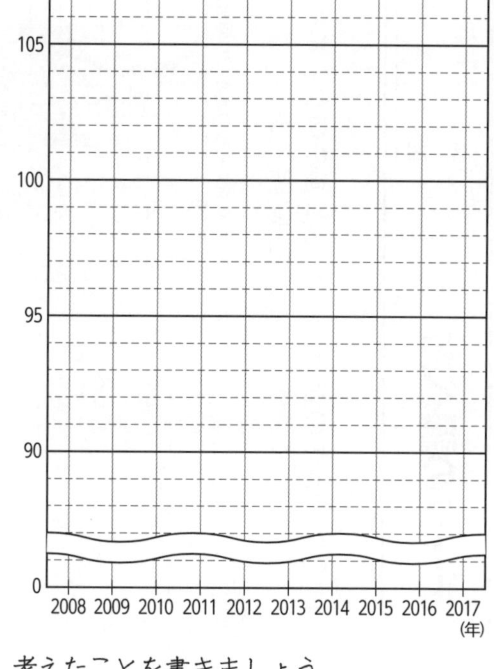

(4) 2 つの出生数のグラフをかいて，考えたことを書きましょう。

ふりかえりテスト データの調べ方

名前 ＿＿＿＿＿＿＿＿

1 下の表は，スポーツテストでの50m走の記録（20人）です。

50m走の記録 （秒）

①8.4	②9.7	③9.9	④8.5	⑤7.7
⑥8.5	⑦8.6	⑧9.3	⑨9.2	⑩9.5
⑪9.2	⑫8.6	⑬7.6	⑭9.5	⑮8.8
⑯9.3	⑰8.8	⑱8.5	⑲9.6	⑳8.5

(1) 20人の記録を，ドットプロットに表しましょう。(10)

7.5　8.0　8.5　9.0　9.5　10（秒）

(2) 平均値は何秒ですか。（小数第二位を四捨五入し，小数第一位までで答えましょう。） (7)

答え ＿＿＿＿＿＿

(3) 最頻値は何秒ですか。 (7)

答え ＿＿＿＿＿＿

(4) 度数分布表にまとめましょう。 (10)

50m走の記録

記　録（秒）	人数（人）
7.5以上～ 8.0未満	
8.0　～ 8.5	
8.5　～ 9.0	
9.0　～ 9.5	
9.5　～10.0	
合 計	

(5) ヒストグラムに表しましょう。 (10)

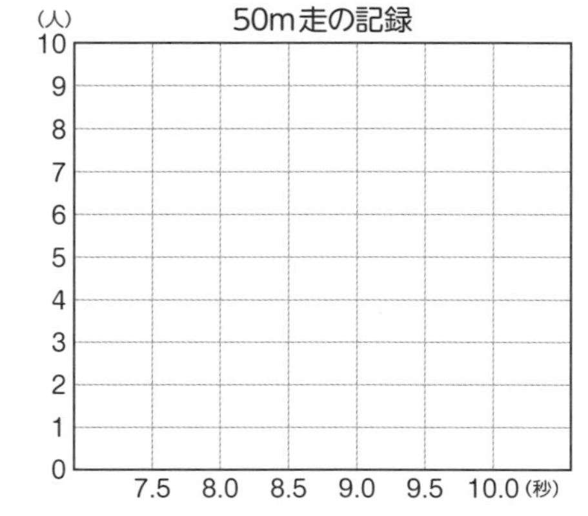

3 Ⓐとⓑの畑からとれたももの重さをヒストグラムに表しました。

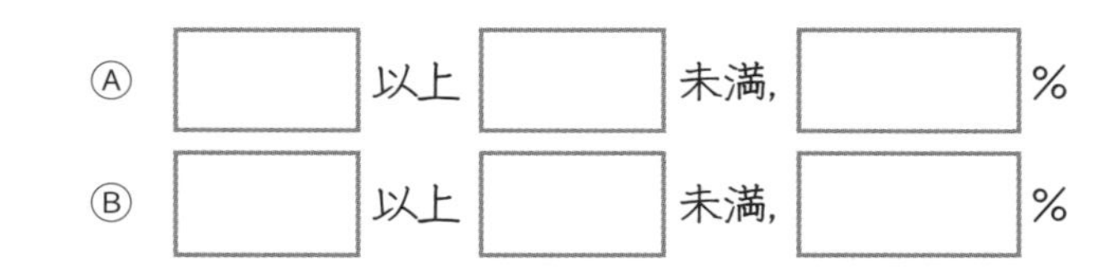

(1) 中央値は，それぞれどの階級にありますか。 (7×2)

Ⓐ ［　　］以上［　　］未満

Ⓑ ［　　］以上［　　］未満

(2) 度数がいちばん大きい階級は，それぞれどの階級ですか。
また，その割合は全体の何％ですか。
（わりきれない場合は，小数第三位を四捨五入して％で表しましょう。） (7×2)

Ⓐ ［　　］以上［　　］未満，［　　］％

Ⓑ ［　　］以上［　　］未満，［　　］％

(3) 310g以上のももの個数はそれぞれ何個で，その割合は全体の何％ですか。 (7×2)
（わりきれない場合は，小数第三位を四捨五入して％で表しましょう。）

Ⓐ ［　　］個，［　　］％

Ⓑ ［　　］個，［　　］％

(4) 290g 未満のももの個数はそれぞれ何個で，その割合は全体の何％ですか。 (7×2)
（わりきれない場合は，小数第三位を四捨五入して％で表しましょう。）

Ⓐ ［　　］個，［　　］％

Ⓑ ［　　］個，［　　］％

ふりかえりテスト まとめ (1) 数と計算

名前

1 計算をしましょう。(4×8)

① 5.2+8.02　② 45−0.8

③ 3.8 ×5.4　④ 6.02 × 2.4

⑤ 27)162　⑥ 12)780

⑦ 2.9)8.7　⑧ 1.8)17.1

2 小数のわり算を筆算でしましょう。(4×6)

① わりきれるまで計算しましょう。

㋐ 4.2÷2.4　㋑ 6.42÷0.4

② 商は整数で求め，あまりも出しましょう。

㋐ 16÷4.5　㋑ 2.3÷0.9

③ 商は四捨五入して，小数第一位までのがい数で求めましょう。

㋐ 42.3÷6.9　㋑ 25÷0.6

3 次の数を100倍した数と，$\frac{1}{100}$ にした数を書きましょう。(4×4)

① 700万　100倍 (　　)　$\frac{1}{100}$ (　　)

② 2.01　100倍 (　　)　$\frac{1}{100}$ (　　)

4 次の計算をしましょう。(4×4)

① $1\frac{1}{3}+2\frac{11}{12}$

② $4\frac{1}{3}-1\frac{1}{2}$

③ $\frac{9}{8}\times\frac{4}{3}$

④ $4\frac{1}{5}\div2\frac{1}{3}$

5 次の計算をしましょう。(4×3)

① $\left(2.4+\frac{1}{5}\right)\times0.8$

② $1\frac{1}{4}-0.5\div\frac{2}{5}$

③ $8-\frac{3}{4}\times6$

ふりかえりテスト まとめ (2) 量と測定・図形

名前

1 (　) にあてはまる数を書きましょう。(3×6)

① 1 km　＝(　　　　　) m

② 1 m^2　＝(　　　　　) cm^2

③ 1 L　＝(　　　　　) cm^3

④ 1 kg　＝(　　　　　) g

⑤ 1 時間　＝(　　　　　) 分＝(　　　　) 秒

⑥ 4 直角　＝(　　　　　) 度 (1 回転の角度)

2 次の図形の面積を求めましょう。(6×5)

① 平行四辺形

9 cm　10cm　8 cm

式

答え

② 8 cm　6 cm　9 cm

式

答え

③ 5 cm　12cm　6 cm　6 cm

式

答え

④ (1 ます＝1 cm)

式

答え

⑤ 8 cm　3cm　10cm　12cm

式

答え

3 次の色のついた部分の周りの長さと，面積を求めましょう。(8×4)

①

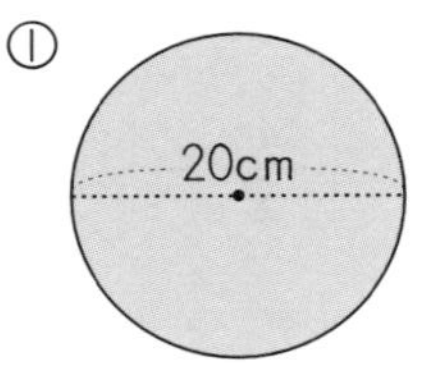

周りの長さ

式

答え

面積

式

答え

② 10 cm　10 cm

周りの長さ

式

答え

面積

式

答え

4 次の図形が線対称な図形，また点対称な図形であれば表に○を入れましょう。線対称なら，対称の軸の本数も書きましょう。(3×5)

	正三角形	正方形	正五角形	正六角形	円
線対称なら○					
対称の軸の本数					
点対称なら○					

5 下の三角形を $\frac{1}{2}$ に縮小した三角形を，右の方眼にかきましょう。(5)

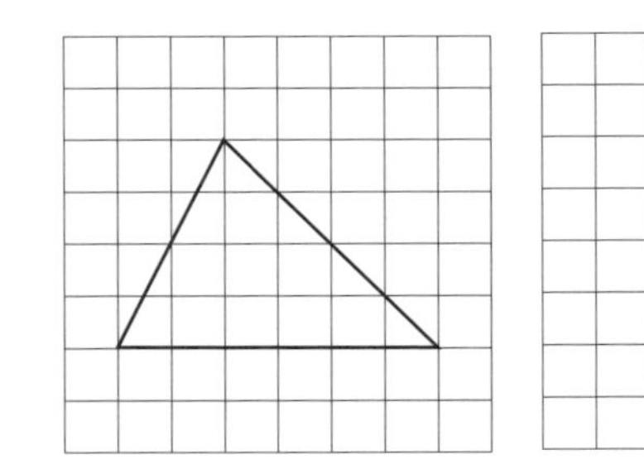

ふりかえりテスト まとめ (3) 数量関係

名前

1 次の比と等しい比を［　］の中から１つ選び，○をつけましょう。(6×6)

① 3 : 5
［ 6 : 15　9 : 15　13 : 15 ］

② 3 : 2
［ 8 : 5　12 : 10　18 : 12 ］

③ 40 : 25
［ 4.8 : 3　15 : 12　10 : 8 ］

④ 12 : 18
［ 1 : 3　4 : 6　6 : 8 ］

⑤ 32 : 20
［ 8 : 4　8 : 5　16 : 12 ］

⑥ 0.5 : 0.3
［ 1.5 : 0.9　4 : 1.8　2 : 0.8 ］

2 次の①〜⑧のうち，ともなって変わる２つの量が，比例しているものには㊗を，反比例しているものには㊙を，どちらでもないものには×を，(　　)に書きましょう。(3×8)

(　　) ① 立方体の１辺の長さと体積

(　　) ② 時速60kmの自動車の走った時間と道のり

(　　) ③ 平行四辺形の面積が $10cm^2$ にきまっているときの，底辺の長さと高さ

(　　) ④ 100kmの道のりを進む速さとかかった時間

(　　) ⑤ $10m^3$ の水そうに，１分間に入れる水の量といっぱいになるのにかかる時間

(　　) ⑥ 三角形の底辺が６cmにきまっているときの，高さと面積

(　　) ⑦ ある人の年れいと身長

(　　) ⑧ 買い物をしたときの代金とおつり

3 次の文を読んで，xとyを使った式に表しましょう。また，その式を使って㋐㋑のxの値に対応するyの値も求めましょう。(4×6)

① １mの重さが60gの針金xmの重さはygです。

式（　　　　　　　　　）

㋐ xが８のときのyの値
式

答え

㋑ xが10のときのyの値
式

答え

② 底辺が$x$cmで高さが５cmの三角形の面積は$y cm^2$です。

式（　　　　　　　　　）

㋐ xが４のときのyの値
式

答え

㋑ xが６のときのyの値
式

答え

4 下のグラフは，鉄の棒（ぼう）の長さx(m)と重さy(kg)の関係を表したものです。(8×2)

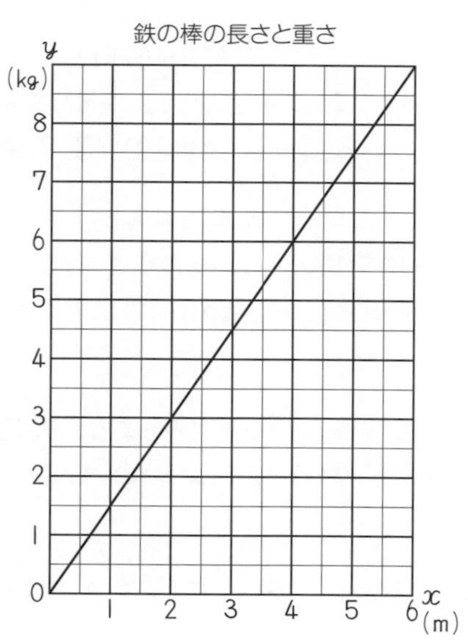

① xとyの関係を式に表しましょう。

式

② この棒が12mのとき，重さは何kgですか。

式

答え

ふりかえりテスト 総まとめ (1)

名前 ＿＿＿＿＿＿＿＿

1 次の計算をしましょう。(5×6)

① $2+3\times4-5$

② $4.5+2\div0.4-0.5$

③ $\frac{4}{3}+\frac{1}{3}\times6$

④ $8-\frac{9}{8}\times\frac{4}{3}$

⑤ $5.2+\frac{1}{2}\div\frac{2}{3}$

⑥ $\frac{2}{5}\times(3-0.5)$

2 次の直方体をみて答えましょう。

4cm　6cm　6cm

① 体積を求めましょう。(4)

式

答え ＿＿＿＿＿＿

② この立体をねんど玉と竹ひごでつくります。(4×2)

㋐ ねんど玉は何個必要ですか。

＿＿＿＿ 個

㋑ 6cmの竹ひごは何本必要ですか。

＿＿＿＿ 本

③ この立体を，正方形と長方形の板でつくります。次の大きさの板は，それぞれ何枚必要ですか。(4×2)

㋐ 縦6cm，横6cmの正方形の板 ＿＿＿＿ 枚

㋑ 縦4cm，横6cmの長方形の板 ＿＿＿＿ 枚

3 2.3×0.8の式で求められる問題は，次の①～④のうちどれでしょうか。□に○を書きましょう。(8)

□ ① 1dLのペンキで$2.3m^2$のかべがぬれます。0.8dLでは，何m^2のかべがぬれますか。

□ ② 1dLのペンキで$0.8m^2$のかべがぬれます。2.3dLでは，何m^2のかべをぬれますか。

□ ③ 弟は兄の0.8倍のテープを持っています。弟の持っているテープは2.3mです。兄のテープは何mですか。

□ ④ 弟は兄の0.8倍のテープを持っています。兄の持っているテープは2.3mです。弟のテープは何mですか。

4 次の（　）にふさわしい単位を書きましょう。(4×6)

① お父さんの身長 172（　　）

② おすもうさんの体重 160（　　）

③ りんご1個の重さ 300（　　）

④ ドッジボールコートの広さ 2（　　）

⑤ 切手の面積 4（　　）

⑥ 大阪府の面積 1898（　　）

5 6 5 4 のカードが1枚ずつあります。3枚のカードをならべて，3けたの整数をつくります。何通りの整数ができますか。(6)

（　　）通り

6 まみさん・父・母・兄の4人でドライブに行きます。4人乗りの乗用車で，4人の座席のすわり方は何通りあるか考えます。(6×2)

① 運転するのが父だけの場合は，何通りのすわり方があるでしょうか。

（　　）通り

② 運転するのが父・母・兄の場合は，何通りのすわり方がありますか。

（　　）通り

ふりかえりテスト 総まとめ (2)

名前

1 次のわり算を筆算でしましょう。(6×6)
(わりきれるまで計算しましょう。)
① 0.35÷25　　② 0.12÷0.8

(商は整数にして，あまりも出しましょう。)
③ 29÷1.6　　④ 5.2÷0.3

(商は四捨五入して小数第一位までのがい数で表しましょう。)
⑤ 4.1÷1.8　　⑥ 6.6÷0.9

2 xにあてはまる数を求めましょう。(4×4)

① 7：12＝35：x

② 32：20＝x：5

③ 2：5＝x：25

④ 80：x＝16：9

3 下の立体の体積を求めましょう。(5×2)

①

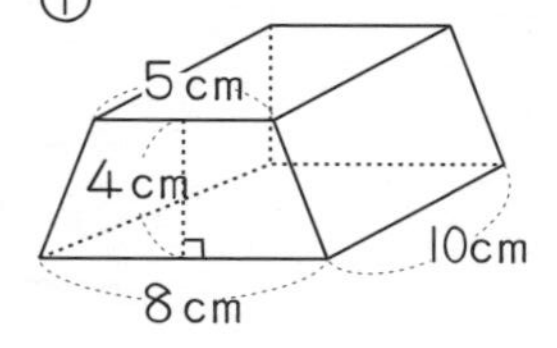

式

答え

②

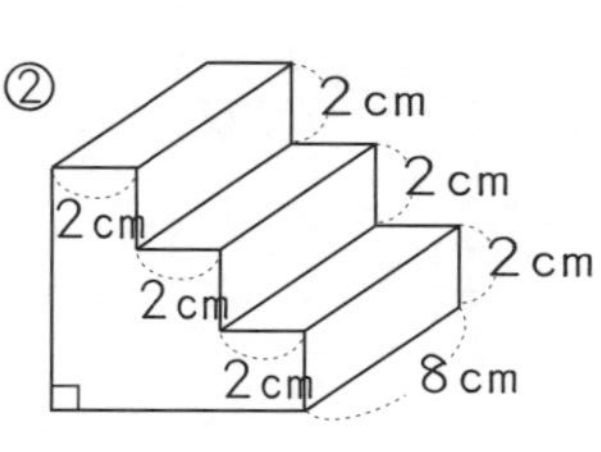

式

答え

4 比を使って考えましょう。(8×2)

① 縦(たて)の長さと横の長さが3：4になるように長方形をかきます。横の長さを12mにすると，縦の長さは何mになりますか。

式

答え

③ 酢(す)とサラダ油を3：5の割合でまぜて，ドレッシングを400mLつくります。それぞれ何mL入れればいいですか。

式

答え　酢　　　　，サラダ油

5 点Oを対称の中心にして，点対称の図形をかきましょう。(6)

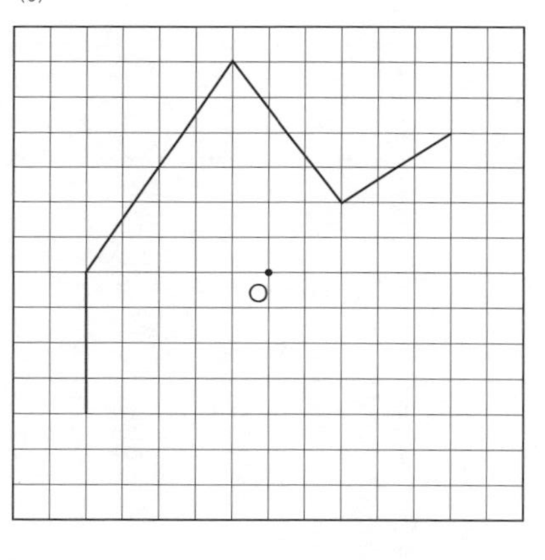

6 下の表は，1組のボール投げの結果です。表にまとめて，ヒストグラムをかきましょう。(8×2)

ボール投げ　(m)

①	22	⑥	15	⑪	21	⑯	25
②	28	⑦	22	⑫	37	⑰	29
③	36	⑧	18	⑬	24	⑱	20
④	29	⑨	42	⑭	38	⑲	36
⑤	30	⑩	36	⑮	20	⑳	23

記録(m)	人数(人)
以上　未満 15 ～ 20	
20 ～ 25	
25 ～ 30	
30 ～ 35	
35 ～ 40	
40 ～ 45	

ボール投げ（1組）

(人) 10　5　0

15 20 25 30 35 40 45 (m)

解答

児童に実施させる前に，必ず指導される方が問題を解いてください。本書の解答は，あくまでも１つの例です。指導される方の作られた解答をもとに，本書の解答例を参考に児童の多様な考えに寄り添って○つけをお願いします。

P.2

対称な図形（1）
線対称

名前

1 下の図をみて答えましょう。

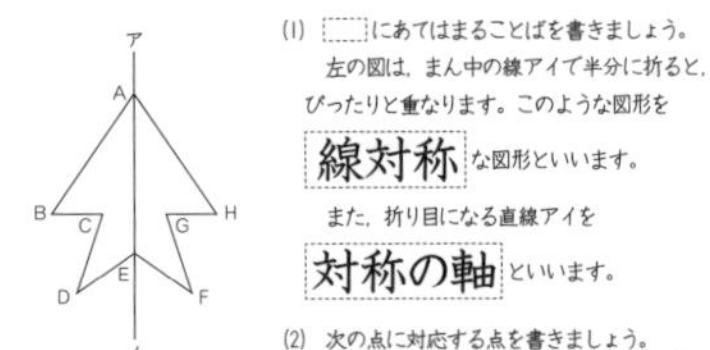

(1) □にあてはまることばを書きましょう。

左の図は，まん中の線アイで半分に折ると，ぴったりと重なります。このような図形を **線対称** な図形といいます。

また，折り目になる直線アイを **対称の軸** といいます。

(2) 次の点に対応する点を書きましょう。
① 点B（点H）　② 点G（点C）

(3) 次の辺に対応する辺を書きましょう。
① 辺AB（辺AH）　② 辺GF（辺CD）

2 下の線対称な図形をみて答えましょう。

(1) 次の点に対応する点を書きましょう。
① 点A（点K）　② 点E（点G）

(2) 次の辺に対応する辺を書きましょう。
① 辺IJ（辺CD）
② 辺KL（辺AB）

(3) 次の角に対応する角を書きましょう。
① 角H（角F）　② 角L（角B）

(4) 対称の軸を図にかき入れましょう。

対称な図形（2）
線対称

名前

下の線対称な図形をみて答えましょう。

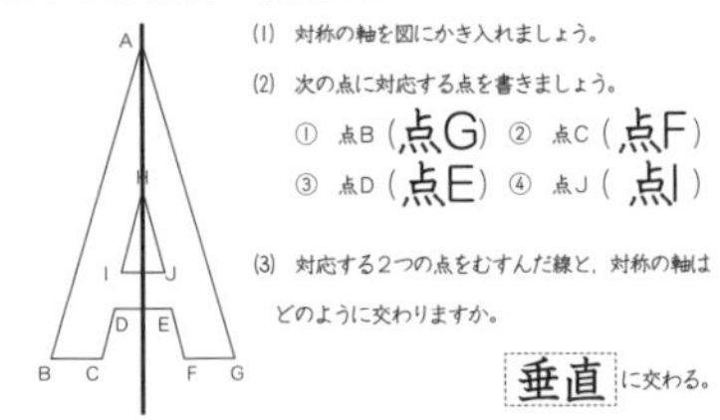

(1) 対称の軸を図にかき入れましょう。

(2) 次の点に対応する点を書きましょう。
① 点B（点G）　② 点C（点F）
③ 点D（点E）　④ 点J（点I）

(3) 対応する２つの点をむすんだ線と，対称の軸はどのように交わりますか。
垂直 に交わる。

(4) 次の直線に対応する直線を書きましょう。
① 直線AB（直線AG）
② 直線BC（直線GF）
③ 直線EF（直線DC）

(5) 辺EFの長さが2cmとすると，辺DCの長さは何cmですか。
（2cm）

(6) 辺ABの長さが8cmとすると，辺AGの長さは何cmですか。
（8cm）

2

P.3

対称な図形（3）
線対称

名前

1 直線アイを対称の軸にした，線対称な図形をかき，問いに答えましょう。

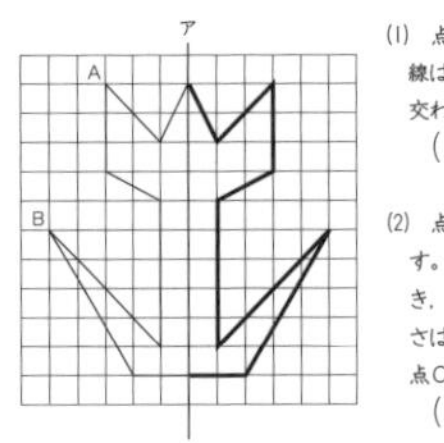

(1) 点Aと対応する点を結んだ直線は，対称の軸アイとどのように交わっていますか。
（垂直）に交わる。

(2) 点Bと対応する点を点Cとします。点Bと点Cを直線で結んだとき，点Bから対称の軸までの長さは5cmでした。対称の軸から点Cまでは何cmですか。
（5cm）

2 直線アイを対称の軸にした，線対称な図形をかきましょう。

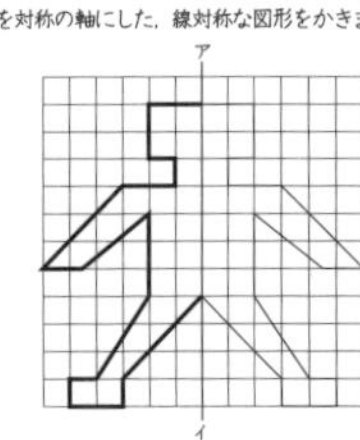

対称な図形（4）
線対称

名前

直線アイを対称の軸にした，線対称な図形をかきましょう。

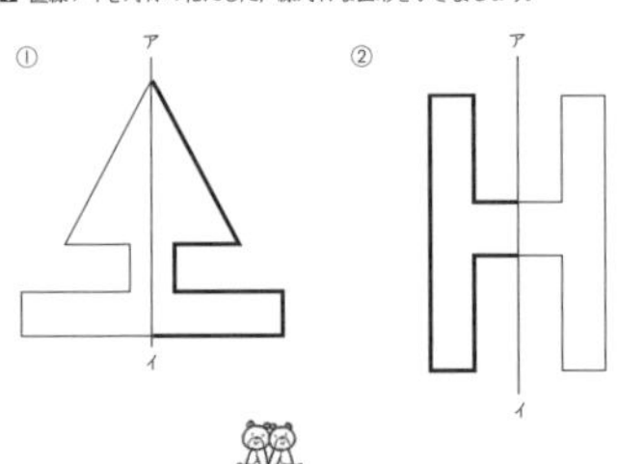

3

P.4

対称な図形（5）
点対称

名前

下の図をみて答えましょう。

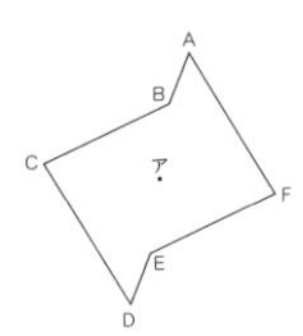

(1) □にあてはまることばを書きましょう。

左の図は，点アを中心にして **180** 度回転すると，もとの形にぴったり重なります。

このような図形を **点対称** な図形といいます。

中心の点アを **対称の中心** といいます。

(2) 次の点・辺に対応する点・辺を書きましょう。

【対応する点】① 点A（点D）
② 点B（点E）
③ 点C（点F）

【対応する辺】① 辺AB（辺DE）
② 辺BC（辺EF）
③ 辺CD（辺FA）

(3) 辺BCの長さは6cmです。辺EFの長さは何cmですか。
（6cm）

(4) 点Aから点アまでの長さは5cmです。点Dから点アまでの長さは何cmですか。
（5cm）

4

対称な図形（6）
点対称・線対称

名前

1 次の図は，点対称な図形です。

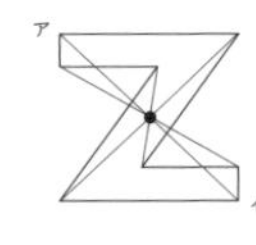

(1) 対称の中心をみつけて，図にかき入れましょう。

(2) どのようにして対称の中心をみつけたかを書きましょう。
対応する点どうしを直線で結んだとき，どの直線も通る点（交点）が中心。

(3) 点アから対称の中心までの長さが5.5cmのとき，直線アイの長さは何cmになりますか。
11cm

2 次の図は，点対称な図形です。対称の中心をみつけて，図にかき入れましょう。
また，線対称な図形でもある場合は，対称の軸もかき入れましょう。

3 点Oを対称の中心にした，点対称の図形をかきましょう

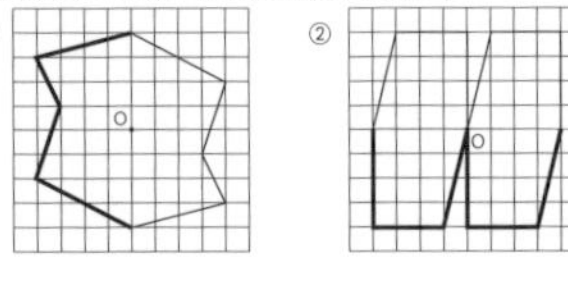

P.5

対称な図形（7）
点対称

名前

1 点Oを対称の中心にした，点対称な図形をかき，問いに答えましょう。

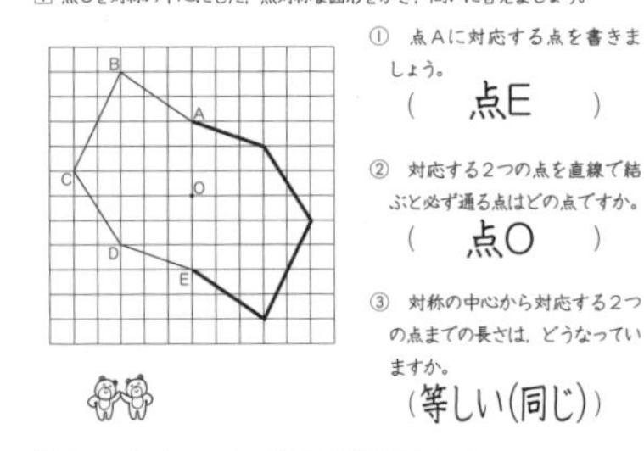

① 点Aに対応する点を書きましょう。
（点E）

② 対応する２つの点を直線で結ぶと必ず通る点はどの点ですか。
（点O）

③ 対称の中心から対応する２つの点までの長さは，どうなっていますか。
（等しい（同じ））

2 点Oを対称の中心にした，点対称な図形をかきましょう。

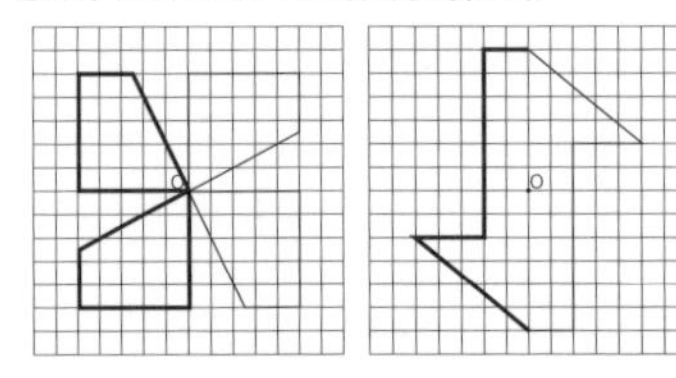

対称な図形（8）
点対称

名前

1 点Oを対称の中心にした，点対称な図形をかきましょう。

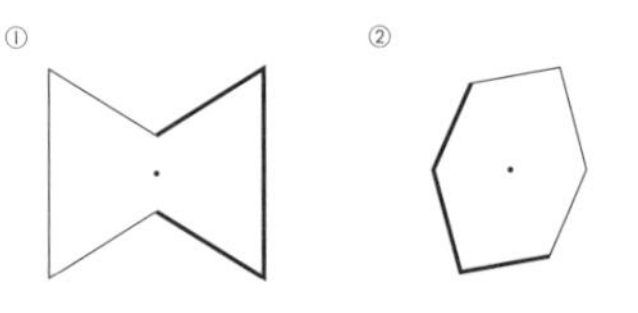

2 下から線対称・点対称な図形をさがして，下の表に番号を書きましょう。

道路標識

地図記号

線対称な図形	①　③　⑤　⑥　⑦　⑧
点対称な図形	③　⑦　⑩

順不同

5

児童に実施させる前に，必ず指導される方が問題を解いてください。本書の解答は，あくまでも１つの例です。指導される方の作られた解答をもとに，本書の解答例を参考に児童の多様な考えに寄り添って○つけをお願いします。

解答

P.6

対称な図形 (9)
正多角形・円と対称

名前

次の①～⑤の図形は，線対称な図形でしょうか。また，点対称な図形でしょうか。あてはまるものに○をつけ，線対称であれば対称の軸の本数を書き，点対称であれば図の中に対称の中心をかき入れましょう。

① 正三角形　（(線対称)　点対称）　対称の軸（ 3 ）本

② 正方形　（(線対称)　(点対称)）　対称の軸（ 4 ）本

③ 正五角形　（(線対称)　点対称）　対称の軸（ 5 ）本

④ 正六角形　（(線対称)　(点対称)）　対称の軸（ 6 ）本

⑤ 円　（(線対称)　(点対称)）　対称の軸（無数）本

対称な図形 (10)
四角形と対称

名前

1 次の四角形が線対称な図形であれば，下の表に○を書き，対称の軸の本数も書きましょう。

2 これらの四角形が点対称な図形であれば，表に○を書き，図に対称の中心をかき入れましょう。

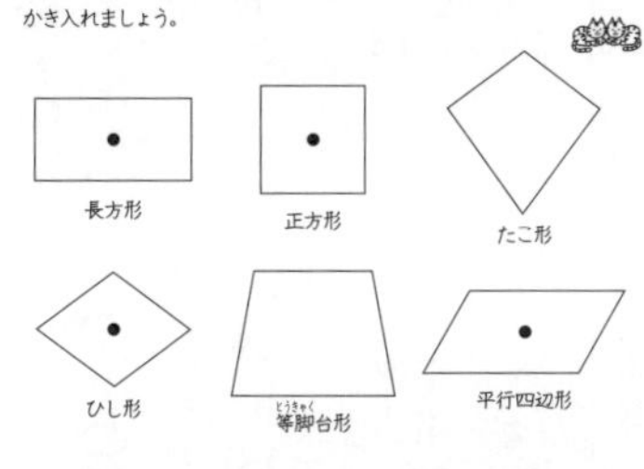

		長方形	正方形	たこ形	ひし形	等脚台形	平行四辺形
1	線対称な図形	○	○	○	○	○	
	対称の軸の本数	2	4	1	2	1	
2	点対称な図形	○	○		○		○

P.7

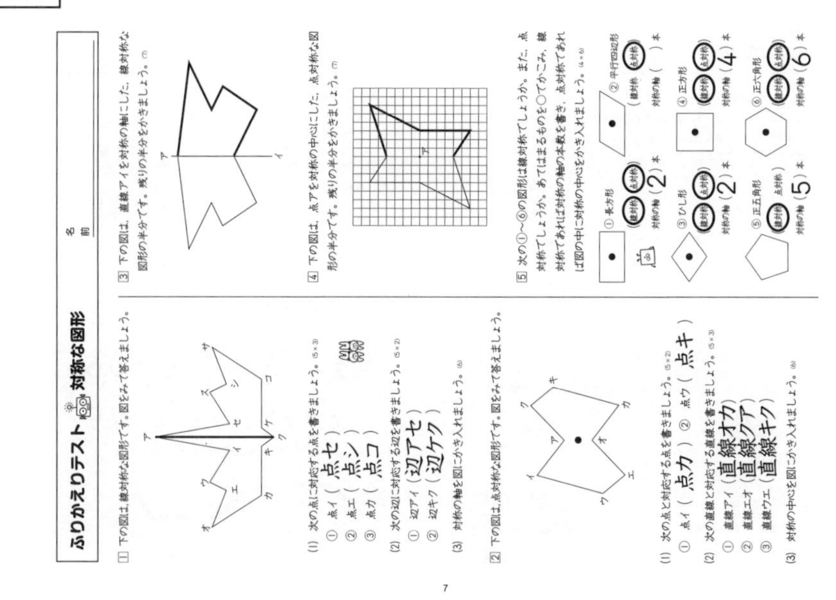

P.8

文字と式 (1)

名前

次の文を読んで，xを使った式を書き，問題に答えましょう。

1 1個x円のケーキを5個買ったときの代金y円を求めます。

① xを使って代金を求める式を書きましょう。

$x \times 5 = y$

② ケーキ1個の値段が120円の場合の，5個分の代金を，上の式を使って求めましょう。

式 $120 \times 5 = 600$　答え 600円

③ ケーキ1個の値段が250円の場合の，5個分の代金を，上の式を使って求めましょう。

式 $250 \times 5 = 1250$　答え 1250円

2 1箱に12個入っているあめがx箱あるとき，あめ全部の個数y個を求めます。

① xを使って代金を求める式を書きましょう。

$12 \times x = y$

② あめが5箱あるときの，あめ全部の個数を，上の式を使って求めましょう。

式 $12 \times 5 = 60$　答え 60個

③ あめが9箱あるときの，あめ全部の個数を，上の式を使って求めましょう。

式 $12 \times 9 = 108$　答え 108個

文字と式 (2)

名前

次の文を読んで，xとyを使った式を□に書き，①と②の問いに答えましょう。

1 1パックあたりx個入りのプチトマトが7パックあるとき，プチトマトは全部でy個あります。

$x \times 7 = y$

① 1パックに6個入っている場合のプチトマトの個数を求めましょう。

式 $6 \times 7 = 42$　答え 42個

② 1パックに15個入っている場合のプチトマトの個数を求めましょう。

式 $15 \times 7 = 105$　答え 105個

2 高さが6cm，底辺がx cmの平行四辺形の面積はy cm²です。

$x \times 6 = y$

① 底辺が5cmのときの面積を求めましょう。

式 $5 \times 6 = 30$　答え 30cm²

② 底辺が12cmのときの面積を求めましょう。

式 $12 \times 6 = 72$　答え 72cm²

3 直径がx cmの円の，円周の長さはy cmです。

$x \times 3.14 = y$

① 直径が12cmの場合の円周の長さを求めましょう。

式 $12 \times 3.14 = 37.68$　答え 37.68cm

② 直径が24cmの場合の円周の長さを求めましょう。

式 $24 \times 3.14 = 75.36$　答え 75.36cm

P.9

文字と式 (3)

名前

1 針金の重さは何gになるかを考えましょう。

① 1mの重さがxgの針金が3mあります。全体の重さをygとして，xとyの関係を式に表しましょう。

$x \times 3 = y$

② xの値（1mの重さ）を12，21(g)としたとき，それに対応するyの値を，上の式を使って求めましょう。

㋐ xが12のとき　式 $12 \times 3 = 36$　答え 36g

㋑ xが21のとき　式 $21 \times 3 = 63$　答え 63g

2 りんごジュースは全部で何mLになるかを考えましょう。

① 1パックxmLのりんごジュースが5パックあります。全部の量をymLとして，xとyの関係を式に表しましょう。

$x \times 5 = y$

② xの値（1パックあたりの量）を150，360(mL)としたとき，それに対応するyの値を，上の式を使って求めましょう。

㋐ xが150のとき　式 $150 \times 5 = 750$　答え 750mL

㋑ xが360のとき　式 $360 \times 5 = 1800$　答え 1800mL

文字と式 (4)

名前

1 1個x円のみかんを6個買って，150円の箱に入れてもらうと，代金はy円になりました。

① xとyの関係を式に表しましょう。

$x \times 6 + 150 = y$

② xの値が120(円)，300(円)のとき，対応するyの値を求めましょう。

㋐ xが120のとき　式 $120 \times 6 + 150 = 870$　答え 870円

㋑ xが300のとき　式 $300 \times 6 + 150 = 1950$　答え 1950円

2 1本あたりxL入った牛乳が5本ありましたが，0.4L飲んだので，残りはyLになりました。

① xとyの関係を式に表しましょう。

$x \times 5 - 0.4 = y$

② xの値が1.5(L)，2.8(L)のとき，対応するyの値を求めましょう。

㋐ xが1.5のとき　式 $1.5 \times 5 - 0.4 = 7.1$　答え 7.1L

㋑ xが2.8のとき　式 $2.8 \times 5 - 0.4 = 13.6$　答え 13.6L

3 底辺がx cm，高さが8cmの三角形の面積はy cm²です。

① xとyの関係を式に表しましょう。

$x \times 8 \div 2 = y$

② xの値が10(cm)，12(cm)に対応するyの値を求めましょう。

㋐ xが10のとき　式 $10 \times 8 \div 2 = 40$　答え 40cm²

㋑ xが12のとき　式 $12 \times 8 \div 2 = 48$　答え 48cm²

解答

児童に実施させる前に，必ず指導される方が問題を解いてください。本書の解答は，あくまでも１つの例です。指導される方の作られた解答をもとに，本書の解答例を参考に児童の多様な考えに寄り添って○つけをお願いします。

P.10

文字と式（5） 名前

1 下の図のような形をした畑があります。
次の①～③の式は，畑の面積を求める式です。それぞれ，どのように考えて立てた式なのでしょうか。それぞれの式に合う図を下の㋐～㋒から選んで，記号を（ ）に書きましょう。

① $x \times 6 + (6 - x) \times 3$ （㋒）
② $6 \times 6 - (6 - x) \times (6 - 3)$ （㋐）
③ $6 \times 3 + x \times (6 - 3)$ （㋑）

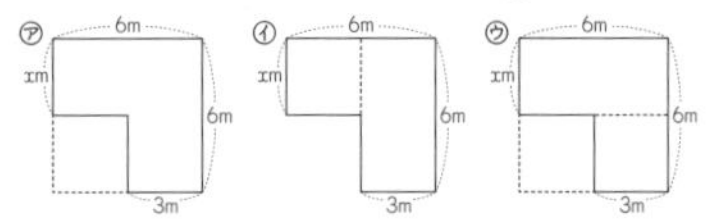

2 絵をみて，次の①～③の式が何を表しているかを，ことばで説明しましょう。

りんご１個 x 円　みかん１個120円　もも１個450円

① $x \times 5$ （りんご５個の値段）
② $x \times 8 + 450$ （りんご８個ともも１個の値段）
③ $x \times 10 + 120 \times 6$ （りんご10個とみかん６個の値段）

文字と式（6） 名前

x にあてはまる数を求めましょう。

① $x + 10 = 32$　$x = 22$
② $x + 25 = 43$　$x = 18$
③ $x - 8 = 21$　$x = 29$
④ $x - 32 = 9$　$x = 41$
⑤ $4 \times x = 48$　$x = 12$
⑥ $13 \times x = 78$　$x = 6$
⑦ $x + 6.5 = 8.9$　$x = 2.4$
⑧ $x + 2.5 = 3.7$　$x = 1.2$
⑨ $4 \times x = 5.2$　$x = 1.3$
⑩ $8 \times x = 4.8$　$x = 0.6$
⑪ $x - 6.3 = 3.2$　$x = 9.5$
⑫ $x - 6.2 = 1.7$　$x = 7.9$

☆答えの大きい方を通ってゴールしましょう。（通った方の答えを下の□に書きましょう。）

① 63　② 40

10

P.11

ふりかえりテスト 文字と式（1） 名前

1 x と y の関係を式に表しましょう。

① １個 x 円のなしを８個買うと，代金は y 円になりました。　$x \times 8 = y$
② 1mの重さが75gの針金が x mあるとき，全体の重さは y gです。　$75 \times x = y$
③ x 円持っていましたが，480円の本を買ったので，残りは y 円になりました。　$x - 480 = y$
④ １個 x 円のクッキーを９個と，120円のジュースを１本買うと，代金は y 円でした。　$x \times 9 + 120 = y$
⑤ １本 x 円のペン３本の代金を，1000円を出してはらうと，おつりは y 円でした。　$1000 - x \times 3 = y$
⑥ １辺が x cmの正方形の，周りの長さは y cmになります。　$x \times 4 = y$
⑦ 底辺の長さが x cm，高さが5cmの平行四辺形の面積は y cm²です。　$x \times 5 = y$
⑧ 直径が x cmの円の，円周の長さは y cmです。　$x \times 3.14 = y$

2 果汁を１人に x mLずつ８人にくばるには，全部で y mLのジュースがいります。

① x と y の関係を式に表しましょう。　$x \times 8 = y$
② x の値が80のとき，y の値を求めましょう。
式 $80 \times 8 = 640$　答え 640mL
③ x の値が320のとき，y の値を求めましょう。
式 $320 \times 8 = 2560$　答え 2560mL

3 １個 x 円のケーキを４個買って，250円の箱に入れると，代金は y 円でした。

① x と y の関係を式に表しましょう。　$x \times 4 + 250 = y$
② x の値が250のとき，y の値を求めましょう。
式 $250 \times 4 + 250 = 1250$　答え 1250円
③ x の値が420のとき，y の値を求めましょう。
式 $420 \times 4 + 250 = 1930$　答え 1930円

11

P.12

ふりかえりテスト 文字と式（2） 名前

1 x の値を求めましょう。

① $x + 7 = 27$　$x = 20$
② $x + 16 = 72$　$x = 56$
③ $x + 5.7 = 16$　$x = 10.3$
④ $23 + x = 50$　$x = 27$
⑤ $5.2 + x = 18$　$x = 12.8$
⑥ $x - 6 = 11$　$x = 17$
⑦ $x - 2.4 = 8$　$x = 10.4$
⑧ $x - 3.1 = 4.8$　$x = 7.9$
⑨ $x \times 7 = 35$　$x = 5$
⑩ $x \times 0.6 = 15$　$x = 25$
⑪ $3 \times x = 12.3$　$x = 4.1$
⑫ $6 \times x = 9$　$x = 1.5$
⑬ $x \times 2 = 11$　$x = 5.5$
⑭ $x \times 4 = 54$　$x = 13.5$

2 絵をみて，次の①～③の式が何を表しているかを，ことばで説明しましょう。

プリン１個 x 円　ケーキ１個350円　箱代250円

① $x \times 7$ （プリン７個の値段）
② $x \times 3 + 350 \times 5$ （プリン３個とケーキ５個の値段）
③ $x \times 12 + 250$ （プリン12個と箱１個の値段）

12

P.13

分数のかけ算 1（1） 約分なし　名前

次の計算をしましょう。

① $\frac{4}{5} \times 2$　$\frac{8}{5}\left(1\frac{3}{5}\right)$
② $\frac{2}{3} \times 7$　$\frac{14}{3}\left(4\frac{2}{3}\right)$
③ $\frac{4}{5} \times 6$　$\frac{24}{5}\left(5\frac{4}{5}\right)$
④ $\frac{5}{7} \times 3$　$\frac{15}{7}\left(2\frac{1}{7}\right)$
⑤ $\frac{1}{5} \times 6$　$\frac{6}{5}\left(1\frac{1}{5}\right)$
⑥ $\frac{2}{3} \times 2$　$\frac{4}{3}\left(1\frac{1}{3}\right)$
⑦ $\frac{1}{2} \times 3$　$\frac{3}{2}\left(1\frac{1}{2}\right)$
⑧ $\frac{1}{16} \times 9$　$\frac{9}{16}$
⑨ $\frac{3}{4} \times 5$　$\frac{15}{4}\left(3\frac{3}{4}\right)$
⑩ $\frac{5}{8} \times 5$　$\frac{25}{8}\left(3\frac{1}{8}\right)$

分数のかけ算 1（2） 約分あり　名前

次の計算をしましょう。

① $\frac{4}{9} \times 3$　$\frac{4}{3}\left(1\frac{1}{3}\right)$
② $\frac{13}{10} \times 2$　$\frac{13}{5}\left(2\frac{3}{5}\right)$
③ $\frac{7}{18} \times 6$　$\frac{7}{3}\left(2\frac{1}{3}\right)$
④ $\frac{8}{15} \times 35$　$\frac{56}{3}\left(18\frac{2}{3}\right)$
⑤ $\frac{5}{12} \times 8$　$\frac{10}{3}\left(3\frac{1}{3}\right)$
⑥ $\frac{7}{8} \times 16$　14
⑦ $\frac{12}{7} \times 7$　12
⑧ $\frac{4}{21} \times 14$　$\frac{8}{3}\left(2\frac{2}{3}\right)$
⑨ $\frac{9}{8} \times 4$　$\frac{9}{2}\left(4\frac{1}{2}\right)$
⑩ $\frac{11}{12} \times 6$　$\frac{11}{2}\left(5\frac{1}{2}\right)$
⑪ $\frac{8}{15} \times 5$　$\frac{8}{3}\left(2\frac{2}{3}\right)$
⑫ $\frac{5}{18} \times 12$　$\frac{10}{3}\left(3\frac{1}{3}\right)$

☆答えの大きい方を通ってゴールしましょう。（通った方の答えを下の□に書きましょう。）

① $\frac{5}{4}\left(1\frac{1}{4}\right)$　② 18

13

P.14

分数のかけ算 1 (3)

約分なし

名前

♧ 次の計算をしましょう。

① $\frac{9}{4}\times3$ $\frac{27}{4}\left(6\frac{3}{4}\right)$　② $\frac{4}{5}\times4$ $\frac{16}{5}\left(3\frac{1}{5}\right)$

③ $\frac{3}{7}\times8$ $\frac{24}{7}\left(3\frac{3}{7}\right)$　④ $\frac{1}{8}\times9$ $\frac{9}{8}\left(1\frac{1}{8}\right)$

⑤ $\frac{3}{8}\times5$ $\frac{15}{8}\left(1\frac{7}{8}\right)$　⑥ $\frac{5}{7}\times5$ $\frac{25}{7}\left(3\frac{4}{7}\right)$

⑦ $\frac{1}{6}\times7$ $\frac{7}{6}\left(1\frac{1}{6}\right)$　⑧ $\frac{11}{2}\times3$ $\frac{33}{2}\left(16\frac{1}{2}\right)$

⑨ $\frac{7}{4}\times3$ $\frac{21}{4}\left(5\frac{1}{4}\right)$　⑩ $\frac{8}{5}\times4$ $\frac{32}{5}\left(6\frac{2}{5}\right)$

分数のかけ算 1 (4)

名前

◇ 次の計算をしましょう。約分できるものは約分しましょう。

① $3\frac{1}{2}\times10$ 35　② $2\frac{2}{9}\times12$ $\frac{80}{3}\left(26\frac{2}{3}\right)$

③ $1\frac{5}{12}\times6$ $\frac{17}{2}\left(8\frac{1}{2}\right)$　④ $2\frac{2}{3}\times6$ 16

⑤ $1\frac{5}{6}\times5$ $\frac{55}{6}\left(9\frac{1}{6}\right)$　⑥ $1\frac{1}{8}\times6$ $\frac{27}{4}\left(6\frac{3}{4}\right)$

⑦ $2\frac{2}{3}\times12$ 32　⑧ $3\frac{1}{6}\times3$ $\frac{19}{2}\left(9\frac{1}{2}\right)$

⑨ $2\frac{1}{6}\times4$ $\frac{26}{3}\left(8\frac{2}{3}\right)$　⑩ $2\frac{1}{8}\times4$ $\frac{17}{2}\left(8\frac{1}{2}\right)$

⑪ $2\frac{5}{7}\times14$ 38　⑫ $1\frac{3}{8}\times12$ $\frac{33}{2}\left(16\frac{1}{2}\right)$

☆答えの大きい方を通ってゴールしましょう。（通った方の答えを下の □ に書きましょう。）

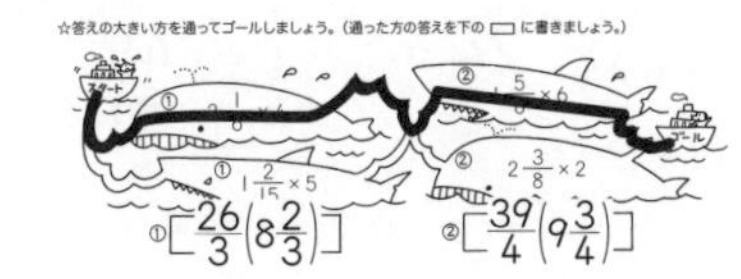

①[$\frac{26}{3}\left(8\frac{2}{3}\right)$]　②[$\frac{39}{4}\left(9\frac{3}{4}\right)$]

P.15

分数のわり算 1 (1)

約分なし

名前

♧ 次の計算をしましょう。

① $\frac{7}{6}\div4$ $\frac{7}{24}$　② $\frac{2}{3}\div5$ $\frac{2}{15}$

③ $\frac{5}{3}\div7$ $\frac{5}{21}$　④ $\frac{13}{7}\div5$ $\frac{13}{35}$

⑤ $\frac{1}{3}\div4$ $\frac{1}{12}$　⑥ $\frac{2}{5}\div3$ $\frac{2}{15}$

⑦ $\frac{3}{2}\div8$ $\frac{3}{16}$　⑧ $\frac{7}{4}\div8$ $\frac{7}{32}$

⑨ $\frac{2}{3}\div7$ $\frac{2}{21}$　⑩ $\frac{3}{4}\div5$ $\frac{3}{20}$

分数のわり算 1 (2)

名前

◇ 次の計算をしましょう。約分できるものは約分しましょう。

① $\frac{9}{4}\div5$ $\frac{9}{20}$　② $\frac{3}{4}\div5$ $\frac{3}{20}$

③ $\frac{21}{5}\div9$ $\frac{7}{15}$　④ $\frac{16}{3}\div10$ $\frac{8}{15}$

⑤ $\frac{16}{11}\div4$ $\frac{4}{11}$　⑥ $\frac{14}{5}\div21$ $\frac{2}{15}$

⑦ $\frac{6}{7}\div3$ $\frac{2}{7}$　⑧ $\frac{9}{2}\div27$ $\frac{1}{6}$

⑨ $\frac{9}{10}\div6$ $\frac{3}{20}$　⑩ $\frac{12}{5}\div15$ $\frac{4}{25}$

⑪ $\frac{12}{7}\div8$ $\frac{3}{14}$　⑫ $\frac{3}{4}\div21$ $\frac{1}{28}$

☆答えの大きい方を通ってゴールしましょう。（通った方の答えを下の □ に書きましょう。）

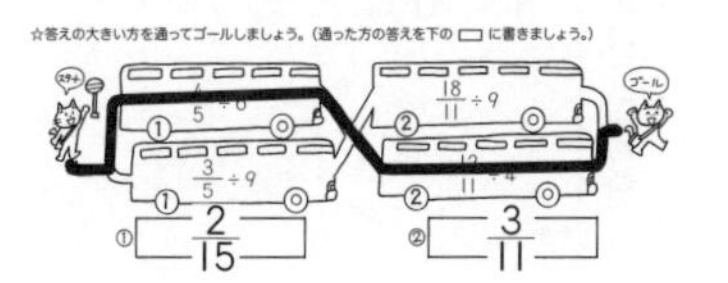

①[$\frac{2}{15}$]　②[$\frac{3}{11}$]

P.16

分数のわり算 1 (3)

約分なし

名前

♧ 次の計算をしましょう。

① $\frac{3}{4}\div7$ $\frac{3}{28}$　② $\frac{3}{7}\div2$ $\frac{3}{14}$

③ $\frac{5}{6}\div3$ $\frac{5}{18}$　④ $\frac{1}{9}\div5$ $\frac{1}{45}$

⑤ $\frac{11}{8}\div9$ $\frac{11}{72}$　⑥ $\frac{6}{5}\div7$ $\frac{6}{35}$

⑦ $\frac{9}{7}\div4$ $\frac{9}{28}$　⑧ $\frac{13}{8}\div4$ $\frac{13}{32}$

⑨ $\frac{2}{7}\div7$ $\frac{2}{49}$　⑩ $\frac{9}{5}\div4$ $\frac{9}{20}$

分数のわり算 1 (4)

名前

◇ 次の計算をしましょう。約分できるものは約分しましょう。

① $7\frac{1}{7}\div10$ $\frac{5}{7}$　② $3\frac{3}{5}\div9$ $\frac{2}{5}$

③ $2\frac{6}{7}\div3$ $\frac{20}{21}$　④ $2\frac{2}{9}\div12$ $\frac{5}{27}$

⑤ $3\frac{3}{5}\div6$ $\frac{3}{5}$　⑥ $4\frac{3}{8}\div14$ $\frac{5}{16}$

⑦ $2\frac{2}{3}\div6$ $\frac{4}{9}$　⑧ $2\frac{2}{5}\div8$ $\frac{3}{10}$

⑨ $3\frac{3}{4}\div21$ $\frac{5}{28}$　⑩ $4\frac{4}{7}\div12$ $\frac{8}{21}$

⑪ $2\frac{5}{8}\div7$ $\frac{3}{8}$　⑫ $2\frac{7}{9}\div5$ $\frac{5}{9}$

☆答えの大きい方を通ってゴールしましょう。（通った方の答えを下の □ に書きましょう。）

①[$\frac{2}{3}$]　②[$\frac{5}{4}\left(1\frac{1}{4}\right)$]

P.17

分数のかけ算・わり算 1 (1)

名前

1 $\frac{10}{11}$Lのジュースを４人で等しく分けます。１人何Lずつになりますか。

式 $\frac{10}{11}\div4=\frac{5}{22}$　答え $\frac{5}{22}$L

2 ペンキ１dLで $\frac{6}{7}$ m^2 のかべをぬることができます。このペンキ５dLでは，何 m^2 のかべをぬることができますか。

式 $\frac{6}{7}\times5=\frac{30}{7}$　答え $\frac{30}{7}\left(4\frac{2}{7}\right)m^2$

3 たて $2\frac{1}{3}$m，横４mの長方形の花だんの面積は何 m^2 ですか。

式 $2\frac{1}{3}\times4=\frac{28}{3}$　答え $\frac{28}{3}\left(9\frac{1}{3}\right)m^2$

4 植木ばち８個に同じ量ずつ，全部で $\frac{12}{5}$Lの水をやりました。

① 植木ばち１個あたり何Lの水をやったことになりますか。

式 $\frac{12}{5}\div8=\frac{3}{10}$　答え $\frac{3}{10}$L

② 同じように18個の植木ばちに水をやるとしたら，何Lの水が必要ですか。

式 $\frac{3}{10}\times18=\frac{27}{5}$　答え $\frac{27}{5}\left(5\frac{2}{5}\right)$L

分数のかけ算・わり算 1 (2)

名前

1 １dLのペンキで $\frac{12}{5}$ m^2 のかべをぬることができます。このペンキ４dLでは，何 m^2 のかべをぬることができますか。

式 $\frac{12}{5}\times4=\frac{48}{5}$　答え $\frac{48}{5}\left(9\frac{3}{5}\right)m^2$

2 たて $\frac{9}{8}$m，横16mの長方形の畑があります。この畑の面積は何 m^2 ですか。

式 $\frac{9}{8}\times16=18$　答え $18m^2$

3 びん１本にジュースが $2\frac{1}{4}$L ずつ入っています。

① このびんが３本あると，ジュースは全部で何Lになりますか。

式 $2\frac{1}{4}\times3=\frac{27}{4}$　答え $\frac{27}{4}\left(6\frac{3}{4}\right)$L

② ３本のジュースを18人で等しく分けます。１人何Lずつになりますか。

式 $\frac{27}{4}\div18=\frac{3}{8}$　答え $\frac{3}{8}$L

4 $6m^2$ のかべをぬるのに，$\frac{8}{3}$dLのペンキを使いました。

① $1m^2$ あたり何dLのペンキを使ったことになりますか。

式 $\frac{8}{3}\div6=\frac{4}{9}$　答え $\frac{4}{9}$dL

② 同じように $15m^2$ のかべをぬるには，何dLのペンキがいりますか。

式 $\frac{4}{9}\times15=\frac{20}{3}$　答え $\frac{20}{3}\left(6\frac{2}{3}\right)$dL

解答

児童に実施させる前に，必ず指導される方が問題を解いてください。本書の解答は，あくまでも１つの例です。指導される方の作られた解答をもとに，本書の解答例を参考に児童の多様な考えに寄り添って○つけをお願いします。

P.18

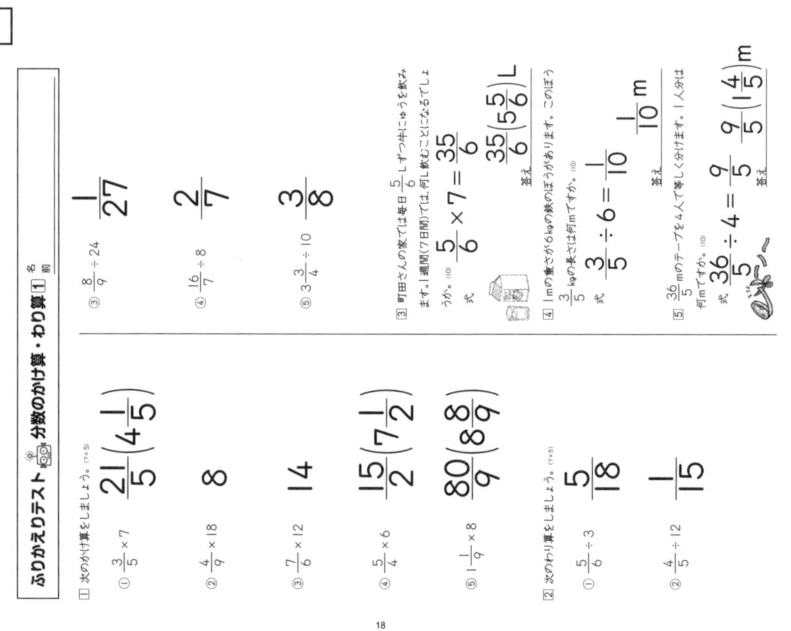

ふりかえりテスト 分数のかけ算・わり算①

1 次のかけ算をしましょう。

① $\frac{3}{5}\times7$　$\frac{21}{5}\left(4\frac{1}{5}\right)$

② $\frac{4}{9}\times18$　8

③ $\frac{7}{6}\times12$　14

④ $\frac{5}{4}\times6$　$\frac{15}{2}\left(7\frac{1}{2}\right)$

⑤ $1\frac{1}{9}\times8$　$\frac{80}{9}\left(8\frac{8}{9}\right)$

2 次のわり算をしましょう。

① $\frac{5}{6}\div3$　$\frac{5}{18}$

② $\frac{4}{5}\div12$　$\frac{1}{15}$

③ $\frac{8}{9}\div24$　$\frac{1}{27}$

④ $\frac{16}{7}\div8$　$\frac{2}{7}$

⑤ $3\frac{3}{4}\div10$　$\frac{3}{8}$

3 町田さんの家では毎日$\frac{5}{6}$Lずつ牛にゅうを飲みます。1週間(7日間)では，何L飲むことになるでしょうか。

式 $\frac{5}{6}\times7=\frac{35}{6}$　答え $\frac{35}{6}\left(5\frac{5}{6}\right)$L

4 1mの重さが6kgの鉄のぼうがあります。このぼう$\frac{3}{5}$kgの長さは何mですか。

式 $\frac{3}{5}\div6=\frac{1}{10}$　答え $\frac{1}{10}$m

5 $\frac{36}{5}$mのテープを4人で等しく分けます。1人分は何mですか。

式 $\frac{36}{5}\div4=\frac{9}{5}$　答え $\frac{9}{5}\left(1\frac{4}{5}\right)$m

18

P.19

分数のかけ算 2 (1) 約分なし　名前

計算をしましょう。

① $\frac{2}{5}\times\frac{1}{9}$　$\frac{2}{45}$

② $\frac{5}{6}\times\frac{1}{7}$　$\frac{5}{42}$

③ $\frac{1}{3}\times\frac{5}{6}$　$\frac{5}{18}$

④ $\frac{5}{4}\times\frac{1}{3}$　$\frac{5}{12}$

⑤ $\frac{3}{5}\times\frac{1}{4}$　$\frac{3}{20}$

⑥ $\frac{2}{3}\times\frac{1}{5}$　$\frac{2}{15}$

⑦ $\frac{2}{7}\times\frac{3}{5}$　$\frac{6}{35}$

⑧ $\frac{1}{6}\times\frac{5}{7}$　$\frac{5}{42}$

⑨ $\frac{3}{5}\times\frac{8}{7}$　$\frac{24}{35}$

⑩ $\frac{7}{9}\times\frac{7}{9}$　$\frac{49}{81}$

分数のかけ算 2 (2) 約分あり　名前

☆ 計算をしましょう。

① $\frac{3}{10}\times\frac{5}{9}$　$\frac{1}{6}$

② $\frac{4}{21}\times\frac{7}{8}$　$\frac{1}{6}$

③ $\frac{3}{8}\times\frac{20}{9}$　$\frac{5}{6}$

④ $\frac{8}{15}\times\frac{3}{16}$　$\frac{1}{10}$

⑤ $\frac{9}{20}\times\frac{5}{12}$　$\frac{3}{16}$

⑥ $\frac{5}{9}\times\frac{18}{25}$　$\frac{2}{5}$

⑦ $\frac{5}{12}\times\frac{8}{9}$　$\frac{10}{27}$

⑧ $\frac{3}{10}\times\frac{14}{9}$　$\frac{7}{15}$

⑨ $\frac{5}{6}\times\frac{3}{4}$　$\frac{5}{8}$

⑩ $\frac{4}{11}\times\frac{3}{8}$　$\frac{3}{22}$

⑪ $\frac{4}{15}\times\frac{5}{16}$　$\frac{1}{12}$

⑫ $\frac{9}{4}\times\frac{2}{3}$　$\frac{3}{2}\left(1\frac{1}{2}\right)$

☆答えの大きい方を通ってゴールしましょう。(通った方の答えを下の□に書きましょう。)

① $\frac{1}{4}$　② $\frac{9}{10}$

19

P.20

分数のかけ算 2 (3) 約分あり　名前

計算をしましょう。

① $\frac{9}{4}\times\frac{4}{3}$　3

② $\frac{9}{14}\times\frac{7}{3}$　$\frac{3}{2}$

③ $\frac{21}{10}\times\frac{20}{7}$　6

④ $\frac{5}{2}\times\frac{7}{10}$　$\frac{7}{4}\left(1\frac{3}{4}\right)$

⑤ $\frac{8}{3}\times\frac{27}{28}$　$\frac{18}{7}\left(2\frac{4}{7}\right)$

⑥ $\frac{36}{25}\times\frac{35}{12}$　$\frac{21}{5}\left(4\frac{1}{5}\right)$

⑦ $\frac{6}{5}\times\frac{10}{3}$　4

⑧ $\frac{15}{8}\times\frac{32}{21}$　$\frac{20}{7}\left(2\frac{6}{7}\right)$

⑨ $\frac{9}{8}\times\frac{16}{21}$　$\frac{6}{7}$

⑩ $\frac{22}{9}\times\frac{15}{11}$　$\frac{10}{3}\left(3\frac{1}{3}\right)$

分数のかけ算 2 (4) 約分あり　名前

☆ 計算をしましょう。

① $\frac{5}{7}\times\frac{21}{4}$　$\frac{15}{4}\left(3\frac{3}{4}\right)$

② $\frac{15}{4}\times\frac{12}{5}$　9

③ $\frac{7}{8}\times\frac{2}{35}$　$\frac{1}{20}$

④ $\frac{9}{2}\times\frac{2}{3}$　3

⑤ $\frac{15}{8}\times\frac{8}{9}$　$\frac{5}{3}\left(1\frac{2}{3}\right)$

⑥ $\frac{8}{7}\times\frac{7}{40}$　$\frac{1}{5}$

⑦ $\frac{25}{12}\times\frac{21}{10}$　$\frac{35}{8}\left(4\frac{3}{8}\right)$

⑧ $\frac{16}{15}\times\frac{25}{28}$　$\frac{20}{21}$

⑨ $\frac{1}{6}\times\frac{8}{5}$　$\frac{4}{15}$

⑩ $\frac{27}{4}\times\frac{8}{9}$　6

⑪ $\frac{7}{15}\times\frac{27}{14}$　$\frac{9}{10}$

⑫ $\frac{11}{6}\times\frac{20}{33}$　$\frac{10}{9}\left(1\frac{1}{9}\right)$

☆答えの大きい方を通ってゴールしましょう。(通った方の答えを下の□に書きましょう。)

① $\frac{21}{8}\left(2\frac{5}{8}\right)$　② $\frac{11}{3}\left(3\frac{2}{3}\right)$

20

P.21

分数のかけ算 2 (5) 約分あり　名前

☆ 計算をしましょう。

① $\frac{6}{5}\times\frac{15}{4}$　$\frac{9}{2}\left(4\frac{1}{2}\right)$

② $\frac{7}{9}\times\frac{15}{14}$　$\frac{5}{6}$

③ $\frac{13}{4}\times\frac{40}{39}$　$\frac{10}{3}\left(3\frac{1}{3}\right)$

④ $\frac{15}{8}\times\frac{32}{21}$　$\frac{20}{7}\left(2\frac{6}{7}\right)$

⑤ $\frac{17}{14}\times\frac{49}{34}$　$\frac{7}{4}\left(1\frac{3}{4}\right)$

⑥ $\frac{40}{21}\times\frac{49}{16}$　$\frac{35}{6}\left(5\frac{5}{6}\right)$

⑦ $\frac{35}{8}\times\frac{22}{21}$　$\frac{55}{12}\left(4\frac{7}{12}\right)$

⑧ $\frac{24}{7}\times\frac{35}{18}$　$\frac{20}{3}\left(6\frac{2}{3}\right)$

⑨ $\frac{12}{55}\times\frac{33}{8}$　$\frac{9}{10}$

⑩ $\frac{28}{9}\times\frac{27}{16}$　$\frac{21}{4}\left(5\frac{1}{4}\right)$

⑪ $\frac{8}{9}\times\frac{21}{16}$　$\frac{7}{6}\left(1\frac{1}{6}\right)$

⑫ $\frac{10}{9}\times\frac{6}{5}$　$\frac{4}{3}\left(1\frac{1}{3}\right)$

⑬ $\frac{12}{5}\times\frac{25}{8}$　$\frac{15}{2}\left(7\frac{1}{2}\right)$

⑭ $\frac{25}{7}\times\frac{21}{20}$　$\frac{15}{4}\left(3\frac{3}{4}\right)$

⑮ $\frac{64}{57}\times\frac{19}{8}$　$\frac{8}{3}\left(2\frac{2}{3}\right)$

⑯ $\frac{21}{16}\times\frac{18}{7}$　$\frac{27}{8}\left(3\frac{3}{8}\right)$

⑰ $\frac{25}{18}\times\frac{36}{35}$　$\frac{10}{7}\left(1\frac{3}{7}\right)$

⑱ $\frac{54}{25}\times\frac{5}{18}$　$\frac{3}{5}$

⑲ $\frac{16}{5}\times\frac{25}{8}$　10

⑳ $\frac{24}{7}\times\frac{49}{3}$　56

分数のかけ算 2 (6) 約分あり　名前

☆ 計算をしましょう。

① $\frac{4}{5}\times\frac{10}{3}$　$\frac{8}{3}\left(2\frac{2}{3}\right)$

② $\frac{14}{5}\times\frac{3}{7}$　$\frac{6}{5}\left(1\frac{1}{5}\right)$

③ $\frac{1}{2}\times\frac{4}{5}$　$\frac{2}{5}$

④ $\frac{1}{2}\times\frac{8}{25}$　$\frac{4}{25}$

⑤ $\frac{7}{15}\times\frac{20}{21}$　$\frac{4}{9}$

⑥ $\frac{3}{4}\times\frac{1}{9}$　$\frac{1}{12}$

⑦ $\frac{1}{8}\times\frac{2}{9}$　$\frac{1}{36}$

⑧ $\frac{18}{7}\times\frac{1}{6}$　$\frac{3}{7}$

⑨ $\frac{3}{4}\times\frac{8}{5}$　$\frac{6}{5}\left(1\frac{1}{5}\right)$

⑩ $\frac{4}{5}\times\frac{10}{9}$　$\frac{8}{9}$

⑪ $\frac{6}{11}\times\frac{5}{12}$　$\frac{5}{22}$

⑫ $\frac{1}{6}\times\frac{18}{13}$　$\frac{3}{13}$

⑬ $\frac{3}{20}\times\frac{28}{3}$　$\frac{7}{5}\left(1\frac{2}{5}\right)$

⑭ $\frac{1}{12}\times\frac{3}{8}$　$\frac{1}{32}$

☆答えの大きい方を通ってゴールしましょう。(通った方の答えを下の□に書きましょう。)

① $\frac{21}{16}\left(1\frac{5}{16}\right)$　② $\frac{33}{2}\left(16\frac{1}{2}\right)$

21

児童に実施させる前に，必ず指導される方が問題を解いてください。本書の解答は，あくまでも１つの例です。指導される方の作られた解答をもとに，本書の解答例を参考に児童の多様な考えに寄り添って○つけをお願いします。

P.22

分数のかけ算 2 (7) いろいろな型

名前

☆ 計算をしましょう。約分できるものは約分しましょう。

① $1\frac{7}{8}\times\frac{3}{10}$ $\frac{9}{16}$
② $\frac{3}{5}\times2\frac{1}{2}$ $\frac{3}{2}\left(1\frac{1}{2}\right)$
③ $4\frac{1}{2}\times\frac{20}{27}$ $\frac{10}{3}\left(3\frac{1}{3}\right)$
④ $3\frac{3}{4}\times\frac{1}{3}$ $\frac{5}{4}\left(1\frac{1}{4}\right)$
⑤ $\frac{6}{11}\times1\frac{2}{9}$ $\frac{2}{3}$
⑥ $\frac{3}{10}\times3\frac{2}{3}$ $\frac{11}{10}\left(1\frac{1}{10}\right)$
⑦ $3\frac{3}{8}\times5\frac{1}{3}$ 18
⑧ $1\frac{1}{8}\times2\frac{2}{15}$ $\frac{12}{5}\left(2\frac{2}{5}\right)$
⑨ $4\frac{1}{8}\times5\frac{1}{11}$ 21
⑩ $3\frac{3}{8}\times1\frac{1}{3}$ $\frac{9}{2}\left(4\frac{1}{2}\right)$

分数のかけ算 2 (8) いろいろな型

名前

☆ 計算をしましょう。約分できるものは約分しましょう。

① $4\frac{2}{3}\times\frac{6}{7}$ 4
② $4\frac{4}{9}\times\frac{4}{15}$ $\frac{32}{27}\left(1\frac{5}{27}\right)$
③ $1\frac{3}{7}\times\frac{7}{15}$ $\frac{2}{3}$
④ $3\frac{2}{3}\times1\frac{1}{5}$ $\frac{22}{5}\left(4\frac{2}{5}\right)$
⑤ $1\frac{1}{5}\times1\frac{1}{9}$ $\frac{4}{3}\left(1\frac{1}{3}\right)$
⑥ $\frac{2}{5}\times1\frac{7}{8}$ $\frac{3}{4}$
⑦ $2\frac{2}{3}\times\frac{7}{12}$ $\frac{14}{9}\left(1\frac{5}{9}\right)$
⑧ $3\frac{1}{2}\times\frac{5}{28}$ $\frac{5}{8}$
⑨ $2\frac{1}{3}\times3\frac{3}{7}$ 8
⑩ $2\frac{1}{10}\times3\frac{1}{7}$ $\frac{33}{5}\left(6\frac{3}{5}\right)$
⑪ $3\frac{3}{5}\times\frac{3}{14}$ $\frac{27}{35}$
⑫ $1\frac{4}{11}\times\frac{44}{45}$ $\frac{4}{3}\left(1\frac{1}{3}\right)$
⑬ $\frac{1}{8}\times6\frac{2}{5}$ $\frac{4}{5}$
⑭ $2\frac{6}{7}\times2\frac{1}{10}$ 6

☆答えの大きい方を通ってゴールしましょう。(通った方の答えを下の□に書きましょう。)

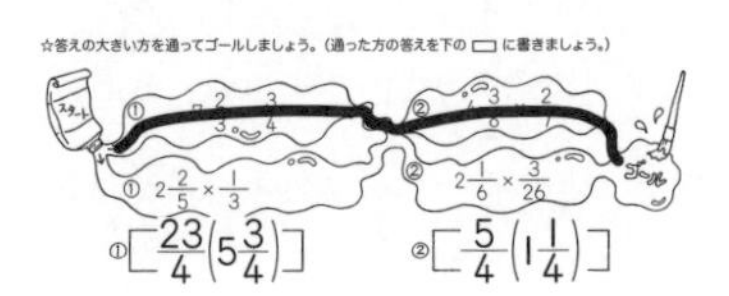

① $\frac{23}{4}\left(5\frac{3}{4}\right)$ ② $\frac{5}{4}\left(1\frac{1}{4}\right)$

P.23

分数のかけ算 2 (9) 三口の計算

名前

☆ 計算をしましょう。約分できるものは約分しましょう。

① $\frac{2}{7}\times\frac{21}{22}\times\frac{2}{3}$ $\frac{2}{11}$
② $\frac{20}{49}\times\frac{7}{8}\times\frac{4}{5}$ $\frac{2}{7}$
③ $\frac{8}{9}\times\frac{1}{2}\times\frac{3}{32}$ $\frac{1}{24}$
④ $\frac{3}{16}\times\frac{22}{15}\times\frac{5}{11}$ $\frac{1}{8}$
⑤ $\frac{3}{2}\times\frac{20}{27}\times\frac{3}{25}$ $\frac{2}{15}$
⑥ $\frac{2}{3}\times\frac{5}{6}\times\frac{9}{4}$ $\frac{5}{4}\left(1\frac{1}{4}\right)$
⑦ $\frac{5}{16}\times\frac{3}{10}\times\frac{2}{3}$ $\frac{1}{16}$
⑧ $\frac{1}{2}\times\frac{3}{7}\times\frac{7}{4}$ $\frac{3}{8}$
⑨ $\frac{7}{9}\times\frac{18}{5}\times\frac{4}{35}$ $\frac{8}{25}$
⑩ $\frac{45}{8}\times\frac{16}{9}\times\frac{3}{5}$ 6

分数のかけ算 2 (10) 約分あり

名前

1 次の数の逆数は，それぞれいくつですか。

① $\frac{5}{6}$ ($\frac{6}{5}$) ② $\frac{13}{8}$ ($\frac{8}{13}$) ③ $\frac{1}{4}$ (4)
④ 9 ($\frac{1}{9}$) ⑤ 0.1 (10) ⑥ 0.03 ($\frac{100}{3}$)

2 時間と分数の関係を考えましょう。□の中にあてはまる分数や整数を書きましょう。

① 30分 → $\frac{1}{2}$ 時間 ② 15分 → $\frac{1}{4}$ 時間
③ 20分 → $\frac{1}{3}$ 時間 ④ 10分 → $\frac{1}{6}$ 時間
⑤ 40分 → $\frac{2}{3}$ 時間 ⑥ 50分 → $\frac{5}{6}$ 時間
⑦ $\frac{1}{2}$ 時間 → 30 分 ⑧ $\frac{1}{3}$ 時間 → 20 分
⑨ $\frac{1}{4}$ 時間 → 15 分 ⑩ $\frac{1}{5}$ 時間 → 12 分

☆答えの大きい方を通ってゴールしましょう。(通った方の答えを下の□に書きましょう。)

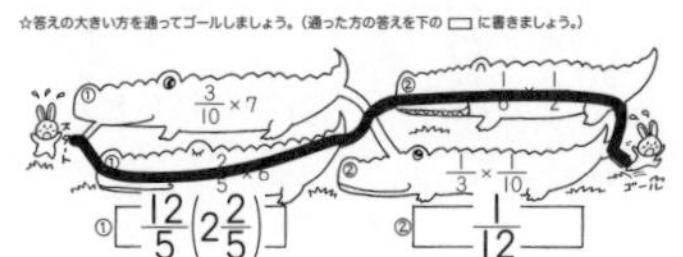

① $\frac{12}{5}\left(2\frac{2}{5}\right)$ ② $\frac{1}{12}$

P.24

ふりかえりテスト 分数のかけ算 2

名前

1 次の計算をしましょう。約分できるものは約分しましょう。(4×15)

① $\frac{2}{3}\times\frac{9}{10}$ $\frac{3}{5}$
② $\frac{5}{8}\times\frac{4}{5}$ $\frac{1}{2}$
③ $\frac{21}{20}\times\frac{25}{14}$ $\frac{15}{8}\left(1\frac{7}{8}\right)$
④ $\frac{12}{7}\times\frac{5}{8}$ $\frac{15}{14}\left(1\frac{1}{14}\right)$
⑤ $\frac{8}{15}\times11\frac{1}{4}$ 6
⑥ $2\frac{1}{7}\times4\frac{1}{5}$ 9
⑦ $\frac{8}{9}\times\frac{2}{7}$ $\frac{16}{63}$
⑧ $\frac{3}{5}\times\frac{40}{27}$ $\frac{8}{9}$
⑨ $\frac{3}{5}\times\frac{10}{9}$ $\frac{2}{3}$
⑩ $4\frac{8}{9}\times\frac{3}{22}$ $\frac{2}{3}$
⑪ $4\frac{1}{8}\times5\frac{1}{11}$ 21
⑫ $1\frac{7}{8}\times\frac{3}{10}$ $\frac{9}{16}$
⑬ $\frac{5}{12}\times\frac{8}{9}$ $\frac{10}{27}$
⑭ $\frac{2}{5}\times\frac{3}{4}\times\frac{8}{3}$ $\frac{4}{5}$
⑮ $1\frac{2}{3}\times\frac{21}{40}\times\frac{8}{15}$ $\frac{7}{15}$

2 1mの重さが $\frac{3}{4}$ kgの鉄の棒があります。この棒 $\frac{8}{15}$ mの重さは何kgですか。(10)

式 $\frac{3}{4}\times\frac{8}{15}=\frac{2}{5}$

答え $\frac{2}{5}$ kg

3 1dLのペンキで $\frac{7}{12}$ m²のかべをぬることができます。このペンキ $\frac{16}{3}$ dLでは，何m²のかべをぬることができますか。(10)

式 $\frac{7}{12}\times\frac{16}{3}=\frac{28}{9}\left(3\frac{1}{9}\right)$

答え $\frac{28}{9}\left(3\frac{1}{9}\right)$ m²

4 1mの重さが $\frac{6}{7}$ kgのアルミの棒があります。この棒 $9\frac{1}{3}$ mの重さは何kgですか。(10)

式 $\frac{6}{7}\times9\frac{1}{3}=8$

答え 8kg

5 たての長さが $2\frac{2}{3}$ cm，横の長さが $2\frac{1}{2}$ cmの長方形の面積を求めましょう。(10)

式 $2\frac{2}{3}\times2\frac{1}{2}=\frac{20}{3}\left(6\frac{2}{3}\right)$

答え $\frac{20}{3}\left(6\frac{2}{3}\right)$ cm²

P.25

分数のわり算 2 (1) 約分なし

名前

☆ 計算をしましょう。

① $\frac{3}{7}\div\frac{5}{8}$ $\frac{24}{35}$
② $\frac{4}{5}\div\frac{5}{7}$ $\frac{28}{25}\left(1\frac{3}{25}\right)$
③ $\frac{9}{10}\div\frac{2}{3}$ $\frac{27}{20}\left(1\frac{7}{20}\right)$
④ $\frac{2}{5}\div\frac{1}{9}$ $\frac{18}{5}\left(3\frac{3}{5}\right)$
⑤ $\frac{1}{3}\div\frac{1}{4}$ $\frac{4}{3}\left(1\frac{1}{3}\right)$
⑥ $\frac{3}{4}\div\frac{1}{3}$ $\frac{9}{4}\left(2\frac{1}{4}\right)$
⑦ $\frac{2}{5}\div\frac{3}{4}$ $\frac{8}{15}$
⑧ $\frac{5}{6}\div\frac{2}{7}$ $\frac{35}{12}\left(2\frac{11}{12}\right)$
⑨ $\frac{4}{5}\div\frac{1}{4}$ $\frac{16}{5}\left(3\frac{1}{5}\right)$
⑩ $\frac{8}{9}\div\frac{3}{8}$ $\frac{64}{27}\left(2\frac{10}{27}\right)$

分数のわり算 2 (2) 約分あり

名前

☆ 計算をしましょう。

① $\frac{5}{11}\div\frac{4}{33}$ $\frac{15}{4}\left(3\frac{3}{4}\right)$
② $\frac{4}{21}\div\frac{5}{6}$ $\frac{8}{35}$
③ $\frac{7}{8}\div\frac{35}{36}$ $\frac{9}{10}$
④ $\frac{9}{20}\div\frac{3}{8}$ $\frac{6}{5}\left(1\frac{1}{5}\right)$
⑤ $\frac{5}{12}\div\frac{3}{20}$ $\frac{25}{9}\left(2\frac{7}{9}\right)$
⑥ $\frac{15}{28}\div\frac{25}{49}$ $\frac{21}{20}\left(1\frac{1}{20}\right)$
⑦ $\frac{16}{27}\div\frac{8}{9}$ $\frac{2}{3}$
⑧ $\frac{5}{12}\div\frac{2}{3}$ $\frac{5}{8}$
⑨ $\frac{5}{6}\div\frac{3}{4}$ $\frac{10}{9}\left(1\frac{1}{9}\right)$
⑩ $\frac{8}{15}\div\frac{1}{3}$ $\frac{8}{5}\left(1\frac{3}{5}\right)$
⑪ $\frac{3}{16}\div\frac{5}{8}$ $\frac{3}{10}$
⑫ $\frac{5}{9}\div\frac{5}{24}$ $\frac{8}{3}\left(2\frac{2}{3}\right)$

☆答えの大きい方を通ってゴールしましょう。(通った方の答えを下の□に書きましょう。)

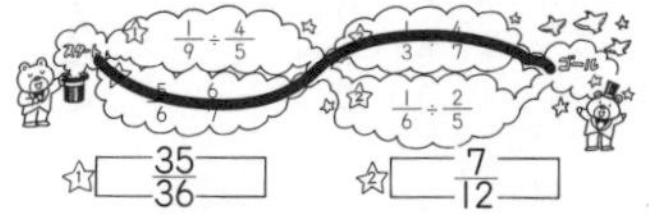

$\frac{35}{36}$ $\frac{7}{12}$

解答　児童に実施させる前に，必ず指導される方が問題を解いてください。本書の解答は，あくまでも１つの例です。指導される方の作られた解答をもとに，本書の解答例を参考に児童の多様な考えに寄り添って○つけをお願いします。

P.26

分数のわり算 2 (3)
約分あり　名前

計算をしましょう。

① $\frac{13}{12} \div \frac{7}{6}$　$\frac{13}{14}$

② $\frac{2}{5} \div \frac{3}{5}$　$\frac{2}{3}$

③ $\frac{8}{15} \div \frac{40}{21}$　$\frac{7}{25}$

④ $\frac{14}{9} \div \frac{28}{3}$　$\frac{1}{6}$

⑤ $\frac{45}{22} \div \frac{15}{11}$　$\frac{3}{2}\left(1\frac{1}{2}\right)$

⑥ $\frac{3}{8} \div \frac{21}{10}$　$\frac{5}{28}$

⑦ $\frac{25}{18} \div \frac{20}{3}$　$\frac{5}{24}$

⑧ $\frac{10}{9} \div \frac{20}{9}$　$\frac{1}{2}$

⑨ $\frac{2}{3} \div \frac{7}{9}$　$\frac{6}{7}$

⑩ $\frac{35}{32} \div \frac{15}{8}$　$\frac{7}{12}$

26

分数のわり算 2 (4)
約分あり　名前

☆ 計算をしましょう。

① $\frac{8}{3} \div \frac{2}{5}$　$\frac{20}{3}\left(6\frac{2}{3}\right)$

② $\frac{7}{10} \div \frac{14}{5}$　$\frac{1}{4}$

③ $\frac{35}{6} \div \frac{20}{3}$　$\frac{7}{8}$

④ $\frac{26}{9} \div \frac{13}{6}$　$\frac{4}{3}\left(1\frac{1}{3}\right)$

⑤ $\frac{9}{8} \div \frac{7}{4}$　$\frac{9}{14}$

⑥ $\frac{15}{2} \div \frac{25}{6}$　$\frac{9}{5}\left(1\frac{4}{5}\right)$

⑦ $\frac{27}{4} \div \frac{18}{5}$　$\frac{15}{8}\left(1\frac{7}{8}\right)$

⑧ $\frac{49}{9} \div \frac{7}{3}$　$\frac{7}{3}\left(2\frac{1}{3}\right)$

⑨ $\frac{9}{2} \div \frac{27}{5}$　$\frac{5}{6}$

⑩ $\frac{15}{4} \div \frac{20}{7}$　$\frac{21}{16}\left(1\frac{5}{16}\right)$

⑪ $\frac{21}{4} \div \frac{21}{8}$　2

⑫ $\frac{27}{5} \div \frac{63}{10}$　$\frac{6}{7}$

☆答えの大きい方を通ってゴールしましょう。（通った方の答えを下の □ に書きましょう。）

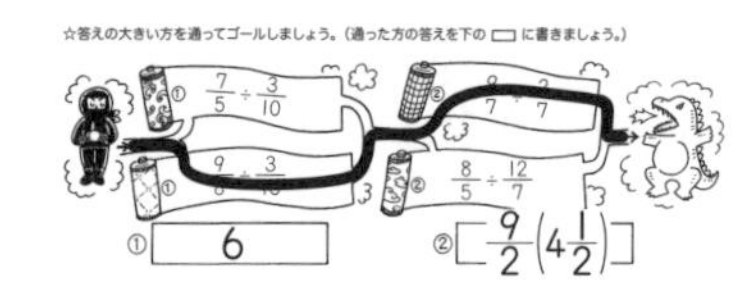

① 6　② $\frac{9}{2}\left(4\frac{1}{2}\right)$

P.27

分数のわり算 2 (5)
約分あり　名前

☆ 計算をしましょう。約分できるものは約分しましょう。

① $\frac{1}{4} \div \frac{3}{8}$　$\frac{2}{3}$

② $\frac{2}{3} \div \frac{2}{5}$　$\frac{5}{3}\left(1\frac{2}{3}\right)$

③ $\frac{4}{15} \div \frac{2}{5}$　$\frac{2}{3}$

④ $\frac{34}{5} \div \frac{17}{10}$　4

⑤ $\frac{2}{3} \div \frac{4}{9}$　$\frac{3}{2}\left(1\frac{1}{2}\right)$

⑥ $\frac{5}{8} \div \frac{1}{2}$　$\frac{5}{4}\left(1\frac{1}{4}\right)$

⑦ $\frac{3}{4} \div \frac{1}{8}$　6

⑧ $\frac{5}{6} \div \frac{5}{8}$　$\frac{4}{3}\left(1\frac{1}{3}\right)$

⑨ $\frac{29}{3} \div \frac{58}{7}$　$\frac{7}{6}\left(1\frac{1}{6}\right)$

⑩ $\frac{18}{5} \div \frac{27}{20}$　$\frac{8}{3}\left(2\frac{2}{3}\right)$

⑪ $\frac{8}{21} \div \frac{4}{7}$　$\frac{2}{3}$

⑫ $\frac{2}{3} \div \frac{8}{5}$　$\frac{5}{12}$

⑬ $\frac{7}{3} \div \frac{28}{9}$　$\frac{3}{4}$

⑭ $\frac{2}{5} \div \frac{3}{5}$　$\frac{2}{3}$

⑮ $\frac{5}{6} \div \frac{25}{4}$　$\frac{2}{15}$

⑯ $\frac{4}{25} \div \frac{16}{15}$　$\frac{3}{20}$

⑰ $\frac{6}{7} \div \frac{4}{21}$　$\frac{9}{2}\left(4\frac{1}{2}\right)$

⑱ $\frac{11}{3} \div \frac{33}{8}$　$\frac{8}{9}$

⑲ $\frac{1}{6} \div \frac{1}{18}$　3

⑳ $\frac{4}{7} \div \frac{2}{17}$　$\frac{34}{7}\left(4\frac{6}{7}\right)$

分数のわり算 2 (6)
約分あり　名前

☆ 計算をしましょう。約分できるものは約分しましょう。

① $\frac{38}{9} \div \frac{19}{6}$　$\frac{4}{3}\left(1\frac{1}{3}\right)$

② $\frac{19}{2} \div \frac{38}{9}$　$\frac{9}{4}\left(2\frac{1}{4}\right)$

③ $\frac{56}{25} \div \frac{32}{15}$　$\frac{21}{20}\left(1\frac{1}{20}\right)$

④ $\frac{7}{5} \div \frac{7}{2}$　$\frac{2}{5}$

⑤ $\frac{35}{6} \div \frac{7}{3}$　$\frac{5}{2}\left(2\frac{1}{2}\right)$

⑥ $\frac{12}{7} \div \frac{10}{7}$　$\frac{6}{5}\left(1\frac{1}{5}\right)$

⑦ $\frac{11}{8} \div \frac{33}{4}$　$\frac{1}{6}$

⑧ $\frac{35}{6} \div \frac{20}{3}$　$\frac{7}{8}$

⑨ $\frac{31}{12} \div \frac{62}{9}$　$\frac{3}{8}$

⑩ $\frac{12}{5} \div \frac{8}{25}$　$\frac{15}{2}\left(7\frac{1}{2}\right)$

⑪ $\frac{5}{2} \div \frac{10}{3}$　$\frac{3}{4}$

⑫ $\frac{8}{27} \div \frac{2}{15}$　$\frac{20}{9}\left(2\frac{2}{9}\right)$

⑬ $\frac{5}{39} \div \frac{4}{13}$　$\frac{5}{12}$

⑭ $\frac{3}{4} \div \frac{1}{2}$　$\frac{3}{2}\left(1\frac{1}{2}\right)$

☆答えの大きい方を通ってゴールしましょう。（通った方の答えを下の □ に書きましょう。）

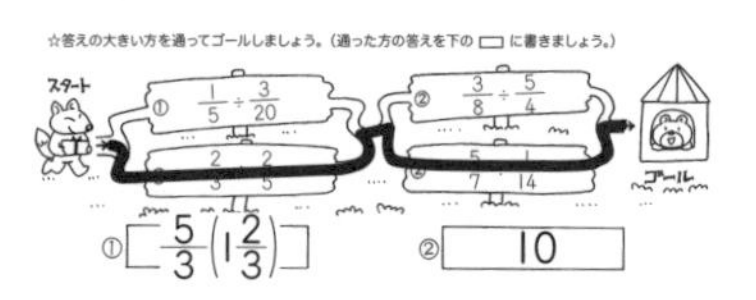

① $\frac{5}{3}\left(1\frac{2}{3}\right)$　② 10

27

P.28

分数のわり算 2 (7)
いろいろな型　名前

☆ 計算をしましょう。約分できるものは約分しましょう。

① $1\frac{1}{14} \div 1\frac{17}{28}$　$\frac{2}{3}$

② $2\frac{6}{25} \div 2\frac{2}{15}$　$\frac{21}{20}\left(1\frac{1}{20}\right)$

③ $2\frac{2}{3} \div 3\frac{1}{9}$　$\frac{6}{7}$

④ $4\frac{2}{9} \div 3\frac{1}{6}$　$\frac{4}{3}\left(1\frac{1}{3}\right)$

⑤ $10\frac{1}{2} \div 4\frac{2}{3}$　$\frac{9}{4}\left(2\frac{1}{4}\right)$

⑥ $5\frac{5}{9} \div 3\frac{1}{3}$　$\frac{5}{3}\left(1\frac{2}{3}\right)$

⑦ $2\frac{3}{8} \div 3\frac{4}{5}$　$\frac{5}{8}$

⑧ $6\frac{3}{4} \div \frac{3}{8}$　18

⑨ $4\frac{1}{3} \div 2\frac{3}{5}$　$\frac{5}{3}\left(1\frac{2}{3}\right)$

⑩ $3\frac{1}{2} \div 2\frac{5}{8}$　$\frac{4}{3}\left(1\frac{1}{3}\right)$

28

分数のわり算 2 (8)
いろいろな型　名前

☆ 計算をしましょう。約分できるものは約分しましょう。

① $1\frac{5}{11} \div 1\frac{1}{11}$　$\frac{4}{3}\left(1\frac{1}{3}\right)$

② $3\frac{1}{5} \div 4\frac{4}{5}$　$\frac{2}{3}$

③ $1\frac{1}{9} \div 2\frac{1}{3}$　$\frac{10}{21}$

④ $7\frac{1}{2} \div 5\frac{2}{5}$　$\frac{25}{18}\left(1\frac{7}{18}\right)$

⑤ $2\frac{5}{14} \div 1\frac{5}{6}$　$\frac{9}{7}\left(1\frac{2}{7}\right)$

⑥ $1\frac{7}{13} \div 2\frac{9}{13}$　$\frac{4}{7}$

⑦ $6\frac{5}{12} \div 3\frac{2}{3}$　$\frac{7}{4}\left(1\frac{3}{4}\right)$

⑧ $1\frac{7}{38} \div 1\frac{6}{19}$　$\frac{9}{10}$

⑨ $4\frac{2}{3} \div 8\frac{3}{4}$　$\frac{8}{15}$

⑩ $3\frac{1}{3} \div 4\frac{1}{6}$　$\frac{4}{5}$

⑪ $2\frac{5}{6} \div 1\frac{8}{9}$　$\frac{3}{2}\left(1\frac{1}{2}\right)$

⑫ $2\frac{4}{7} \div 1\frac{13}{14}$　$\frac{4}{3}\left(1\frac{1}{3}\right)$

⑬ $5\frac{4}{9} \div 2\frac{1}{3}$　$\frac{7}{3}\left(2\frac{1}{3}\right)$

⑭ $6\frac{1}{4} \div 7\frac{1}{2}$　$\frac{5}{6}$

☆答えの大きい方を通ってゴールしましょう。（通った方の答えを下の □ に書きましょう。）

① $\frac{10}{7}\left(1\frac{3}{7}\right)$　② $\frac{5}{6}$

P.29

ふりかえりテスト 分数のわり算 2
名前

1 次の計算をしましょう。約分できるものは約分しましょう。(4×15)

① $\frac{5}{6} \div \frac{4}{5}$　$\frac{25}{24}$

② $\frac{9}{10} \div \frac{3}{5}$　$\frac{3}{2}\left(1\frac{1}{2}\right)$

③ $\frac{2}{5} \div \frac{4}{7}$　$\frac{7}{10}$

④ $\frac{6}{11} \div \frac{1}{2}$　$\frac{12}{11}\left(1\frac{1}{11}\right)$

⑤ $\frac{3}{10} \div \frac{9}{14}$　$\frac{7}{15}$

⑥ $\frac{5}{6} \div \frac{3}{5}$　$\frac{25}{18}\left(1\frac{7}{18}\right)$

⑦ $\frac{3}{8} \div \frac{7}{2}$　$\frac{3}{28}$

⑧ $\frac{2}{5} \div \frac{3}{4}$　$\frac{8}{15}$

⑨ $\frac{8}{15} \div \frac{40}{21}$　$\frac{7}{25}$

⑩ $6 \div \frac{2}{5}$　15

⑪ $12 \div 1\frac{5}{4}$　$\frac{16}{3}\left(5\frac{1}{3}\right)$

⑫ $3\frac{3}{4} \div 2\frac{1}{2}$　$\frac{3}{2}\left(1\frac{1}{2}\right)$

⑬ $1\frac{3}{8} \div 9\frac{1}{6}$　$\frac{3}{20}$

⑭ $1\frac{8}{9} \div \frac{1}{3}$　$\frac{17}{3}\left(5\frac{2}{3}\right)$

⑮ $9\frac{1}{2} \div 4\frac{2}{9}$　$\frac{9}{4}\left(2\frac{1}{4}\right)$

2 $\frac{25}{6}$ mの布を $\frac{5}{12}$ mずつ切り分けます。$\frac{5}{12}$ mの布は何まいできますか。(10)

式 $\frac{25}{6} \div \frac{5}{12} = 10$　答え 10まい

3 $\frac{7}{8}$ mの重さが $8\frac{3}{4}$ kgの鉄の棒(ぼう)があります。この棒 1mの重さは何kgですか。(10)

式 $8\frac{3}{4} \div \frac{7}{8} = 10$　答え 10kg

4 $\frac{10}{3}$ Lの重さが $\frac{15}{4}$ kgの液体 1Lの重さは何kgですか。(10)

式 $\frac{15}{4} \div \frac{10}{3} = \frac{9}{8}\left(1\frac{1}{8}\right)$　答え $\frac{9}{8}\left(1\frac{1}{8}\right)$ kg

5 $\frac{4}{5}$ m² のかべをぬるのに $\frac{8}{15}$ dLのペンキを使いました。かべ 1m² あたり何dLのペンキをぬったことになりますか。(10)

式 $\frac{8}{15} \div \frac{4}{5} = \frac{2}{3}$　答え $\frac{2}{3}$ dL

29

児童に実施させる前に，必ず指導される方が問題を解いてください。本書の解答は，あくまでも１つの例です。指導される方の作られた解答をもとに，本書の解答例を参考に児童の多様な考えに寄り添って◯つけをお願いします。

P.30

分数のかけ算・わり算 2 (1)
三口の計算　名前

☆ 計算をしましょう。約分できるものは約分しましょう。

① $\frac{5}{6}\times\frac{1}{6}\div\frac{25}{24}$　$\frac{2}{15}$
② $\frac{3}{5}\div\frac{2}{5}\times\frac{11}{9}$　$\frac{11}{6}\left(1\frac{5}{6}\right)$
③ $6\div\frac{1}{2}\div\frac{3}{4}$　16
④ $\frac{3}{8}\div\frac{1}{5}\times\frac{2}{3}$　$\frac{5}{4}\left(1\frac{1}{4}\right)$
⑤ $\frac{3}{7}\div9\div1\frac{1}{3}$　$\frac{1}{28}$
⑥ $\frac{1}{3}\div\frac{1}{2}\times\frac{3}{4}$　$\frac{1}{2}$
⑦ $\frac{1}{2}\div\frac{2}{3}\div\frac{5}{8}$　$\frac{6}{5}\left(1\frac{1}{5}\right)$
⑧ $\frac{4}{5}\div\frac{3}{5}\times\frac{6}{7}$　$\frac{8}{7}\left(1\frac{1}{7}\right)$
⑨ $\frac{3}{10}\div\frac{6}{7}\times\frac{20}{21}$　$\frac{1}{3}$
⑩ $2\times\frac{8}{9}\div1\frac{1}{3}$　$\frac{4}{3}\left(1\frac{1}{3}\right)$

分数のかけ算・わり算 2 (2)
三口計算　名前

☆ 計算をしましょう。約分できるものは約分しましょう。

① $\frac{2}{5}\times\frac{5}{6}\div\frac{1}{4}$　$\frac{4}{3}\left(1\frac{1}{3}\right)$
② $\frac{5}{7}\div5\times\frac{4}{3}$　$\frac{4}{21}$
③ $\frac{1}{5}\times\frac{1}{6}\div\frac{1}{2}$　$\frac{1}{15}$
④ $\frac{3}{4}\div2\frac{1}{2}\times\frac{5}{7}$　$\frac{3}{14}$
⑤ $\frac{1}{5}\times10\div8$　$\frac{1}{4}$
⑥ $\frac{1}{6}\times4\times3$　2
⑦ $\frac{2}{9}\div\frac{1}{18}\div\frac{3}{5}$　$\frac{20}{3}\left(6\frac{2}{3}\right)$
⑧ $\frac{2}{5}\times4\times\frac{5}{8}$　1
⑨ $\frac{40}{17}\div\frac{8}{51}\times\frac{2}{5}$　6
⑩ $\frac{1}{10}\div\frac{1}{4}\div\frac{4}{25}$　$\frac{5}{2}\left(2\frac{1}{2}\right)$

☆答えの大きい方を通ってゴールしましょう。（通った方の答えを下の □ に書きましょう。）

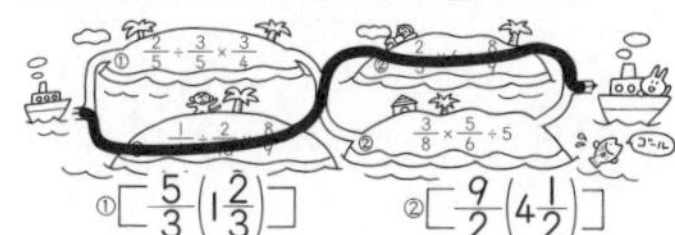

① $\left[\frac{5}{3}\left(1\frac{2}{3}\right)\right]$　② $\left[\frac{9}{2}\left(4\frac{1}{2}\right)\right]$

30

P.31

分数のかけ算・わり算 2 (3)
名前

1 1Lが400円のしょうゆを $\frac{11}{5}$ L買いました。代金は何円になるでしょうか。

式 $400\times\frac{11}{5}=880$　答え 880円

2 $\frac{3}{5}$ m² のかべをぬるのに，$\frac{2}{3}$ dLのペンキが必要でした。このペンキ 1dLでは，何m² のかべをぬることができますか。

式 $\frac{3}{5}\div\frac{2}{3}=\frac{9}{10}$　答え $\frac{9}{10}$ m²

3 1mの重さが $\frac{21}{4}$ gの針金があります。この針金 $\frac{2}{7}$ mの重さは何gでしょうか。

式 $\frac{21}{4}\times\frac{2}{7}=\frac{3}{2}$　答え $\frac{3}{2}$ g

4 1dLのペンキで $\frac{3}{4}$ m² のかべをぬることができます。$2\frac{1}{3}$ dLのペンキでは，何m² のかべをぬることができますか。

式 $\frac{3}{4}\times2\frac{1}{3}=\frac{7}{4}$　答え $\frac{7}{4}\left(1\frac{3}{4}\right)$ m²

5 $3\frac{1}{2}$ Lのジュースがあります。このジュースを1回に $\frac{1}{4}$ Lずつ飲むと，何回飲めますか。

式 $3\frac{1}{2}\div\frac{1}{4}=14$　答え 14回

分数のかけ算・わり算 2 (4)
名前

1 答えが5よりも大きくなる式は①～④のどれでしょうか。番号に○をつけましょう。

（①）$5\div\frac{2}{3}$　② $5\div\frac{3}{2}$　③ $5\times\frac{2}{3}$　（④）$5\times\frac{3}{2}$

2 1mが300円のリボンがあります。このリボン $2\frac{2}{5}$ mの値段（ねだん）は何円ですか。

式 $300\times2\frac{2}{5}=720$　答え 720円

3 $\frac{2}{5}$ mの針金の重さが $3\frac{1}{5}$ gです。この針金 1mの重さは何gですか。

式 $3\frac{1}{5}\div\frac{2}{5}=8$　答え 8g

4 $\frac{9}{4}$ m² のかべをぬるのにペンキを $\frac{5}{3}$ dL使いました。このペンキは 1dL あたり何m² ぬれますか。

式 $\frac{9}{4}\div\frac{5}{3}=\frac{27}{20}$　答え $1\frac{7}{20}\left(\frac{27}{20}\right)$ m²

5 1mの重さが $7\frac{1}{3}$ gの針金があります。この針金 $3\frac{3}{4}$ mの重さは何gですか。

式 $7\frac{1}{3}\times3\frac{3}{4}=\frac{55}{2}$　答え $\frac{55}{2}\left(27\frac{1}{2}\right)$ g

6 右の直方体の体積を求めましょう。（$\frac{3}{5}$ m，$\frac{3}{4}$ m，$\frac{8}{3}$ m）

式 $\frac{3}{5}\times\frac{3}{4}\times\frac{8}{3}=\frac{6}{5}$　答え $\frac{6}{5}\left(1\frac{1}{5}\right)$ m³

7 1m² のかべをぬるのに $3\frac{3}{8}$ dLのペンキを使いました。このペンキ $1\frac{1}{4}$ dLでは何m² のかべをぬることができますか。

式 $1\frac{1}{4}\div3\frac{3}{8}=\frac{10}{27}$　答え $\frac{10}{27}$ m²

8 高さが $\frac{18}{55}$ cmで，面積が $1\frac{11}{25}$ cm² の平行四辺形があります。この平行四辺形の底辺の長さを求めましょう。

式 $1\frac{11}{25}\div\frac{18}{55}=\frac{22}{5}$　答え $4\frac{2}{5}\left(\frac{22}{5}\right)$ cm

31

P.32

分数のかけ算・わり算 2 (5)
名前

1 布を $3\frac{1}{2}$ m買うと，3500円でした。この布 1mの値段は何円ですか。

式 $3500\div3\frac{1}{2}=1000$　答え 1000円

2 ジュース $\frac{3}{5}$ Lの重さをはかったら，$\frac{3}{4}$ kgでした。このジュース 1Lの重さは何kgですか。

式 $\frac{3}{4}\div\frac{5}{3}=\frac{5}{4}$　答え $\frac{5}{4}\left(1\frac{1}{4}\right)$ kg

3 1辺の長さが $\frac{9}{4}$ mの正方形の面積を求めましょう。

式 $\frac{9}{4}\times\frac{9}{4}=\frac{81}{16}$　答え $\frac{81}{16}\left(5\frac{1}{16}\right)$ m²

4 1Lの重さが $\frac{9}{10}$ kgの油があります。この油 $4\frac{2}{3}$ Lの重さは何kgですか。

式 $\frac{9}{10}\times4\frac{2}{3}=\frac{21}{5}$　答え $\frac{21}{5}\left(4\frac{1}{5}\right)$ kg

5 1m² のかべをぬるのに $\frac{2}{3}$ dLのペンキがいります。このペンキが $2\frac{1}{2}$ dLあると，何m² のかべをぬることができますか。

式 $2\frac{1}{2}\div\frac{2}{3}=\frac{15}{4}$　答え $\frac{15}{4}\left(3\frac{3}{4}\right)$ m²

32

分数のかけ算・わり算 2 (6)
名前

☆ 答えの大きい方を通ってゴールしましょう。通った方の答えを □ に書きましょう。

① $\left[\frac{3}{4}\right]$　② $\left[\frac{15}{2}\left(7\frac{1}{2}\right)\right]$　③ [8]　④ $\left[\frac{8}{9}\right]$　⑤ [6]

P.33

分数・小数・整数のまじった計算 (1)
名前

計算をしましょう。

① $1.4\times\frac{15}{7}$　3
② $\frac{2}{3}\div0.6$　$\frac{10}{9}\left(1\frac{1}{9}\right)$
③ $0.6\div\frac{3}{4}$　$\frac{4}{5}(0.8)$
④ $\frac{3}{5}\times0.2$　$\frac{3}{25}(0.12)$
⑤ $0.4\div\frac{4}{5}$　$\frac{1}{2}(0.5)$
⑥ $\frac{4}{5}\times2.5$　2
⑦ $\frac{16}{15}\div1.44$　$\frac{20}{27}$
⑧ $0.32\times\frac{5}{8}$　$\frac{1}{5}(0.2)$
⑨ $0.3\div\frac{9}{10}$　$\frac{1}{3}$
⑩ $\frac{8}{15}\div0.3$　$\frac{16}{9}\left(1\frac{7}{9}\right)$

分数・小数・整数のまじった計算 (2)
名前

計算をしましょう。

① $\frac{7}{8}\times0.4$　$\frac{7}{20}(0.35)$
② $\frac{5}{6}\times0.3$　$\frac{1}{4}(0.25)$
③ $\frac{7}{10}\div0.3$　$\frac{7}{3}\left(2\frac{1}{3}\right)$
④ $\frac{16}{5}\div0.8$　4
⑤ $0.5\times\frac{3}{2}$　$\frac{3}{4}(0.75)$
⑥ $0.2\times\frac{5}{8}$　$\frac{1}{8}(0.125)$
⑦ $0.6\div\frac{8}{5}$　$\frac{3}{8}(0.375)$
⑧ $0.7\div\frac{14}{15}$　$\frac{3}{4}(0.75)$
⑨ $1.6\div\frac{8}{9}$　$\frac{9}{5}\left(1\frac{4}{5},1.8\right)$
⑩ $\frac{25}{36}\times1.2$　$\frac{5}{6}$
⑪ $\frac{14}{25}\div0.35$　$\frac{8}{5}\left(1\frac{3}{5},1.6\right)$
⑫ $2.4\times\frac{15}{28}$　$\frac{9}{7}\left(1\frac{2}{7}\right)$

☆答えの大きい方を通ってゴールしましょう。（通った方の答えを下の □ に書きましょう。）

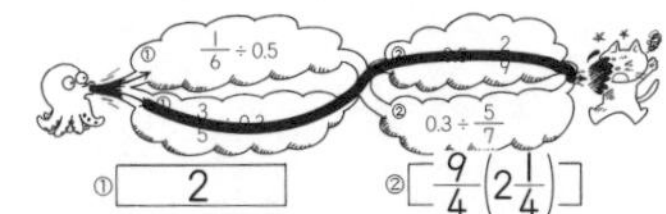

① [2]　② $\left[\frac{9}{4}\left(2\frac{1}{4}\right)\right]$

33

解答

児童に実施させる前に，必ず指導される方が問題を解いてください。本書の解答は，あくまでも１つの例です。指導される方の作られた解答をもとに，本書の解答例を参考に児童の多様な考えに寄り添って○つけをお願いします。

P.34

分数・小数・整数のまじった計算 (3)

名前

◘ 次の計算をしましょう。

① $1.4 \div \frac{5}{6} \times 5$　$\frac{42}{5}\left(8\frac{2}{5},\ 8.4\right)$

② $0.4 \times \frac{5}{6} \times \frac{3}{8}$　$\frac{1}{8}(0.125)$

③ $\frac{5}{9} \div 0.6 \times 1.5$　$\frac{25}{18}\left(1\frac{7}{18}\right)$

④ $0.9 \div 0.24 \div \frac{3}{8}$　10

⑤ $\frac{5}{9} \div 0.6 \times 0.3$　$\frac{5}{18}$

⑥ $\frac{3}{4} \div 1.2 \times 4.2$　$\frac{21}{8}\left(2\frac{5}{8},\ 2.625\right)$

⑦ $0.56 \times \frac{5}{8} \div \frac{1}{2}$　$\frac{7}{10}(0.7)$

⑧ $0.9 \div \frac{2}{5} \div 0.3$　$\frac{15}{2}\left(7\frac{1}{2},\ 7.5\right)$

分数・小数・整数のまじった計算 (4)

名前

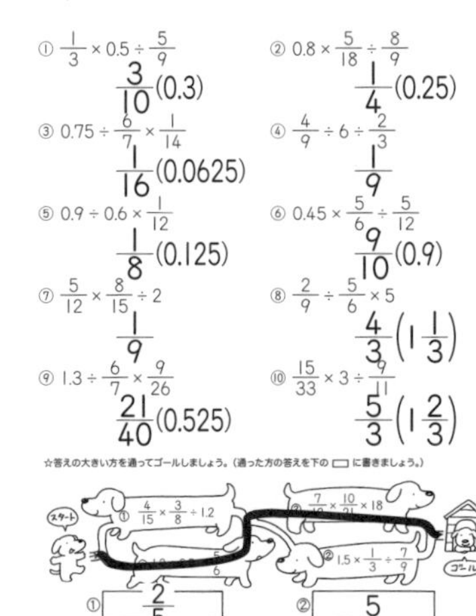

◘ 計算をしましょう。

① $\frac{1}{3} \times 0.5 \div \frac{5}{9}$　$\frac{3}{10}(0.3)$

② $0.8 \times \frac{5}{18} \div \frac{8}{9}$　$\frac{1}{4}(0.25)$

③ $0.75 \div \frac{6}{7} \times \frac{1}{14}$　$\frac{1}{16}(0.0625)$

④ $\frac{4}{9} \div 6 \div \frac{2}{3}$　$\frac{1}{9}$

⑤ $0.9 \div 0.6 \times \frac{1}{12}$　$\frac{1}{8}(0.125)$

⑥ $0.45 \times \frac{5}{6} \div \frac{5}{12}$　$\frac{9}{10}(0.9)$

⑦ $\frac{5}{12} \times \frac{8}{15} \div 2$　$\frac{1}{9}$

⑧ $\frac{2}{9} \div \frac{5}{6} \times 5$　$\frac{4}{3}\left(1\frac{1}{3}\right)$

⑨ $1.3 \div \frac{6}{7} \times \frac{9}{26}$　$\frac{21}{40}(0.525)$

⑩ $\frac{15}{33} \times 3 \div \frac{9}{11}$　$\frac{5}{3}\left(1\frac{2}{3}\right)$

☆答えの大きい方を通ってゴールしましょう。（通った方の答えを下の □ に書きましょう。）

① $\frac{2}{5}$　② 5

P.35

分数・小数・整数のまじった計算 (5)

名前

◘ 次の計算をしましょう。

① $0.8 - \frac{3}{4}$　$\frac{1}{20}(0.05)$

② $\frac{1}{2} + 0.9$　$\frac{7}{5}\left(1\frac{2}{5},\ 1.4\right)$

③ $\left(\frac{4}{3} + \frac{1}{6}\right) \times 0.6$　$\frac{9}{10}$

④ $\left(\frac{3}{8} - 0.25\right) \div \frac{5}{6}$　$\frac{3}{20}(0.15)$

⑤ $\left(\frac{5}{6} + 0.5\right) \div \frac{2}{3}$　2

⑥ $2.1 \times \frac{3}{14} + \frac{7}{12} \times \frac{3}{14}$　$\frac{23}{40}(0.575)$

⑦ $0.9 \div \frac{3}{4} - \frac{8}{9} \div \frac{5}{6}$　$\frac{2}{15}$

⑧ $3 \times \frac{2}{9} \div 0.5 \div 1.2$　$\frac{10}{9}\left(1\frac{1}{9}\right)$

分数・小数・整数のまじった計算 (6)

名前

◘ 次の計算をしましょう。

① $8 \times \frac{2}{5} \div 0.4$　8

② $\frac{4}{7} \div 9 \times 1.5$　$\frac{2}{21}$

③ $0.28 \div \frac{21}{20} \times 15$　4

④ $\frac{15}{14} \div 0.3 \div 5$　$\frac{5}{7}$

⑤ $7.8 \div 4 \div \frac{6}{5}$　$\frac{13}{8}\left(1\frac{5}{8},\ 1.625\right)$

⑥ $\frac{3}{8} \times 12 \div 0.09$　50

⑦ $5 \div 1.5 \div \frac{4}{7}$　$\frac{35}{6}\left(5\frac{5}{6}\right)$

⑧ $0.24 \div \frac{9}{25} \times 27$　18

⑨ $1.5 \div 5 \div \frac{9}{10}$　$\frac{1}{3}$

⑩ $0.75 \div \frac{15}{2} \times 8$　$\frac{4}{5}$

⑪ $\frac{27}{50} \times 0.8 \times \frac{25}{9} \div 6$　$\frac{1}{5}(0.2)$

⑫ $250 \div \frac{6}{7} \times 0.6 \times \frac{4}{5}$　140

P.36

分数倍 (1)

割合（倍）を求める

名前

1 かなえさんのクラスでは，班別に長なわとびをしました。クラスの平均は24回でした。かなえさんの班は32回でした。32回は，平均の何倍でしょうか。分数で表しましょう。

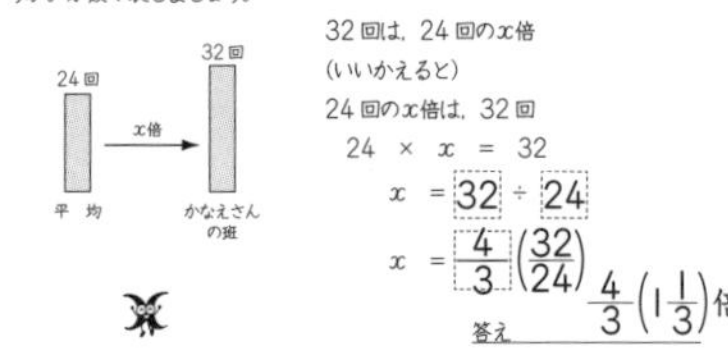

32回は，24回のx倍
（いいかえると）
24回のx倍は，32回

$24 \times x = 32$

$x = 32 \div 24$

$x = \frac{4}{3}\left(\frac{32}{24}\right)$

答え　$\frac{4}{3}\left(1\frac{1}{3}\right)$倍

2 xにあてはまる数を，分数で表しましょう。

① 28mは，12mのx倍
12mのx倍は，28m
$12 \times x = 28$
$x = 28 \div 12$
答え　$\frac{7}{3}\left(2\frac{1}{3}\right)$倍

② 15Lは，9Lのx倍
式　$9 \times x = 15$
$x = 15 \div 9$
答え　$\frac{5}{3}\left(1\frac{2}{3}\right)$倍

③ 49kgは，42kgのx倍
式　$42 \times x = 49$
$x = 49 \div 42$
答え　$\frac{7}{6}\left(1\frac{1}{6}\right)$倍

④ 27m²は，21m²のx倍
式　$21 \times x = 27$
$x = 27 \div 21$
答え　$\frac{9}{7}\left(1\frac{2}{7}\right)$倍

分数倍 (2)

比べられる量を求める

名前

1 ボール投げをしました。ゆうきさんは，18m投げました。
はるさんは，ゆうきさんの $\frac{11}{6}$ 倍長く投げました。
はるさんは，ボールを何m投げたのでしょうか。

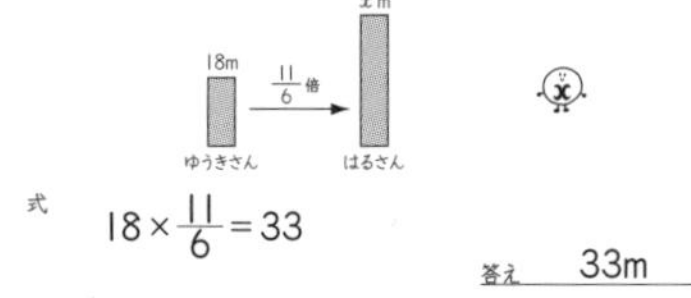

式　$18 \times \frac{11}{6} = 33$

答え　33m

2 xにあてはまる数を求めましょう。

① 32m²の $\frac{5}{8}$ 倍は，x m²
式　$32 \times \frac{5}{8} = 20$
答え　20m²

② 26kgの $\frac{3}{2}$ 倍は，$x$kg
式　$26 \times \frac{3}{2} = 39$
答え　39kg

③ 48kgの $\frac{7}{8}$ 倍は，$x$kg
式　$48 \times \frac{7}{8} = 42$
答え　42kg

④ 102枚の $\frac{2}{3}$ 倍は，x枚
式　$102 \times \frac{2}{3} = 68$
答え　68枚

⑤ 28kmの $\frac{7}{2}$ 倍は，x km
式　$28 \times \frac{7}{2} = 98$
答え　98km

⑥ 136mの $\frac{5}{8}$ 倍は，x m
式　$136 \times \frac{5}{8} = 85$
答え　85m

P.37

分数倍 (3)

比べられる量を求める

名前

1 まりこさんは，本を48ページ読みました。たくみさんは，まりこさんの $\frac{7}{4}$ 倍読みました。たくみさんは，本を何ページ読んだのでしょうか。

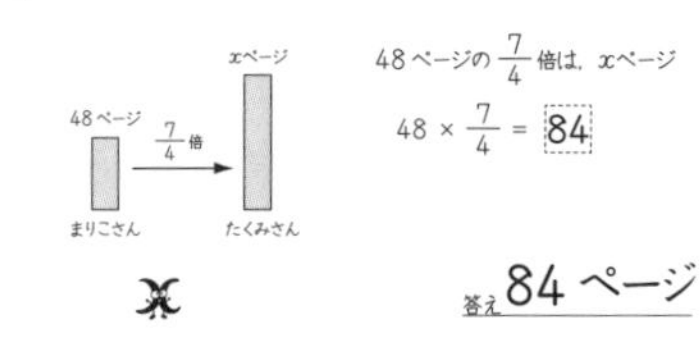

48ページの $\frac{7}{4}$ 倍は，xページ

$48 \times \frac{7}{4} = 84$

答え　84ページ

2 xにあてはまる数を求めましょう

① 15mの $\frac{7}{5}$ 倍は，x m
$15 \times \frac{7}{5} = 21$
答え　21m

② 14Lの $\frac{5}{7}$ 倍は，x L
$14 \times \frac{5}{7} = 10$
答え　10L

③ 24kgの $\frac{5}{2}$ 倍は，$x$kg
式　$24 \times \frac{5}{2} = 60$
答え　60kg

④ 56kmの $\frac{3}{8}$ 倍はx km
式　$56 \times \frac{3}{8} = 21$
答え　21km

分数倍 (4)

名前

1 よういちくんの学校の人数は360人です。かなこさんの学校の人数は，その $\frac{6}{5}$ 倍だそうです。かなこさんの学校の人数は何人ですか。

式　$360 \times \frac{6}{5} = 432$

答え　432人

2 姉はおこづかいを1500円もっています。妹は，姉の $\frac{2}{3}$ 倍もっています。妹のおこづかいは何円ですか。

式　$1500 \times \frac{2}{3} = 1000$

答え　1000円

3 ゆみさんの荷物は $\frac{20}{3}$ kgです。あきらさんの荷物は $2\frac{2}{5}$ kgです。ゆみさんの荷物の重さは，あきらさんの荷物の何倍ですか。

式　$\frac{20}{3} \div 2\frac{2}{5} = \frac{25}{9}$

答え　$\frac{25}{9}\left(2\frac{7}{9}\right)$倍

4 ゆきさんの組で，犬を飼っている人は6人です。これは，組全体の人数の $\frac{2}{9}$ にあたります。ゆきさんの組の人数は何人ですか。

式　$6 \div \frac{2}{9} = 27$

答え　27人

5 家から学校まで歩いて行くと $\frac{1}{2}$ 時間かかりますが，自転車で行くと $\frac{1}{6}$ 時間で着きます。歩いて行く時間は，自転車に乗って行く時間の何倍になりますか。

式　$\frac{1}{2} \div \frac{1}{6} = 3$

答え　3倍

P.38

ふりかえりテスト 分数のかけ算・わり算② 名前

1 次の計算をしましょう。約分できるものは約分しましょう。(4×15)

① $\frac{5}{6} \div \frac{4}{15} \times \frac{2}{3}$　$\frac{25}{12}\left(2\frac{1}{12}\right)$

② $\frac{17}{4} \times 8 \div \frac{34}{9}$　9

③ $\frac{1}{5} \div \frac{3}{8} \div \frac{6}{25}$　$\frac{20}{9}\left(2\frac{2}{9}\right)$

④ $4 \times \frac{5}{18} \div \frac{2}{3}$　$\frac{5}{3}\left(1\frac{2}{3}\right)$

⑤ $6\frac{2}{3} \times 0.6 \div \frac{7}{5}$　$\frac{20}{7}\left(2\frac{6}{7}\right)$

⑥ $\frac{1}{3} \div 5 \times 4.5$　$\frac{3}{10}$

⑦ $\frac{1}{2} \div \frac{1}{3} \div \frac{1}{4}$　6

⑧ $2\frac{5}{8} \times 0.4 \div 1\frac{3}{4}$　$\frac{3}{5}$

⑨ $6 \div \frac{13}{8} \times 2.6$　$\frac{48}{5}\left(9\frac{3}{5}\right)$

⑩ $\frac{1}{12} \div 6 \times 4.5$　$\frac{1}{16}$

⑪ $\frac{2}{7} \times 0.8 \div \frac{32}{21}$　$\frac{3}{20}$

⑫ $1.2 \div \frac{4}{15} \div 1.8$　$\frac{5}{2}\left(2\frac{1}{2}\right)$

⑬ $0.9 \times 0.4 \div 4\frac{1}{5}$　$\frac{3}{35}$

⑭ $1\frac{1}{3} \times 0.2 \div \frac{8}{25} \times 4$　$\frac{10}{3}\left(3\frac{1}{3}\right)$

⑮ $0.5 \times \frac{9}{4} \div \frac{7}{8} \div 6$　$\frac{3}{14}$

2 鉄の棒 $\frac{18}{5}$m の重さをはかったら，$\frac{9}{4}$kg でした。この鉄の棒 1m の重さは何 kg ですか。(10)

式 $\frac{9}{4} \div \frac{18}{5} = \frac{5}{8}$

答え $\frac{5}{8}$ kg

3 あつしさんは，シールを 52 枚持っています。ひろこさんは，あつしさんの $\frac{3}{4}$ 倍持っています。ひろこさんのシールは何枚ですか。(10)

式 $52 \times \frac{3}{4} = 39$

答え 39 枚

4 1dL のペンキで $\frac{3}{5}$m² のかべがぬれます。このペンキ $3\frac{3}{8}$dL では，何 m² のかべがぬれますか。(10)

$\frac{3}{5} \times 3\frac{3}{8} = \frac{81}{40}$

答え $\frac{81}{40}\left(2\frac{1}{40}\right)$m²

5 なつこさんのクラスでは今日，3 人休みました。これは学級全体の $\frac{1}{9}$ にあたります。なつこさんのクラスの人数は何人ですか。(10)

式 $3 \div \frac{1}{9} = 27$

答え 27 人

38

P.39

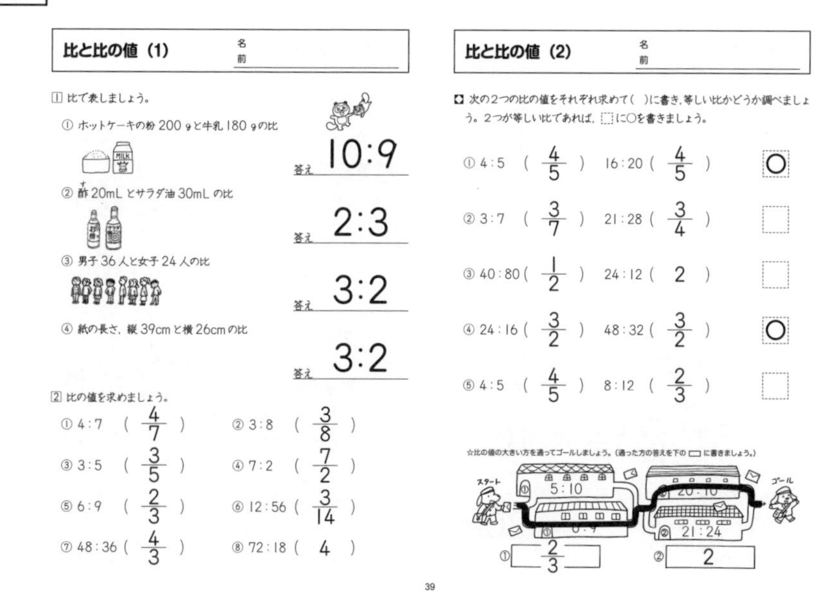

比と比の値 (1) 名前

1 比で表しましょう。

① ホットケーキの粉 200 g と牛乳 180 g の比　答え 10:9

② 酢 20mL とサラダ油 30mL の比　答え 2:3

③ 男子 36 人と女子 24 人の比　答え 3:2

④ 紙の長さ，縦 39cm と横 26cm の比　答え 3:2

2 比の値を求めましょう。

① 4:7 ($\frac{4}{7}$)　② 3:8 ($\frac{3}{8}$)

③ 3:5 ($\frac{3}{5}$)　④ 7:2 ($\frac{7}{2}$)

⑤ 6:9 ($\frac{2}{3}$)　⑥ 12:56 ($\frac{3}{14}$)

⑦ 48:36 ($\frac{4}{3}$)　⑧ 72:18 (4)

比と比の値 (2) 名前

次の２つの比の値をそれぞれ求めて ( ) に書き，等しい比かどうか調べましょう。２つが等しい比であれば，□に○を書きましょう。

① 4:5 ($\frac{4}{5}$)　16:20 ($\frac{4}{5}$)　○

② 3:7 ($\frac{3}{7}$)　21:28 ($\frac{3}{4}$)　□

③ 40:80 ($\frac{1}{2}$)　24:12 (2)　□

④ 24:16 ($\frac{3}{2}$)　48:32 ($\frac{3}{2}$)　○

⑤ 4:5 ($\frac{4}{5}$)　8:12 ($\frac{2}{3}$)　□

☆比の値の大きい方を通ってゴールしましょう。(通った方の答えを下の□に書きましょう。)

① $\frac{2}{3}$　② 2

39

P.40

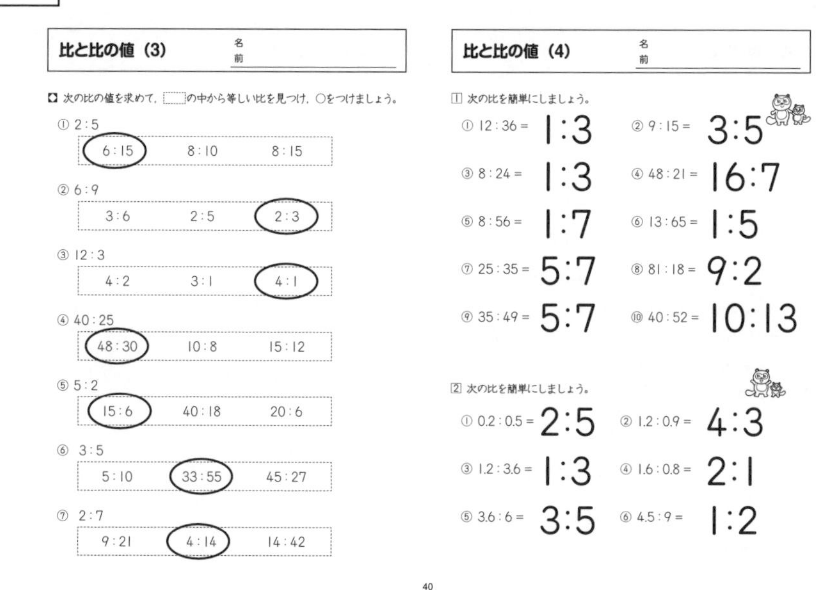

比と比の値 (3) 名前

次の比の値を求めて，□の中から等しい比を見つけ，○をつけましょう。

① 2:5　(6:15)○　8:10　8:15

② 6:9　3:6　2:5　(2:3)○

③ 12:3　4:2　3:1　(4:1)○

④ 40:25　(48:30)○　10:8　15:12

⑤ 5:2　(15:6)○　40:18　20:6

⑥ 3:5　5:10　(33:55)○　45:27

⑦ 2:7　9:21　(4:14)○　14:42

比と比の値 (4) 名前

1 次の比を簡単にしましょう。

① 12:36 = 1:3　② 9:15 = 3:5

③ 8:24 = 1:3　④ 48:21 = 16:7

⑤ 8:56 = 1:7　⑥ 13:65 = 1:5

⑦ 25:35 = 5:7　⑧ 81:18 = 9:2

⑨ 35:49 = 5:7　⑩ 40:52 = 10:13

2 次の比を簡単にしましょう。

① 0.2:0.5 = 2:5　② 1.2:0.9 = 4:3

③ 1.2:3.6 = 1:3　④ 1.6:0.8 = 2:1

⑤ 3.6:6 = 3:5　⑥ 4.5:9 = 1:2

40

P.41

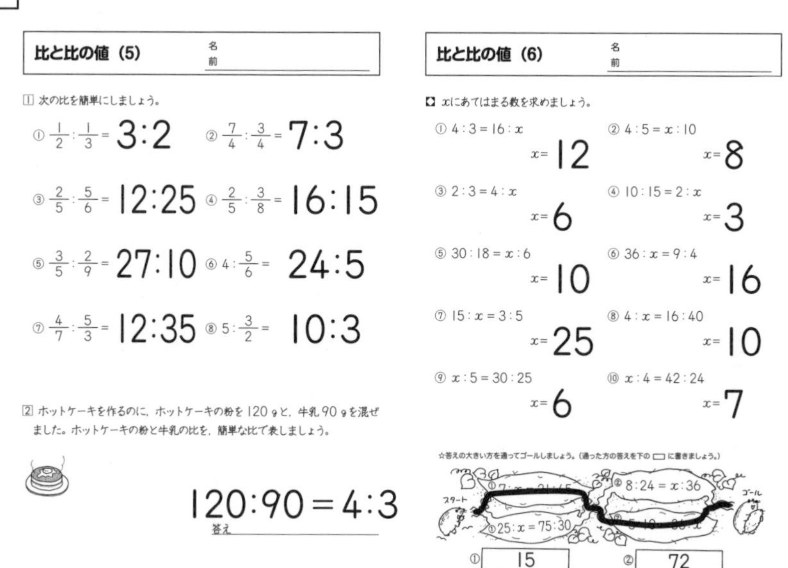

比と比の値 (5) 名前

1 次の比を簡単にしましょう。

① $\frac{1}{2}:\frac{1}{3}$ = 3:2　② $\frac{7}{4}:\frac{3}{4}$ = 7:3

③ $\frac{2}{5}:\frac{5}{6}$ = 12:25　④ $\frac{2}{5}:\frac{3}{8}$ = 16:15

⑤ $\frac{3}{5}:\frac{2}{9}$ = 27:10　⑥ $4:\frac{5}{6}$ = 24:5

⑦ $\frac{4}{7}:\frac{5}{3}$ = 12:35　⑧ $5:\frac{3}{2}$ = 10:3

2 ホットケーキを作るのに，ホットケーキの粉を 120 g と，牛乳 90 g を混ぜました。ホットケーキの粉と牛乳の比を，簡単な比で表しましょう。

答え 120:90 = 4:3

比と比の値 (6) 名前

x にあてはまる数を求めましょう。

① 4:3 = 16:x　x=12　② 4:5 = x:10　x=8

③ 2:3 = 4:x　x=6　④ 10:15 = 2:x　x=3

⑤ 30:18 = x:6　x=10　⑥ 36:x = 9:4　x=16

⑦ 15:x = 3:5　x=25　⑧ 4:x = 16:40　x=10

⑨ x:5 = 30:25　x=6　⑩ x:4 = 42:24　x=7

☆答えの大きい方を通ってゴールしましょう。(通った方の答えを下の□に書きましょう。)

① 15　② 72

41

解答

児童に実施させる前に，必ず指導される方が問題を解いてください。本書の解答は，あくまでも１つの例です。指導される方の作られた解答をもとに，本書の解答例を参考に児童の多様な考えに寄り添って○つけをお願いします。

P.42

比と比の値（7）

名前

1 酢とサラダ油を 2：5 になるようにしてドレッシングを作ります。サラダ油を 35mL にすると，酢は何 mL になりますか。

式 $2:5=x:35$　$x=14$　答え 14mL

2 花の色が白いチューリップと赤いチューリップの球根を 2：3 の割合で買うことにします。赤い球根を 36 個買うとすると，白い球根は何個買えばよいですか。

式 $2:3=x:36$　$x=24$　答え 24 個

3 縦の長さと横の長さが 5：9 になるように長方形の花だんをつくります。縦の長さを 15m にすると，横の長さは何 m になりますか。

式 $5:9=15:x$　$x=27$　答え 27m

4 よしきくんの学級の男女の割合は 5：4 です。男子の人数は 20 人です。女子の人数は何人ですか。

式 $5:4=20:x$　$x=16$　答え 16 人

5 高さが 2m の棒のかげの長さが 5m です。このとき，高さが 8m の木のかげの長さは何 m ですか。

式 $2:5=8:x$　$x=20$　答え 20m

2m　5m

比と比の値（8）

名前

1 ケーキをつくるのに，砂糖と小麦粉を 4：7 になるように混ぜます。砂糖を 92g 使うと，小麦粉は何 g 必要ですか。

式 $4:7=92:x$　$x=161$　答え 161g

2 兄と弟はカードを 3：2 になるように分けました。兄のカードは 18 枚です。弟のカードは何枚ですか。

式 $3:2=18:x$　$x=12$　答え 12 枚

3 井上さんの畑は，大根と白菜を 7：2 の比の面積で育てることにしました。大根の畑を $35m^2$ としたら，白菜の畑を何 m^2 にすればよいですか。

式 $7:2=35:x$　$x=10$　答え $10m^2$

4 姉が持っているリボンと，妹が持っているリボンの長さの比は 9：7 です。

① 姉のリボンの長さは，妹のリボンの長さの何倍ですか。

式 $9\div7=\frac{9}{7}$　答え $\frac{9}{7}$ 倍

② 妹のリボンの長さは，姉のリボンの長さの何倍ですか。

式 $7\div9=\frac{7}{9}$　答え $\frac{7}{9}$ 倍

③ 妹のリボンの長さは 63cm です。姉のリボンは何 cm ですか。

式 $9:7=x:63$　$x=81$　答え 81cm

5 縦の長さと横の長さの比を 8：5 にしてドッジボールのコートをかきます。

① 縦の長さを 32m にすると，横の長さは何 m にすればいいですか。

式 $8:5=32:x$　$x=20$　答え 20m

② 横の長さを 15m にすると，縦の長さは何 m にすればいいですか。

式 $8:5=x:15$　$x=24$　答え 24m

42

P.43

比と比の値（9）

名前

1 長さ 20m のロープを，3：2 になるように 2 本に切り分けたいと思います。何 m と何 m になりますか。

20m　3　2

式 $3+2=5$

$20\times\frac{3}{5}=12$　$20\times\frac{2}{5}=8$　答え 12 m と 8 m

2 酢とサラダ油を 2：5 の割合で混ぜて，ドレッシングを 210mL つくります。それぞれ何 mL にすればよいですか。

式 $2+5=7$　$210\times\frac{2}{7}=60$　$210\times\frac{5}{7}=150$

答え 酢 60 mL，サラダ油 150 mL

3 1400 円の本を，兄と弟の 2 人で 4：3 の割合でお金を出して買うことにしました。それぞれ何円ずつ出せばよいですか。

式 $4+3=7$

$1400\times\frac{4}{7}=800$　$1400\times\frac{3}{7}=600$

答え 兄 800 円，弟 600 円

4 くじを 120 本つくりました。当たりくじとはずれくじの比は 1：19 にしました。当たりくじとはずれくじは，それぞれ何本ありますか。

式 $1+19=20$　$120\times\frac{1}{20}=6$　$120\times\frac{19}{20}=114$

答え 当たりくじ 6 本，はずれくじ 114 本

比と比の値（10）

名前

1 ホットケーキをつくるのに，ホットケーキの粉を 0.3kg と牛乳 160g を混ぜました。ホットケーキの粉と牛乳の比を簡単な比で表しましょう。

式 0.3kg＝300g　300：160＝15：8　答え 15：8

2 縦と横の比が 5：1 の長方形の花だんをつくります。横の長さを 8.5m にすると，縦の長さは何 m になりますか。

式 $5:1=x:8.5$　$x=42.5$　答え 42.5m

3 酢とサラダ油を 4：5 の割合で混ぜて，ドレッシングを 360mL つくります。それぞれ何 mL にすればいいですか。

式 $4+5=9$　$360\times\frac{4}{9}=160$　$360\times\frac{5}{9}=200$

答え 酢 160mL，サラダ油 200mL

4 公園の芝生と土のところの比は 5：3 になっています。土のところの面積は 4.2a です。芝生の面積は何 a ですか。

式 $5:3=x:4.2$　$x=7$　答え 7a

5 あゆみさんは，3 時間 20 分かかっておばあちゃんの家に行きました。船と電車に乗っている時間の比は 3：2 だったそうです。それぞれ何時間何分乗っていましたか。

式 3 時間 20 分＝200 分　$3+2=5$

$200\times\frac{3}{5}=120$ 分　$200\times\frac{2}{5}=80$ 分

答え 船 2 時間，電車 1 時間 20 分

6 4 人分のコーヒー牛乳には，コーヒー 0.32L と，牛乳が 0.52L が入っています。1 人分のコーヒー牛乳にはそれぞれ何 mL 入っていますか。

式 0.32L＝320mL　0.52L＝520mL

$320\div4=80$　$520\div4=130$

答え コーヒー 80mL，牛乳 130mL

43

P.44

ふりかえりテスト 比と比の値

名前

1 次の 2 つの比が，等しい比になっていたら○を，等しい比でなければ×を（　）に書きましょう。(5×4)

① （○） 5：8　25：40
② （×） 9：4　3：2
③ （○） 16：28　4：7
④ （×） 12：6　56：24

2 ①〜③の比について，比の値を求めて（　）に書きましょう。また，等しい比を［　］の中から 1 つ選んで○をつけましょう。(5×3)

① 2：5　比の値（$\frac{2}{5}$（0.4））
［10：15　(6：15)　4：15　10：3］

② 36：60　比の値（$\frac{3}{5}$（0.6））
［6：5　4：5　(3：5)　2：5］

③ 24：18　比の値（$\frac{4}{3}$（$1\frac{1}{3}$））
［6：3　(12：9)　8：5　12：6］

3 次の比を簡単にしましょう。(5×4)

① 18：12＝ 3：2
② 2.4：0.6＝ 4：1
③ $\frac{3}{8}:\frac{9}{10}$＝ 5：12
④ $\frac{4}{5}:\frac{3}{4}$＝ 16：15

4 x にあてはまる数を求めましょう。(5×3)

① $x:4=48:12$　$x=$ 16
② $5:2=15:x$　$x=$ 6
③ $3:25=x:125$　$x=$ 15

5 高さが 2m の棒のかげの長さが 2.5m のとき，かげの長さが 10m の木の高さは何 m ですか。(10)

式 $2:2.5=x:10$　$x=8$　答え 8m

6 60cm のリボンを 5：1 になるように，2 本に切り分けます。何 cm と何 cm になりますか。(10)

式 $5+1=6$

$60\times\frac{5}{6}=50$　$60\times\frac{1}{6}=10$

答え 50 cm と 10 cm

7 720mL の麦茶を 5：4 になるように，2 個のコップに分けます。何 mL と何 mL になりますか。(10)

式 $5+4=9$

$720\times\frac{5}{9}=400$　$720\times\frac{4}{9}=320$

答え 400 mL と 320 mL

44

P.45

拡大図と縮図（1）

名前

次の 2 つの図は，同じ形です。［　］にあてはまることばや数を書きましょう。

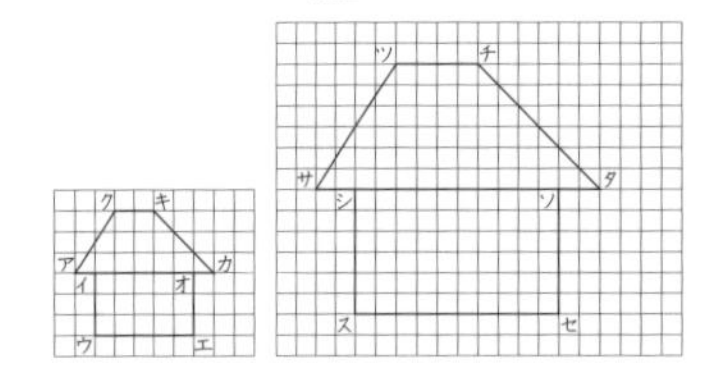

(1) 2 つの図の対応する角の大きさを調べてみましょう。

① 角アに対応する角は［角サ］　② 角キに対応する角は［角チ］

③ 角カに対応する角は［角タ］

(2) 2 つの図の対応する辺の長さを，簡単な比で表しましょう。

① 辺ウエ：辺スセ ＝［1］：［2］

② 辺アカ：辺サタ ＝［1］：［2］

(3) 対応する角の大きさが等しく，対応する辺の長さの比が等しいとき，2 つの図の形は等しいです。

このとき，もとの図を大きくした図を［拡大図］といい，小さくした図を［縮図］といいます。

拡大図と縮図（2）

名前

1 三角形アイウの 3 倍の拡大図，三角形カキクがあります。問いに答えましょう。

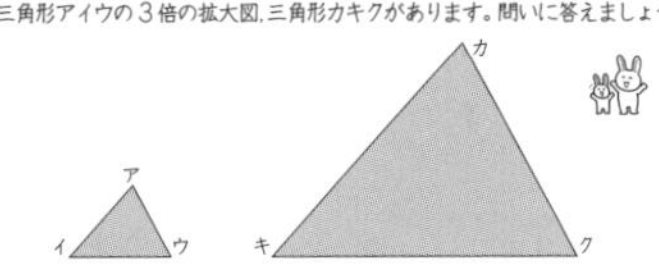

① 角イが 45° のとき，角キは何度ですか。　［45°］

② 角ウが 60° のとき，角クは，何度ですか。　［60°］

③ 辺イウの長さが 3.5cm のとき，辺キクは何 cm ですか。　［10.5cm］

④ 辺カクの長さが 8.7cm のとき，辺アウは何 cm ですか。　［2.9cm］

2 長方形アイウエを 1.5 倍に拡大した，長方形カキクケがあります。問いに答えましょう。

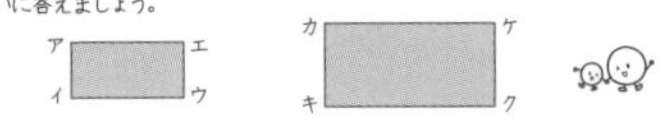

① 辺アイの長さは 2.4cm です。辺カキの長さは何 cm ですか。　［3.6cm］

② 辺キクの長さは 7.2cm です。辺イウの長さは何 cm ですか。　［4.8cm］

45

児童に実施させる前に，必ず指導される方が問題を解いてください。本書の解答は，あくまでも１つの例です。指導される方の作られた解答をもとに，本書の解答例を参考に児童の多様な考えに寄り添って○つけをお願いします。

解答

P.46

拡大図と縮図 (3)

名前

1 ㋐の拡大図はどれですか。また，それは何倍の拡大図ですか。

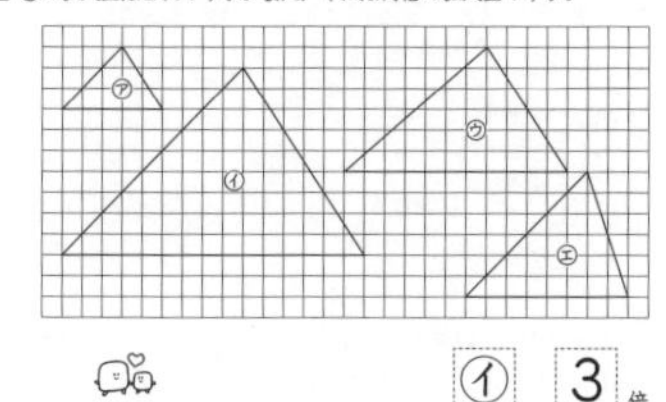

㋑，3 倍

2 ㋐の縮図はどれですか。また，それは何分の１の縮図でしょうか。

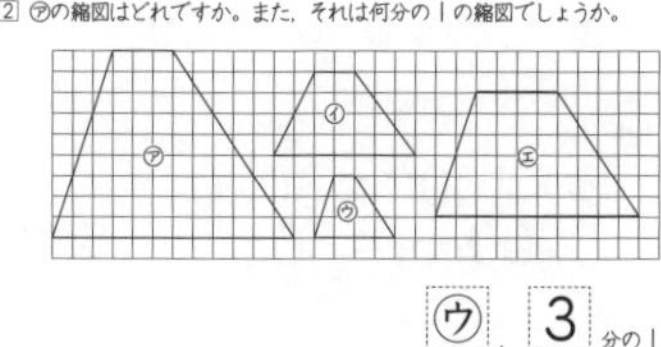

㋒，3 分の１

拡大図と縮図 (4)

名前

1 長方形㋐の拡大図をすべて見つけ，それぞれ何倍の拡大図か答えましょう。

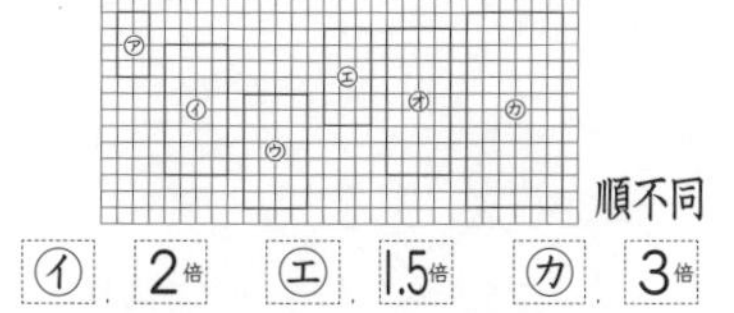

順不同

㋑，2倍　㋓，1.5倍　㋕，3倍

2 三角形㋐の縮図をすべて見つけ，それぞれ何分の何の縮図か答えましょう。

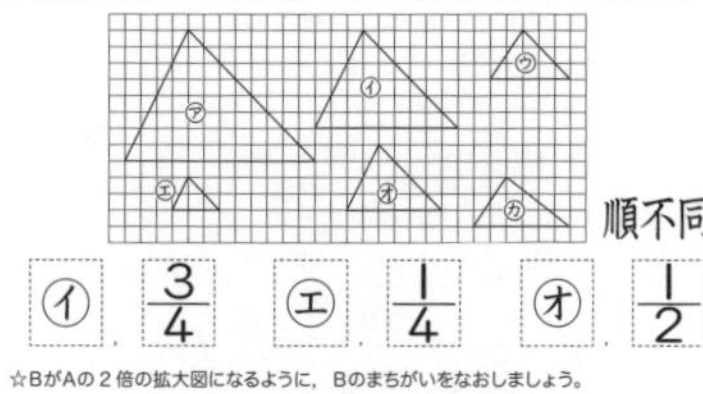

順不同

㋑，$\frac{3}{4}$　㋓，$\frac{1}{4}$　㋔，$\frac{1}{2}$

☆BがAの２倍の拡大図になるように，Bのまちがいをなおしましょう。

P.47

拡大図と縮図 (5)

名前

1 三角形アイウを４倍に拡大した，三角形カキクをかきましょう。

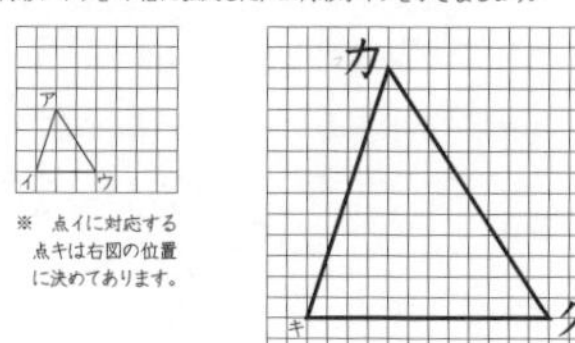

※ 点イに対応する点キは右図の位置に決めてあります。

2 長方形アイウエを２倍に拡大した，長方形カキクケをかきましょう。

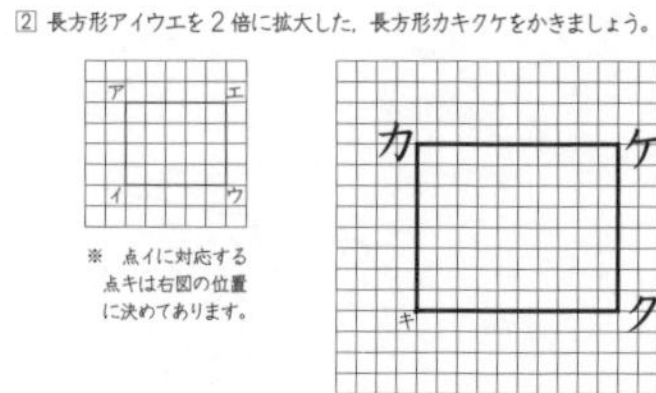

※ 点イに対応する点キは右図の位置に決めてあります。

拡大図と縮図 (6)

名前

1 台形アイウエを２倍に拡大した，台形カキクケをかきましょう。

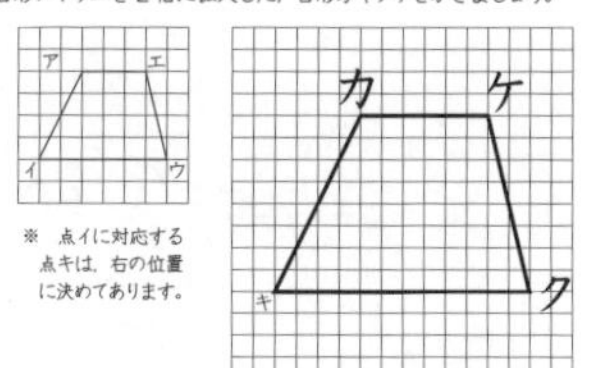

※ 点イに対応する点キは，右の位置に決めてあります。

2 四角形アイウエを２倍に拡大した四角形カキクケと，３倍に拡大した四角形サシスセをかきましょう。

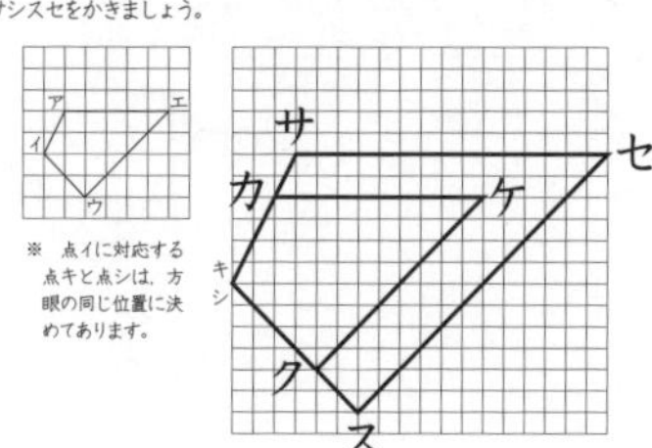

※ 点キと点シは，方眼の同じ位置に決めてあります。

P.48

拡大図と縮図 (7)

名前

1 三角形アイウを$\frac{1}{2}$に縮小した，三角形カキクを右の方眼にかきましょう。

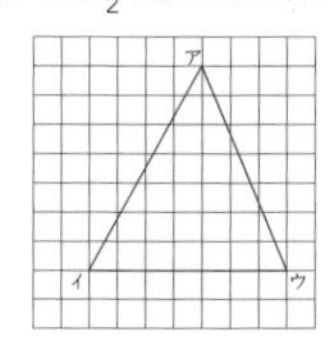

(右の方眼の１ますの大きさは，左の方眼の$\frac{1}{2}$になっています。)

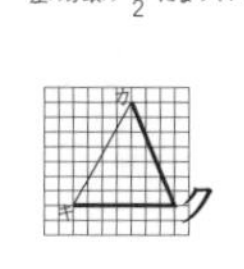

2 四角形アイウエを$\frac{1}{2}$に縮小した,四角形カキクケを右の方眼にかきましょう。

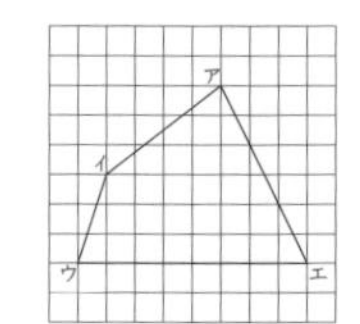

(右の方眼の１ますの大きさは，左の方眼の$\frac{1}{2}$になっています。)

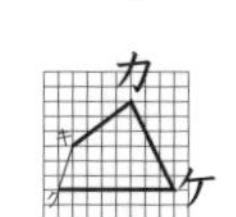

拡大図と縮図 (8)

名前

1 三角形アイウを$\frac{1}{2}$に縮小した三角形カキクを，右の方眼にかきましょう。
★方眼の１めもりの大きさは同じです。

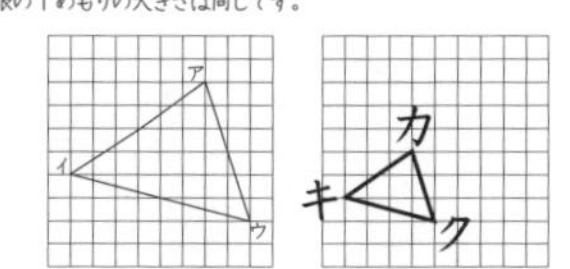

2 台形アイウエを$\frac{1}{2}$に縮小した台形カキクケを，右の方眼にかきましょう。
★方眼の１めもりの大きさは同じです。

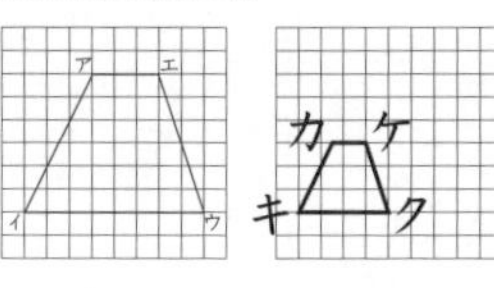

☆BがAの$\frac{1}{2}$の縮図になるように，Bのまちがいをなおしましょう。

P.49

拡大図と縮図 (9)

名前

1 三角形アイウを２倍に拡大した，三角形カキクをかきましょう。
A コンパスを使ってかきましょう。

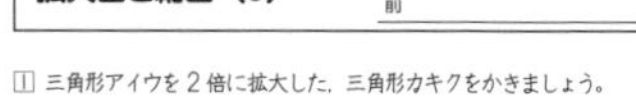
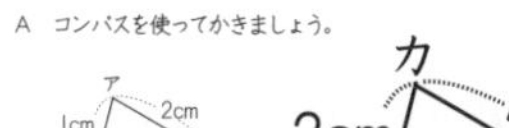

2 三角形アイウを２倍に拡大した，三角形カキクをかきましょう。
B コンパスと分度器を使ってかきましょう。

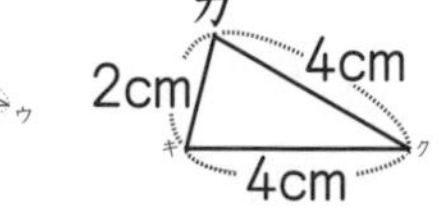

3 三角形アイウを２倍に拡大した，三角形カキクをかきましょう。
C おもに分度器を使ってかきましょう。

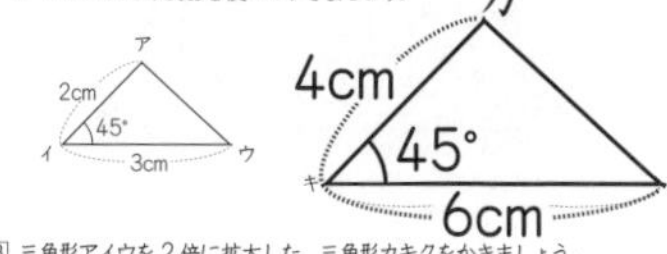
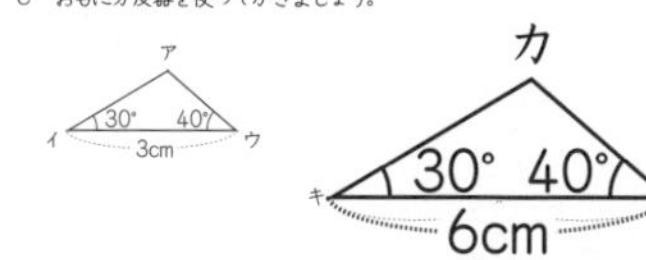

拡大図と縮図 (10)

名前

1 三角形アイウを２倍に拡大した，三角形カキクをかきましょう。
(必要な長さや角度をはかってかきましょう。)

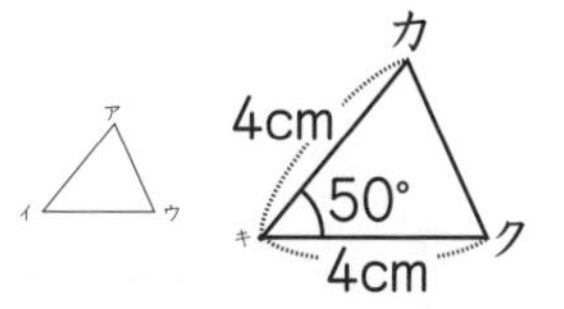

2 四角形アイウエを２倍に拡大した，四角形カキクケをかきましょう。
(必要な長さや角度をはかってかきましょう。)

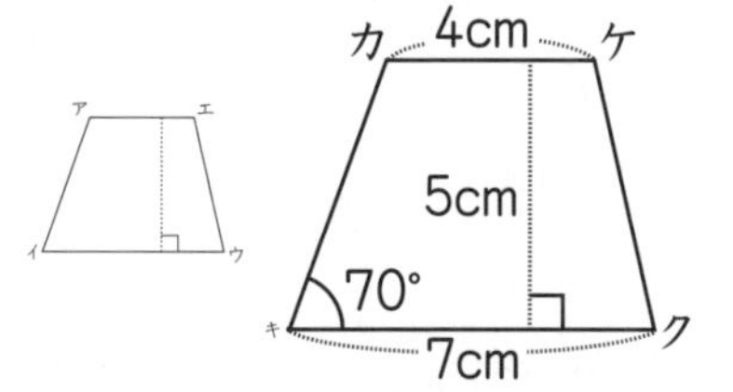

解答

児童に実施させる前に，必ず指導される方が問題を解いてください。本書の解答は，あくまでも１つの例です。指導される方の作られた解答をもとに，本書の解答例を参考に児童の多様な考えに寄り添って○つけをお願いします。

P.50

拡大図と縮図（11）　名前

1 次の三角形の$\frac{1}{2}$の縮図を右にかきましょう。

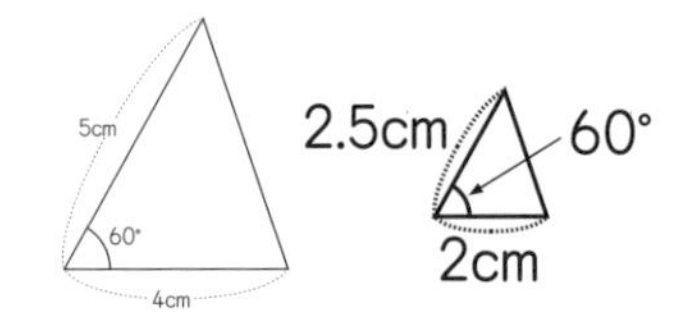

2 次の四角形の$\frac{1}{3}$の縮図を右にかきましょう。

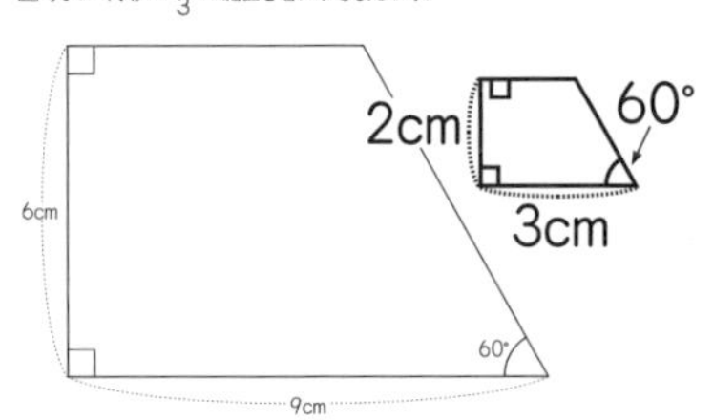

拡大図と縮図（12）　名前

1 三角形アイウを$\frac{1}{3}$に縮小した，三角形カキクをかきましょう。
（必要な長さや角度をはかってかきましょう。）

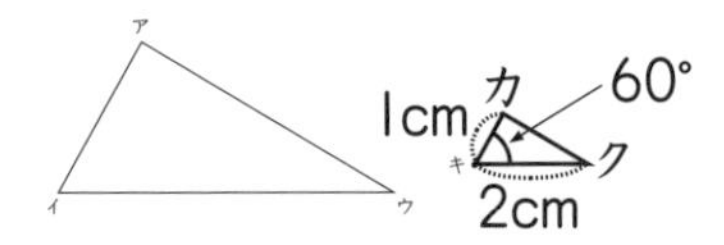

2 四角形アイウエを$\frac{1}{2}$に縮小した，四角形カキクケをかきましょう。
（必要な長さや角度をはかってかきましょう。）

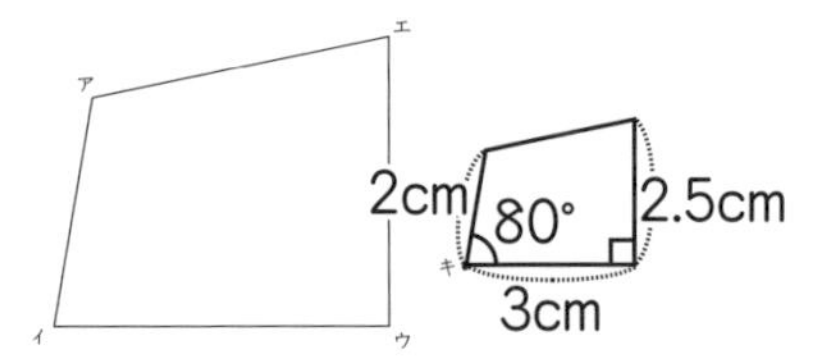

50

P.51

拡大図と縮図（13）　名前

1 三角形アイウを$\frac{1}{2}$に縮小した，三角形カキクをかきましょう。
（必要な長さや角度をはかってかきましょう。）

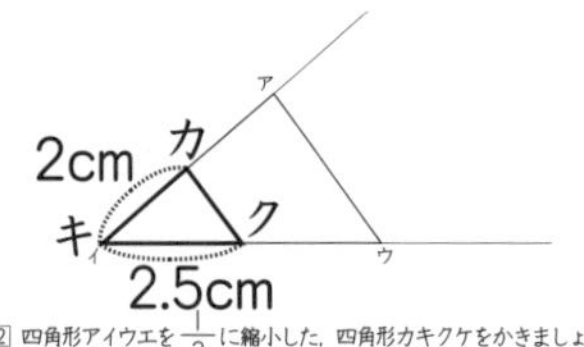

2 四角形アイウエを$\frac{1}{3}$に縮小した，四角形カキクケをかきましょう。
（必要な長さや角度をはかってかきましょう。）

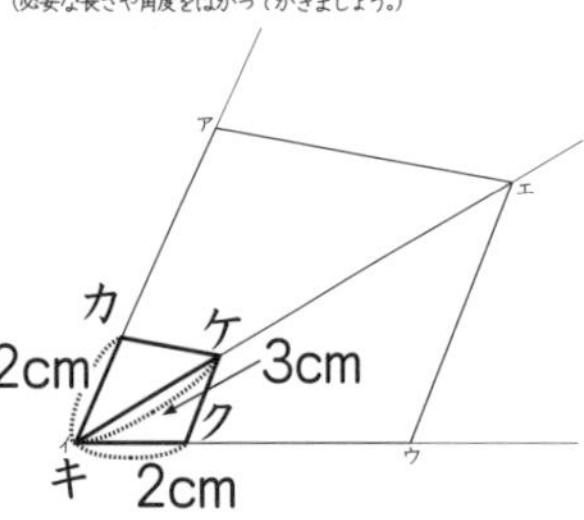

拡大図と縮図（14）　名前

下の図は，ある小学校の$\frac{1}{1000}$の縮図です。図をみて答えましょう。

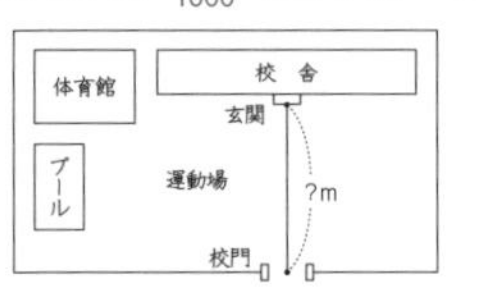

① 縮図でプールの横の長さを測ると，ちょうど 2.5cm でした。実際の長さは何 m ですか。□に数を入れて考えましょう。

2.5 × 1000 = 2500
2500 cm = 25 m

② 縮図で校舎の横の長さを測ると，ちょうど 8cm でした。実際の長さは何 m ですか。

式 8 × 1000 = 8000
8000cm = 80m　答え 80m

③ 縮図では，校門から玄関まで 5.2cm です。実際の長さは何 m ですか。

式 5.2 × 1000 = 5200
5200cm = 52m　答え 52m

51

P.52

拡大図と縮図（15）　名前

右のような形の池があります。アからウまでの長さを求めるにはどうしたらよいでしょうか。

① $\frac{1}{500}$の縮図をかいて調べましょう。

縮図のかき方
① イウの長さを実際の$\frac{1}{500}$にしてひく。
② ウから垂直な直線をひく。
③ イから 60° の直線をひき，②の線と交わったところに点アを決め，三角形アイウをかく。

（縮図：ア，イ，ウ，約7cm，60°，4cm）

② イウ(20m)の$\frac{1}{500}$は何 cm でしょうか。

式 20m = 2000cm
2000 ÷ 500 = 4
答え 4cm

③ アウの実際の長さを，縮図のアウの長さを測って求めましょう。

式 縮図のアウは約 7 cm
7 × 500 = 3500
3500cm = 35m
答え 約 35m

拡大図と縮図（16）　名前

下の図は，東京湾アクアラインの地図の一部です。縮尺は 20 万分の一です。

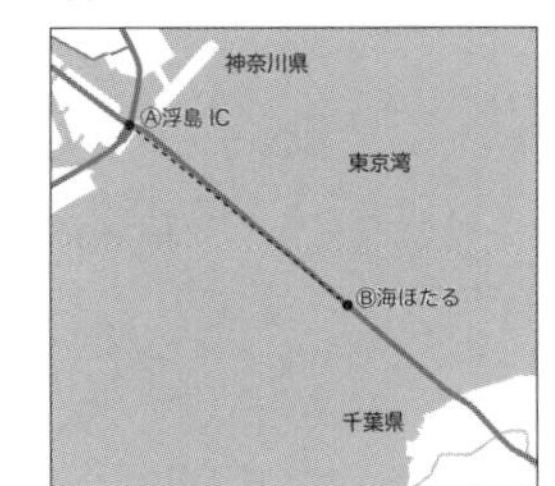

① 地図上の 1cm は，実際には何 km ですか。

式 20 万分の 1 の縮尺だから，
1cm × 20 万 = 20 万cm = 2000m
= 2km
答え 2km

② 地図上で北西にある浮島 IC（インターチェンジ）Ⓐから，南東にある海ほたるⒷまで，直線で約何 km はなれていますか。地図上でⒶからⒷまでの長さを測って求めましょう。

式 地図上のⒶからⒷまで 5 cm
1cm が 2km だから 5 × 2 = 10
答え 約 10km

52

P.53

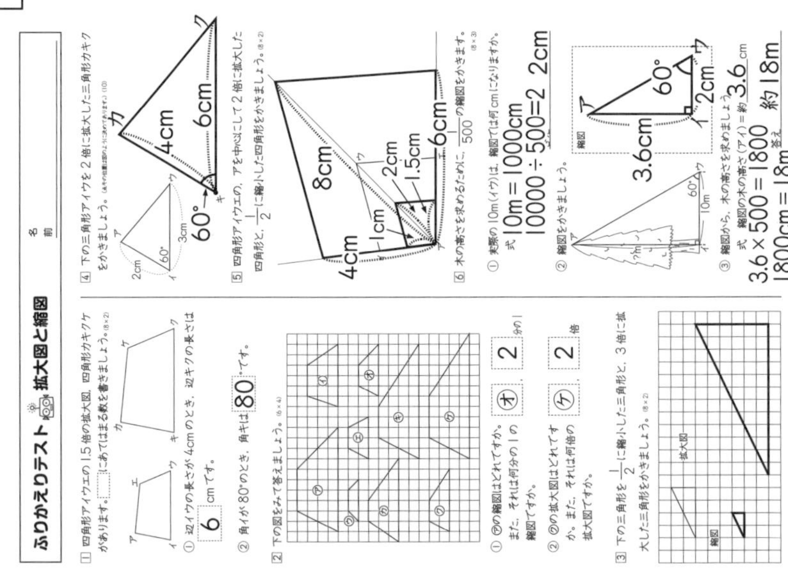

53

児童に実施させる前に，必ず指導される方が問題を解いてください。本書の解答は，あくまでも１つの例です。指導される方の作られた解答をもとに，本書の解答例を参考に児童の多様な考えに寄り添って○つけをお願いします。

解答

P.54

円の面積（1） 名前

次の円の，円周の長さと，円の面積を求めましょう。

① 3cm

【円周】3×2×3.14=18.84　答え 18.84cm

【円の面積】3×3×3.14=28.26　答え 28.26㎠

② 6cm

【円周】6×2×3.14=37.68　答え 37.68cm

【円の面積】6×6×3.14=113.04　答え 113.04㎠

③ 18cm

【円周】18×3.14=56.52　答え 56.52cm

【円の面積】18÷2=9　9×9×3.14=254.34　答え 254.34㎠

54

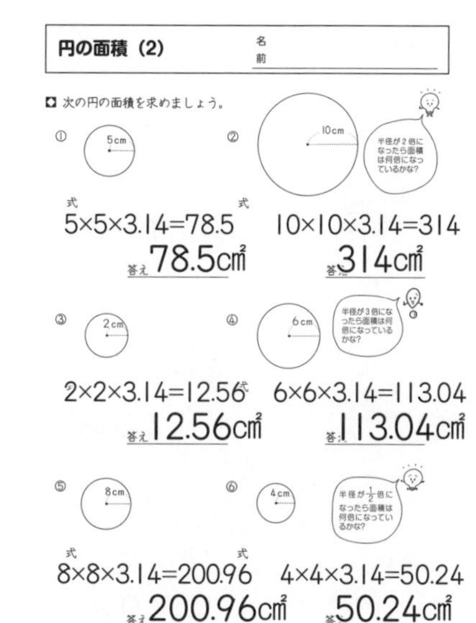

P.55

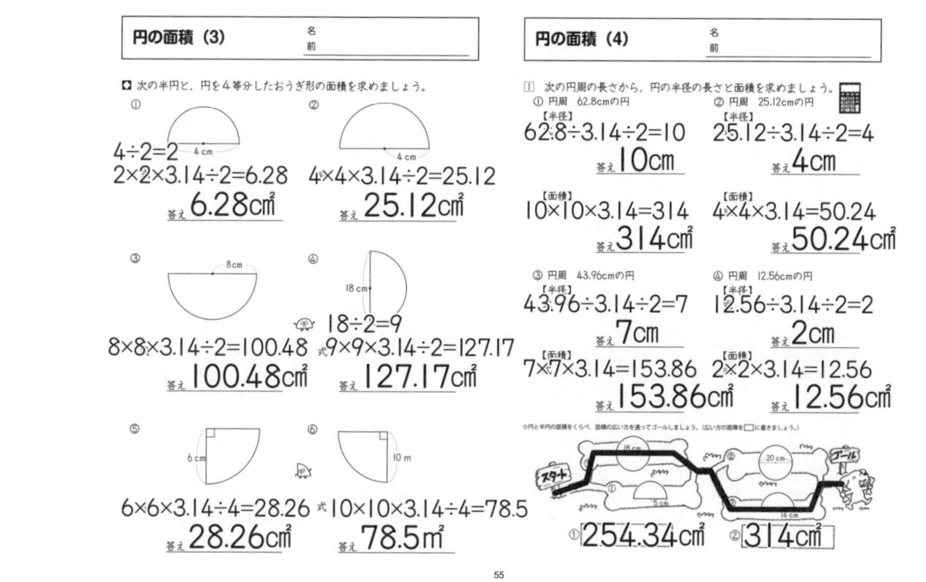

P.56

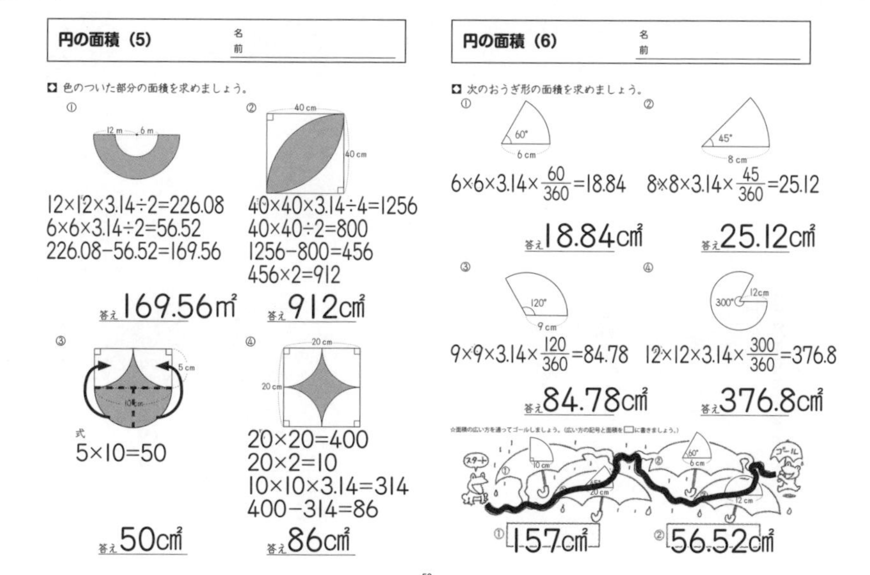

P.57

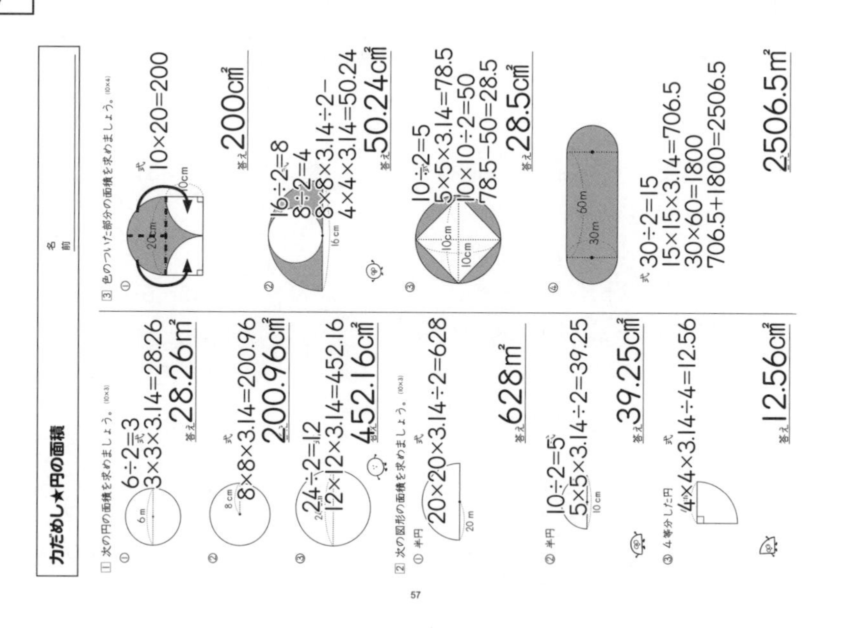

解答

児童に実施させる前に，必ず指導される方が問題を解いてください。本書の解答は，あくまでも１つの例です。指導される方の作られた解答をもとに，本書の解答例を参考に児童の多様な考えに寄り添って○つけをお願いします。

P.58

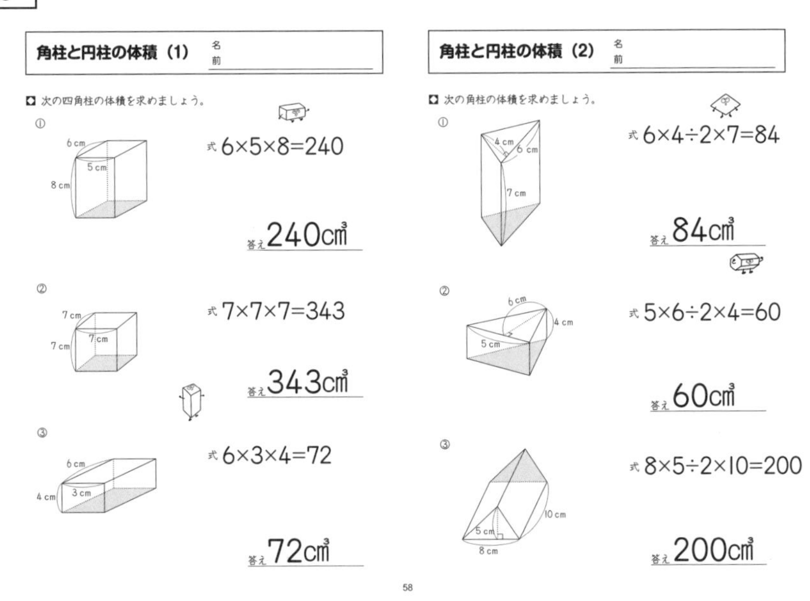
角柱と円柱の体積 (1) 名前

次の四角柱の体積を求めましょう。

① 式 6×5×8=240 答え 240cm³

② 式 7×7×7=343 答え 343cm³

③ 式 6×3×4=72 答え 72cm³

角柱と円柱の体積 (2) 名前

次の角柱の体積を求めましょう。

① 式 6×4÷2×7=84 答え 84cm³

② 式 5×6÷2×4=60 答え 60cm³

③ 式 8×5÷2×10=200 答え 200cm³

58

P.59

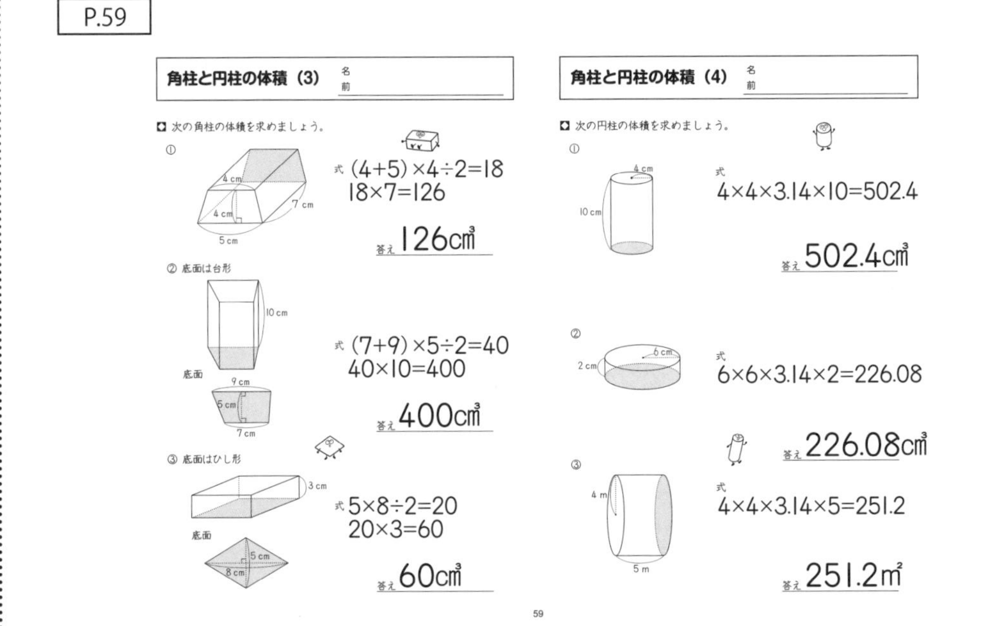
角柱と円柱の体積 (3) 名前

次の角柱の体積を求めましょう。

① 式 (4+5)×4÷2=18
18×7=126 答え 126cm³

② 底面は台形 式 (7+9)×5÷2=40
40×10=400 答え 400cm³

③ 底面はひし形 式 5×8÷2=20
20×3=60 答え 60cm³

角柱と円柱の体積 (4) 名前

次の円柱の体積を求めましょう。

① 式 4×4×3.14×10=502.4 答え 502.4cm³

② 式 6×6×3.14×2=226.08 答え 226.08cm³

③ 式 4×4×3.14×5=251.2 答え 251.2m³

59

P.60

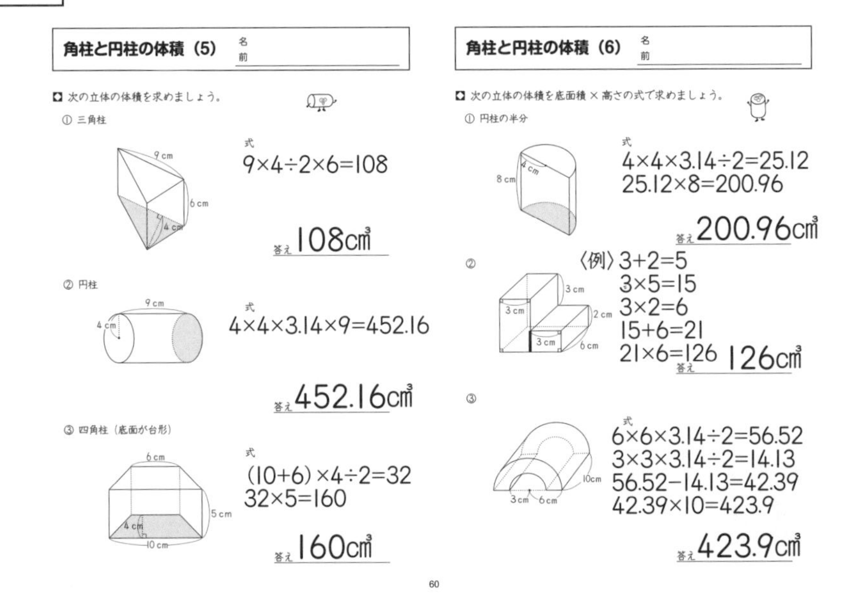
角柱と円柱の体積 (5) 名前

次の立体の体積を求めましょう。

① 三角柱 式 9×4÷2×6=108 答え 108cm³

② 円柱 式 4×4×3.14×9=452.16 答え 452.16cm³

③ 四角柱（底面が台形） 式 (10+6)×4÷2=32
32×5=160 答え 160cm³

角柱と円柱の体積 (6) 名前

次の立体の体積を底面積×高さの式で求めましょう。

① 円柱の半分 式 4×4×3.14÷2=25.12
25.12×8=200.96 答え 200.96cm³

② 〈例〉3+2=5
3×5=15
3×2=6
15+6=21
21×6=126 答え 126cm³

③ 式 6×6×3.14÷2=56.52
3×3×3.14÷2=14.13
56.52−14.13=42.39
42.39×10=423.9 答え 423.9cm³

60

P.61

ふりかえりテスト 角柱と円柱の体積 名前

1 角柱，円柱の体積を求める公式を書きましょう。

角柱・円柱の体積＝底面積×高さ

2 次の角柱の体積を求めましょう。

① 式 5×4×9=180 答え 180cm³

② 式 4×6÷2=12
12×10=120 答え 120cm³

③ 式 (8+4)×2÷2=12
12×15=180 答え 180cm³

④ 底面がひし形 式 9×3×2÷2=27
27×8=216 答え 216cm³

3 次の立体の体積を求めましょう。

① 式 4÷2=2
2×2×3.14=12.56
12.56×20=251.2 答え 251.2cm³

② 底面は半円 式 20÷2=10
10×10×3.14÷2=157
157×10=1570 答え 1570cm³

4 底面積×高さの式で体積を求めましょう。

① 〈例〉6×3=18
6−2−3=1
1×2=2
18−2=16
16×5=80 答え 80cm³

② 底面積は5×5の正方形が6個あると考える。
5×5×6=150
150×10=1500 答え 1500m³

61

P.62

およその面積と体積 (1)
面積　名前

1 右のような形の畑があります。ほぼ三角形とみて，およその面積を求めましょう。

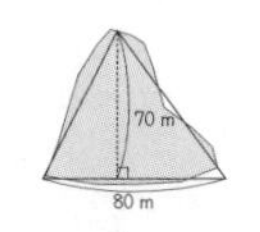

式 $80 \times 70 \div 2 = 2800$

答え 約2800㎡

2 右の図は，ある池の形です。ほぼ台形と考えて，およその面積を求めましょう。

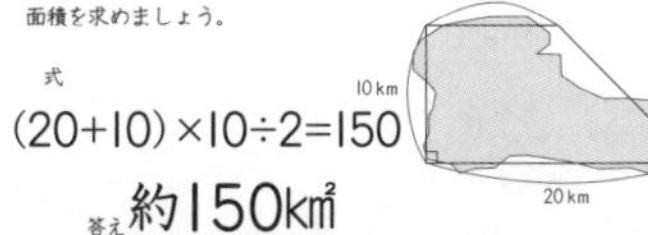

式 $(20+10) \times 10 \div 2 = 150$

答え 約150㎢

3 右の図は，島の地図です。島の形をほぼ平行四辺形とみて，およその面積を求めましょう。

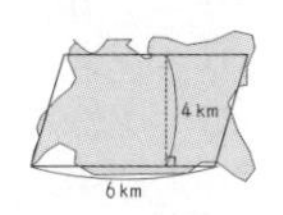

式 $6 \times 4 = 24$

答え 約24㎢

およその面積と体積 (2)
面積　名前

1 右の図は，ある庭の形です。ほぼひし形とみて，およその面積を求めましょう。

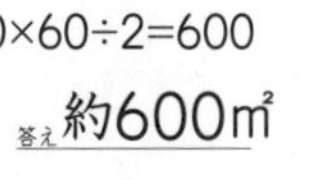

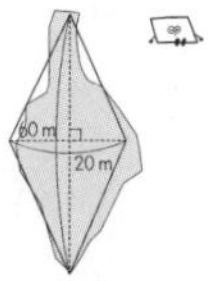

式 $20 \times 60 \div 2 = 600$

答え 約600㎡

2 右の図は，ある島の形です。ほぼ円とみて，およその面積を求めましょう。

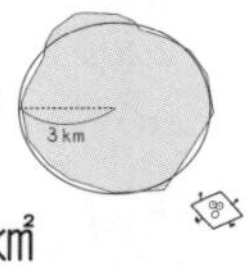

式 $3 \times 3 \times 3.14 = 28.26$

答え 約28.26㎢

3 右の図は，イチョウの葉です。ほぼ半円とみて，およその面積を求めましょう。

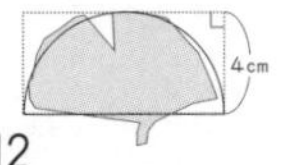

式 $4 \times 4 \times 3.14 \div 2 = 25.12$

答え 約25.12㎠

P.63

およその面積と体積 (3)
面積　名前

次の立体のおよその容積や体積を求めましょう。

① かんづめ

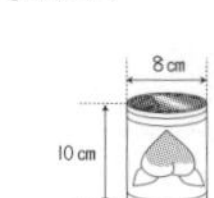

式 $8 \div 2 = 4$
$4 \times 4 \times 3.14 = 502.4$

答え 約502.4㎤

② かばん

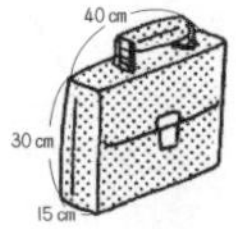

式 $15 \times 40 \times 30 = 18000$

答え 約18000㎤

③ バウムクーヘン（外周りの円の直径は 20cm，真ん中に直径6cm の あながあり，高さは 10cm です。）

$20 \div 2 = 10$　$6 \div 2 = 3$　$10 \times 10 \times 3.14 = 314$
$3 \times 3 \times 3.14 = 28.26$　$314 - 28.26 = 285.74$
$285.74 \times 10 = 2857.4$

答え 約2857.4㎤

およその面積と体積 (4)
面積　名前

次の立体のおよその容積や体積を求めましょう。

① ケーキを三角柱とみて

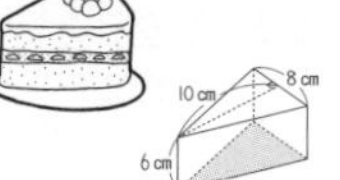

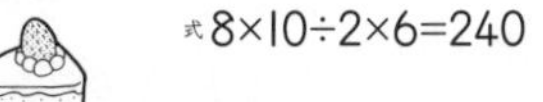

式 $8 \times 10 \div 2 \times 6 = 240$

答え 約240㎤

② 石油タンク（円の直径 40m，円柱の高さ 30m）

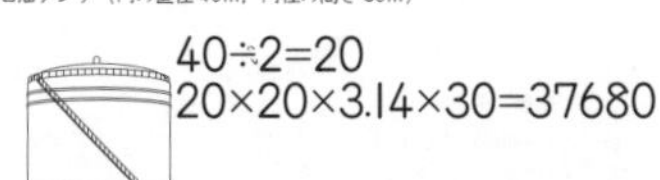

$40 \div 2 = 20$
$20 \times 20 \times 3.14 \times 30 = 37680$

約37680㎥

③ かまぼこ（底面を半円と考えましょう。）

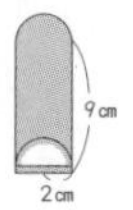

式 $2 \times 2 \times 3.14 \div 2 = 6.28$
$6.28 \times 9 = 56.52$

答え 約56.52㎤

P.64

比例 (1)
名前

次の２つの量で，y が x に比例しているのはどれですか。比例しているものは，□に○を書きましょう。

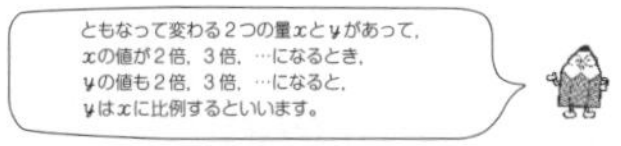

ともなって変わる２つの量 x と y があって，
x の値が２倍，３倍，…になるとき，
y の値も２倍，３倍，…になると，
y は x に比例するといいます。

① 立方体の１辺の長さ x cm と体積 y cm³

□

１辺の長さ x (cm)	1	2	3	4	5
体　積　y (cm³)	1	8	27	64	125

② 時速40kmで走る自動車の走った時間 x 時間と道のり y km

○

時　間　x (時間)	1	2	3	4	5
道のり　y (km)	40	80	120	160	200

③ 底辺の長さが5cmの平行四辺形の高さ x cm と面積 y cm²

○

高　さ　x (cm)	1	2	3	4	5
面　積　y (cm²)	5	10	15	20	25

④ 直方体の水そうに水を入れる時間 x 分とたまった水の深さ y cm

○

時　間　x (分)	1	2	3	4	5
水の深さ y (cm)	3	6	9	12	15

比例 (2)
名前

1 水そうに，１分間に 2.5cm の深さで水を入れます。

① 下の表を完成させましょう。

水を入れる時間と深さ

水を入れる時間 x (分)	1	2	3	4	5	6	7	8
水の深さ y (cm)	2.5	5	7.5	10	12.5	15	17.5	20

② x（水を入れる時間）が１分ふえると，y（水の深さ）は何 cm ふえますか。

答え 2.5cm

③ x と y の関係を式に表しましょう。

$y = 2.5 \times x$

④ 水を入れ始めて 14 分後には，水の深さは何 cm になっていますか。

式 $2.5 \times 14 = 35$　答え 35cm

⑤ 水の深さが 30cm になるのは，水を入れ始めて何分後ですか。

式 $30 \div 2.5 = 12$　答え 12分後

2 高速道路を時速 60km で走る自動車があります。

① 時間と道のりの関係を表に書きましょう。

時速 60km で走ったときの時間と道のり

時間 x (時間)	1	2	3	4	5	6	7	8
道のり y (km)	60	120	180	240	300	360	420	480

② x と y の関係を式に表しましょう。

$y = 60 \times x$

③ 4.5 時間では，何 km 走っていますか。

式 $60 \times 4.5 = 270$　答え 270km

④ 150km 走るには，何時間かかりますか。

式 $150 \div 60 = 2.5$　答え 2.5時間

P.65

比例 (3)
名前

1 直方体の水そうに水を入れます。水１L では深さ４cm まで水が入ります。

① 下の表を完成させましょう。

水を入れる量と深さ

水の量　x (L)	1	2	3	4	5	6	7	8
水の深さ y (cm)	4	8	12	16	20	24	28	32

② x と y の関係を式で表しましょう。

$y = 4 \times x$

③ ②の式で□に入ったきまった数は，何を表していますか。

答え 1L 入れたときにふえる水の深さ

④ ②の式を使って，水の量が 14L，16L のときの深さ y を求めましょう。

㋐ 14L では

式 $4 \times 14 = 56$　答え 56cm

㋑ 16L では

式 $4 \times 16 = 64$　答え 64cm

⑤ 水の深さが 48cm のとき，水の量は何L ですか。②の式を使って求めましょう。

式 $48 \div 4 = 12$　答え 12L

比例 (4)
名前

1 正三角形の１辺の長さを x cm，周りの長さを y cm として答えましょう。

① 表を完成させましょう。

正三角形の１辺の長さと周りの長さ

１辺の長さ x (cm)	1	2	3	4	5	6
周りの長さ y (cm)	3	6	9	12	15	18

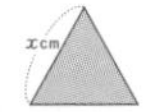

② x と y の関係を式に表しましょう。

$y = x \times 3$

③ ②の式で，きまった数は何を表していますか。

きまった数は（正三角形の辺の数）を表している。

④ 式を使って，１辺が次の長さのときの周りの長さを求めましょう。

㋐ 4.5cm では　式 $4.5 \times 3 = 13.5$　答え 13.5cm

㋑ 7.5cm では　式 $7.5 \times 3 = 22.5$　答え 22.5cm

2 １m あたり 5kg の鉄の棒があります。棒の長さと重さは比例します。

① 表を完成させましょう。

棒の長さと重さ

長さ x (m)	1	2	3	4	5	6	7	8
重さ y (kg)	5	10	15	20	25	30	35	40

② x と y の関係を式で表しましょう。

$y = x \times 5$

3 次の x と y の関係を，表と式に表しましょう。また，式のきまった数は何を表していますか。

円の直径 x cm と，円周 y cm

直径 x (cm)	1	2	3	4	5
円周 y (cm)	3.14	6.28	9.42	12.56	15.7

$y = x \times 3.14$

きまった数は（円周率）を表している。

解答

児童に実施させる前に，必ず指導される方が問題を解いてください。本書の解答は，あくまでも１つの例です。指導される方の作られた解答をもとに，本書の解答例を参考に児童の多様な考えに寄り添って○つけをお願いします。

P.66

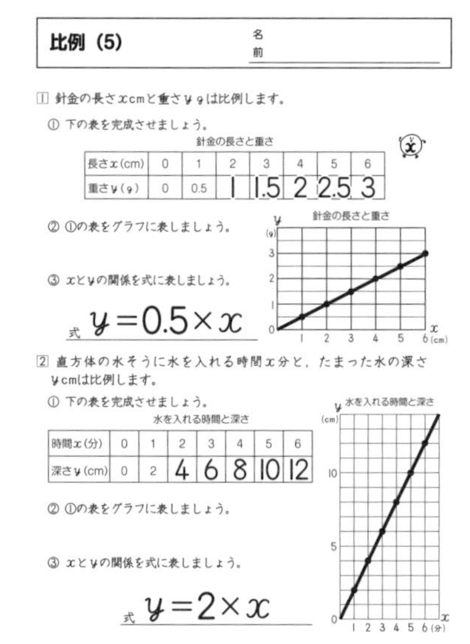

比例（5） 名前

□1 針金の長さ$x$cmと重さygは比例します。

① 下の表を完成させましょう。

針金の長さと重さ

長さx(cm)	0	1	2	3	4	5	6
重さy(g)	0	0.5	1	1.5	2	2.5	3

② ①の表をグラフに表しましょう。

③ xとyの関係を式に表しましょう。

式 $y=0.5\times x$

□2 直方体の水そうに水を入れる時間x分と，たまった水の深さ$y$cmは比例します。

① 下の表を完成させましょう。

水を入れる時間と深さ

時間x(分)	0	1	2	3	4	5	6
深さy(cm)	0	2	4	6	8	10	12

② ①の表をグラフに表しましょう。

③ xとyの関係を式に表しましょう。

式 $y=2\times x$

比例（6） 名前

■ 次の表は，自転車で走る時間x時間と道のり$y$kmの関係を表しています。

① 下の表を完成させましょう。

自転車で走る時間と道のり

時　間x(時間)	0	0.5	1	1.5	2	2.5	3	3.5	4
道のりy(km)	0	4	8	12	16	20	24	28	32

② 表をグラフに表しましょう。

時間と道のり

③ xとyの関係を式に表しましょう。

式 $y=8\times x$

④ 2.5時間（2時間30分）走ったときの道のりは何kmですか。グラフから読みとりましょう。

答え 20km

⑤ 36km走るには何時間かかりますか。③の式を使って求めましょう。

式 $36\div8=4.5$

答え 4.5時間

P.67

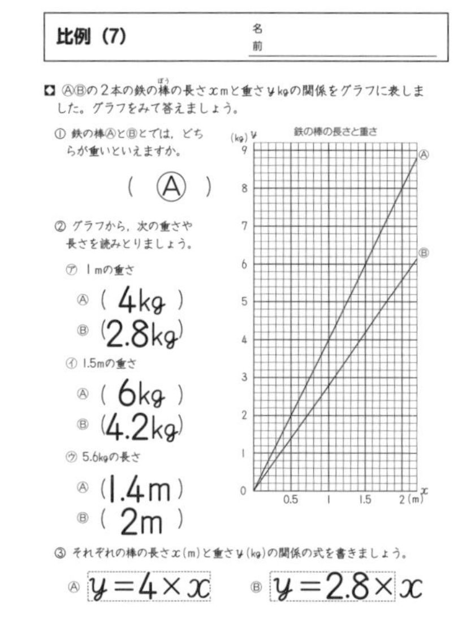

比例（7） 名前

■ Ⓐ Ⓑの2本の鉄の棒の長さxmと重さ$y$kgの関係をグラフに表しました。グラフをみて答えましょう。

① 鉄の棒ⒶとⒷとでは，どちらが重いといえますか。

（ Ⓐ ）

② グラフから，次の重さや長さを読みとりましょう。

㋐ 1mの重さ
Ⓐ（ 4kg ）
Ⓑ（ 2.8kg ）

㋑ 1.5mの重さ
Ⓐ（ 6kg ）
Ⓑ（ 4.2kg ）

㋒ 5.6kgの長さ
Ⓐ（ 1.4m ）
Ⓑ（ 2m ）

③ それぞれの棒の長さx(m)と重さy(kg)の関係の式を書きましょう。

Ⓐ $y=4\times x$　Ⓑ $y=2.8\times x$

比例（8） 名前

■ 3本の金ぞくの棒Ⓐ，Ⓑ，Ⓒの長さxmと重さ$y$kgの関係を表したグラフをみて答えましょう。

棒の長さと重さ

□1 グラフから，次の長さや重さを読みとりましょう。

① 1mのとき
Ⓐの重さ 2.4kg
Ⓑの重さ 2kg
Ⓒの重さ 1.5kg

② 2mのとき
Ⓑの重さ 4kg
Ⓒの重さ 3kg

③ 6kgのとき
Ⓐの長さ 2.5m
Ⓑの長さ 3m

□2 Ⓐ，Ⓑ，Ⓒのxとyの関係を式に表しましょう。

Ⓐ $y=2.4\times x$
Ⓑ $y=2\times x$
Ⓒ $y=1.5\times x$

□3 4.8mのとき，それぞれの重さは何kgですか。□2の式から求めましょう。

Ⓐ $2.4\times4.8=11.52$　答え 11.52kg
Ⓑ $2\times4.8=9.6$　答え 9.6kg
Ⓒ 式 $1.5\times4.8=7.2$　答え 7.2kg

P.68

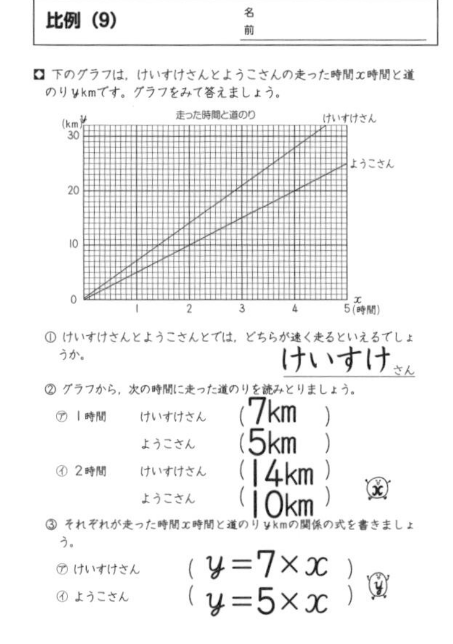

比例（9） 名前

■ 下のグラフは，けいすけさんとようこさんの走った時間x時間と道のり$y$kmです。グラフをみて答えましょう。

① けいすけさんとようこさんとでは，どちらが速く走るといえるでしょうか。

けいすけさん

② グラフから，次の時間に走った道のりを読みとりましょう。

㋐ 1時間　けいすけさん（ 7km ）　ようこさん（ 5km ）
㋑ 2時間　けいすけさん（ 14km ）　ようこさん（ 10km ）

③ それぞれが走った時間x時間と道のり$y$kmの関係の式を書きましょう。

㋐ けいすけさん（ $y=7\times x$ ）
㋑ ようこさん（ $y=5\times x$ ）

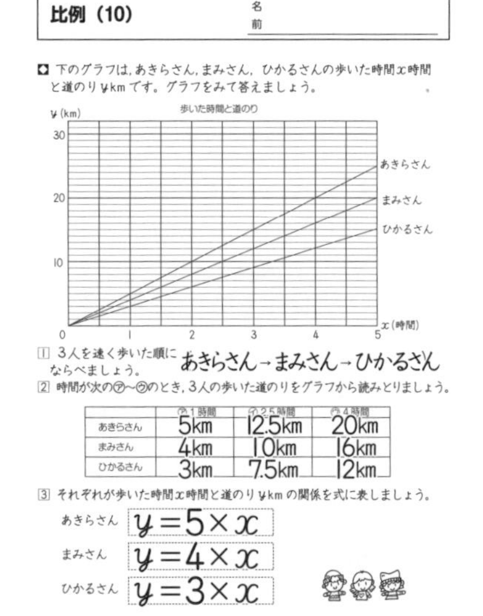

比例（10） 名前

■ 下のグラフは，あきらさん，まみさん，ひかるさんの歩いた時間x時間と道のり$y$kmです。グラフをみて答えましょう。

□1 3人を速く歩いた順にならべましょう。

あきらさん→まみさん→ひかるさん

□2 時間が次の㋐〜㋒のとき，3人の歩いた道のりをグラフから読みとりましょう。

	㋐1時間	㋑2.5時間	㋒4時間
あきらさん	5km	12.5km	20km
まみさん	4km	10km	16km
ひかるさん	3km	7.5km	12km

□3 それぞれが歩いた時間x時間と道のり$y$kmの関係を式に表しましょう。

あきらさん $y=5\times x$
まみさん $y=4\times x$
ひかるさん $y=3\times x$

P.69

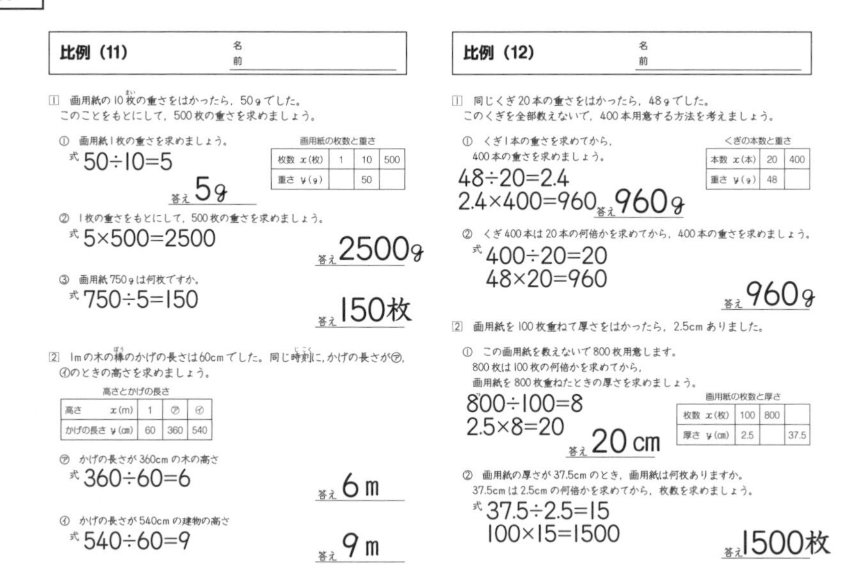

比例（11） 名前

□1 画用紙の10枚の重さをはかったら，50gでした。このことをもとにして，500枚の重さを求めましょう。

画用紙の枚数と重さ

枚数 x(枚)	1	10	500
重さ y(g)		50	

① 画用紙1枚の重さを求めましょう。

式 $50\div10=5$　答え 5g

② 1枚の重さをもとにして，500枚の重さを求めましょう。

式 $5\times500=2500$　答え 2500g

③ 画用紙750gは何枚ですか。

式 $750\div5=150$　答え 150枚

□2 1mの木の棒のかげの長さは60cmでした。同じ時刻に，かげの長さが㋐，㋑のときの高さを求めましょう。

高さとかげの長さ

高さ　x(m)	1	㋐	㋑
かげの長さ y(cm)	60	360	540

㋐ かげの長さが360cmの木の高さ

式 $360\div60=6$　答え 6m

㋑ かげの長さが540cmの建物の高さ

式 $540\div60=9$　答え 9m

比例（12） 名前

□1 同じくぎ20本の重さをはかったら，48gでした。このくぎを全部数えないで，400本用意する方法を考えましょう。

くぎの本数と重さ

本数 x(本)	20	400
重さ y(g)	48	

① くぎ1本の重さを求めてから，400本の重さを求めましょう。

$48\div20=2.4$
$2.4\times400=960$　答え 960g

② くぎ400本は20本の何倍かを求めてから，400本の重さを求めましょう。

式 $400\div20=20$
$48\times20=960$　答え 960g

□2 画用紙を100枚重ねて厚さをはかったら，2.5cmありました。

① この画用紙を数えないで800枚用意します。800枚は100枚の何倍かを求めてから，画用紙を800枚重ねたときの厚さを求めましょう。

画用紙の枚数と厚さ

枚数 x(枚)	100	800	
厚さ y(cm)	2.5		37.5

$800\div100=8$
$2.5\times8=20$　答え 20cm

② 画用紙の厚さが37.5cmのとき，画用紙は何枚ありますか。37.5cmは2.5cmの何倍かを求めてから，枚数を求めましょう。

式 $37.5\div2.5=15$
$100\times15=1500$　答え 1500枚

児童に実施させる前に，必ず指導される方が問題を解いてください。本書の解答は，あくまでも１つの例です。指導される方の作られた解答をもとに，本書の解答例を参考に児童の多様な考えに寄り添って○つけをお願いします。

解答

P.70

反比例（1）

名前

◘ 面積が36cm²の長方形について，縦の長さ$x$cmと横の長さ$y$cmの変わり方を調べましょう。

4cm　9cm　6cm　6cm

面積が36cm²の長方形の縦と横の長さ

縦の長さx(cm)	1	2	3	4	6	9	12	18	36
横の長さy(cm)	36	18	12	9	6	4	3	2	1

① 上の表を完成させましょう。

② 面積がきまっているとき，縦と横の長さの関係はどうなりますか。□にあてはまることばや数を書きましょう。

縦の長さ$x$cmが２倍，３倍，…になると，横の長さ$y$cmは $\frac{1}{2}$ 倍，$\frac{1}{3}$ 倍，…になっています。

また，縦の長さ$x$cmと横の長さ$y$cmをかけると，いつもきまった数の 36 になります。

このとき，yはxに 反比例 するといいます。

③ □に数を入れて，xとyの関係を式に表しましょう。

$x \times y =$ 36　または　$y =$ 36 $\div x$

反比例（2）

名前

◘ 深さが60cmの水そうに水を入れるときの，1分あたりに入る水の深さ$x$cmと水を入れる時間y分について調べましょう。

深さが60cmの水そうの水の深さ$x$cmと水を入れる時間y分

1分あたりに入る水の深さx(cm)	1	2	3	4	5	6
水を入れる時間y(分)	60	30	20	15	12	10

① 上の表を完成させましょう。

② 水の深さが2倍，3倍になると，水を入れる時間はどうなっていますか。

答え $\frac{1}{2}$倍，$\frac{1}{3}$倍になる

③ 水の深さと水を入れる時間をかけると決まった数になります。その数は何ですか。下の式に数字を書きましょう。

$x \times y =$ 60

④ 上の式から，yをxの式で表しましょう。

$y =$ 60 $\div x$

⑤ ④の式を使って，xが次の値のときのyの値を求めましょう。

（ア）xの値が15のとき

式 60÷15=4　　答え 4分

（イ）xの値が2.5のとき

式 60÷2.5=24　　答え 24分

P.71

反比例（3）

名前

◘ 面積が24cm²の長方形の，縦の長さ$x$cmと，横の長さ$y$cmの関係をグラフと式に表しましょう。

面積が24cm²の長方形の縦と横の長さ

縦の長さx(cm)	1	2	3	4	6	8	12	24
横の長さy(cm)	24	12	8	6	4	3	2	1

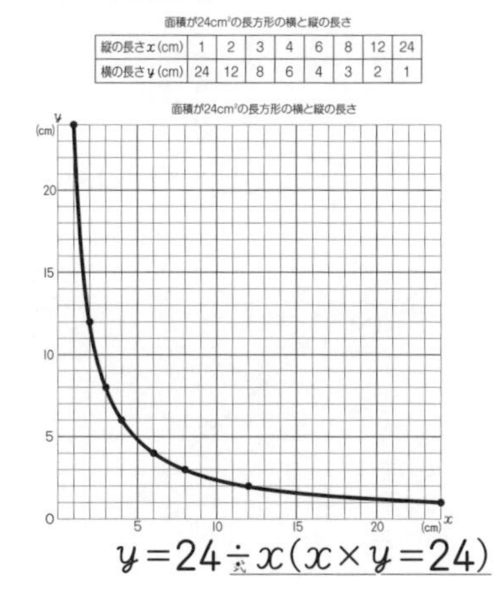

式 $y=24\div x$（$x \times y=24$）

反比例（4）

名前

◘ 36kmの道のりを進むときの，時速$x$kmと時間y時間の関係を調べます。下の表を完成させ，xとyの関係をグラフに表しましょう。

36kmの道のりを進むときの時速$x$kmと時間y時間の関係

時速x(km)	1	2	3	4	6	9	12	18	36
時間y(時間)	36	18	12	9	6	4	3	2	1

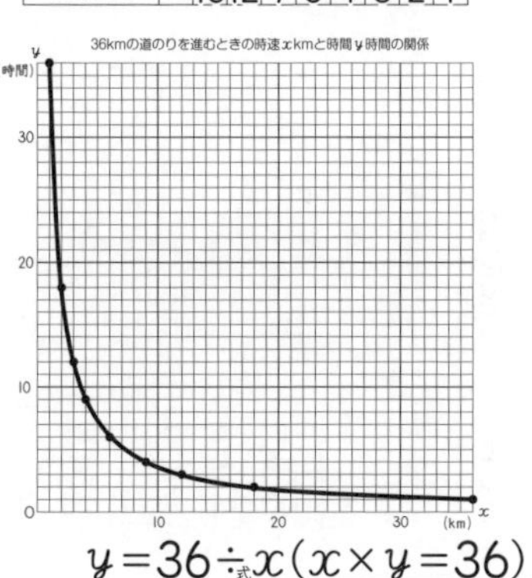

式 $y=36\div x$（$x \times y=36$）

P.72

反比例（5）

名前

◘ 40m³の水そうに1時間あたりに入る水の量xm³と，水を入れる時間y時間について調べましょう。

① 表を完成させましょう。

1時間に入れる水の量とかかる時間

1時間に入れる水の量x(m³)	1	2	4	5	8	10	20	40
かかる時間y(時間)	40	20	10	8	5	4	2	1

② xとyの関係　を式に表しましょう。

$y=40\div x$（$x \times y=40$）

③ xとyの関係をグラフに表しましょう。

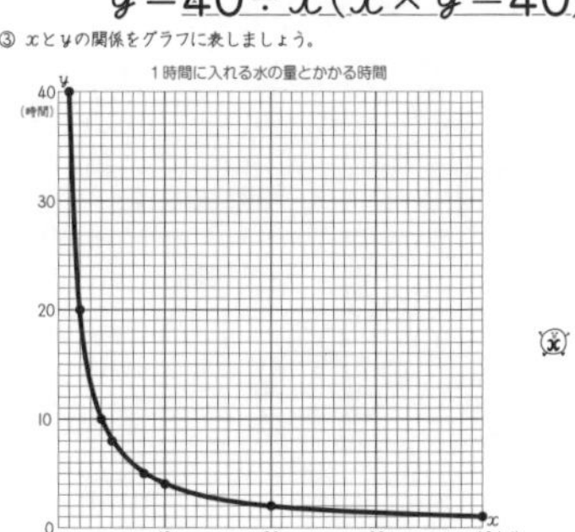

反比例（6）

名前

◘ 次の①～⑩のうち，ともなって変わる２つの量が比例しているものはどれでしょうか。また，反比例しているものはどれでしょうか。

比例しているものには㋪を，反比例しているものには㋩を，どちらでもないものには×を，（　）に書きましょう。

（×）① 立方体の１辺の長さと体積

（×）② ある人の年れいと身長

（は）③ 三角形の面積が10cm²にきまっているときの底辺と高さ

（×）④ 買い物をしたときの代金とおつり

（は）⑤ 180Lのおふろに，１分間に入れる水の量と，いっぱいになるのにかかる時間

（ひ）⑥ 銅線の長さと重さ

（は）⑦ 100kmを進むときの，速さとかかる時間

（ひ）⑧ 時速40kmの自動車の，走った時間と道のり

（×）⑨ １日のうち起きている時間とねている時間

（ひ）⑩ 三角形の底辺が４cmにきまっているときの高さと面積

P.73

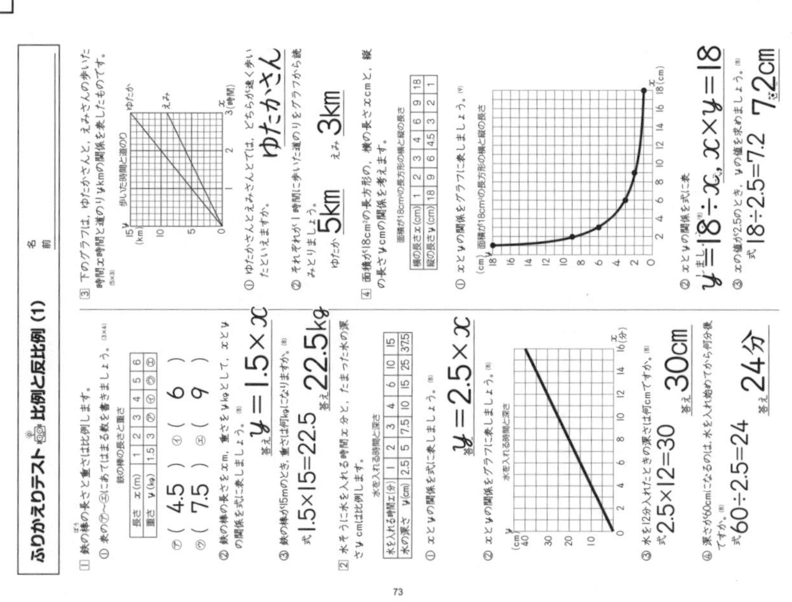

解答

児童に実施させる前に，必ず指導される方が問題を解いてください。本書の解答は，あくまでも１つの例です。指導される方の作られた解答をもとに，本書の解答例を参考に児童の多様な考えに寄り添って○つけをお願いします。

P.74

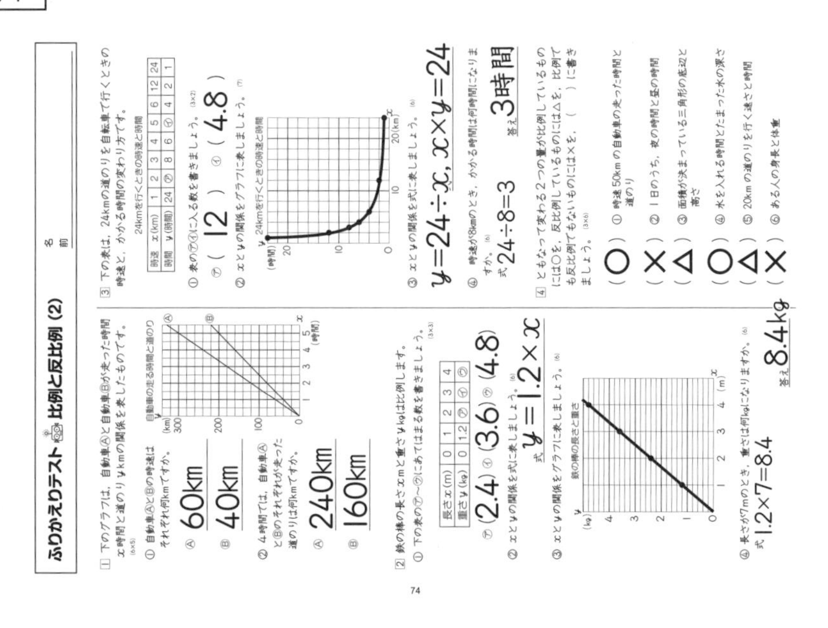

ふりかえりテスト 比例と反比例 (2)　名前

1 下のグラフは，自動車Ⓐと自動車Ⓑが走った時間x時間と，かかる道のりykmの関係を表したものです。

① 自動車ⒶとⒷの時速はそれぞれ何kmですか。　Ⓐ 60km　Ⓑ 40km

② 4時間では，自動車ⒶとⒷのそれぞれが走った道のりは何kmですか。　Ⓐ 240km　Ⓑ 160km

2 鉄の棒の長さxmと重さykgは比例します。

① 下の表の㋐〜㋒にあてはまる数を書きましょう。

長さx(m)	0	1	2	3	4
重さy(kg)	0	1.2	㋐	㋑	㋒

㋐ 2.4　㋑ 3.6　㋒ 4.8

② xとyの関係を式に表しましょう。　$y=1.2\times x$

③ xとyの関係をグラフに表しましょう。

④ 長さが7mのとき，重さは何kgになりますか。　式 $1.2\times7=8.4$　答え 8.4kg

3 下の表は，24kmの道のりを自転車で行くときの時速と，かかる時間の関係を表したものです。

時速x(km)	1	2	3	4	5	6	12	24
時間y(時間)	24	㋐	8	6	㋑	4	2	1

① 表の㋐㋑に入る数を書きましょう。　㋐(12)　㋑(4.8)

② xとyの関係をグラフに表しましょう。

③ xとyの関係を式に表しましょう。　$y=24\div x$, $x\times y=24$

④ 時速が8kmのとき，かかる時間は何時間になりますか。　式 $24\div8=3$　答え 3時間

4 ともなって変わる2つの量が比例しているものには○を，反比例しているものには△を，比例でも反比例でもないものには×を（ ）に書きましょう。

① 時速50kmの自動車の走った時間と道のり　(○)

② 1日のうち，昼の時間と夜の時間　(×)

③ 面積が決まっている三角形の底辺と高さ　(△)

④ 水を入れる時間とたまった水の深さ　(○)

⑤ 20kmの道のりを行く速さと時間　(△)

⑥ ある人の身長と体重　(×)

74

P.75

並べ方と組合せ方 (1)　名前

1 あきら，ゆうと，こうきの3人でリレーのチームをつくりました。走る順番は，何通りあるでしょうか。

① あきらはⓐ，ゆうとはⓨ，こうきはⓒとして，図にかいて考えましょう。

あきらが第1走者：あ－ゆ－こ，あ－こ－ゆ
ゆうとが第1走者：ゆ－あ－こ，ゆ－こ－あ
こうきが第1走者：こ－あ－ゆ，こ－ゆ－あ

② 3人で走る順番は，全部で何通りあるでしょうか。　(6)通り

2 かなみ，まりさ，ゆかの3人がならんで写真をとってもらいます。ならび方は，何通りあるでしょうか。

① かなみはⓚ，まりさはⓜ，ゆかはⓨとして，図にかいて考えましょう。

か－ま－ゆ，か－ゆ－ま
ま－か－ゆ，ま－ゆ－か
ゆ－か－ま，ゆ－ま－か

② 3人のならび方は，全部で何通りあるでしょうか。　(6)通り

並べ方と組合せ方 (2)　名前

1 なつみ，けいと，ゆか，たかしの4人でリレーのチームを作りました。4人の走る順番の決め方を考えましょう。

① なつみが第1走者になる場合を，下の図に表しましょう。

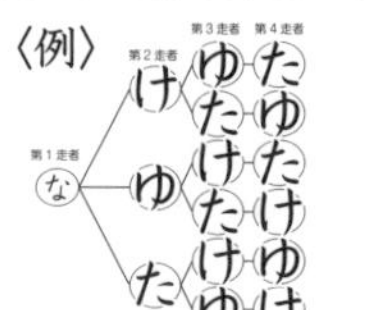

② なつみが第1走者になる場合，何通りの決め方がありますか。　(6)通り

③ 4人チームの走る順番は，全部で何通りあるでしょうか。　(24)通り

2 A，B，C，D，Eの5人が，5人がけのベンチにならんですわります。5人のすわり方は何通りあるか考えます。

① Aがいちばん右側にすわる場合は，何通りあるでしょうか。　(24)通り

② 5人のすわり方は，全部で何通りありますか。

120通り

75

P.76

並べ方と組合せ方 (3)　名前

1 3 7 9の3枚のカードをならべて，3けたの整数をつくります。

① 3を百の位にした場合，何通りになるかを調べましょう。

百の位 3 － 十の位 7 － 一の位 9
百の位 3 － 十の位 9 － 一の位 7

(2)通り

② 全部で何通りの整数ができますか。　(6)通り

2 2 4 7 9の4枚のカードをならべて，3けたの整数をつくります。

① 2を百の位にした場合，何通りになるかを調べましょう。

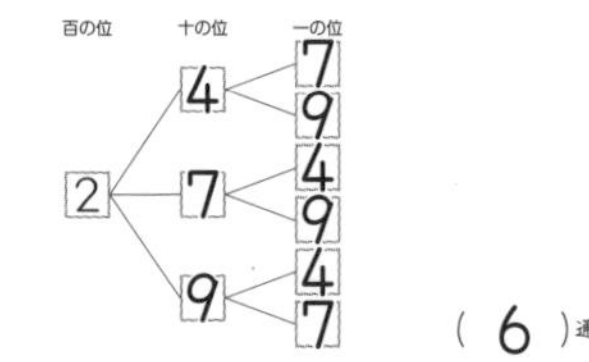

(6)通り

② 全部で何通りの整数ができますか。　(24)通り

76

並べ方と組合せ方 (4)　名前

1 コインを3回続けて投げます。表と裏の出方は何通りあるか調べましょう。

① 表を○，裏を●として，1回目が表のときの図を完成させましょう。

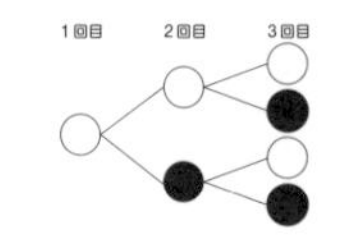

② 全部で何通りの組み合わせができますか。　(8)通り

2 まりなさんは，両親と姉の4人でドライブに行くことになりました。4人乗りの乗用車でドライブに行くとき，4人の座席のすわり方は何通りあるでしょうか。（運転できるのは，お父さんとお母さんです）

① お父さんが運転する場合，何通りのすわり方があるか，図にかいて考えましょう。

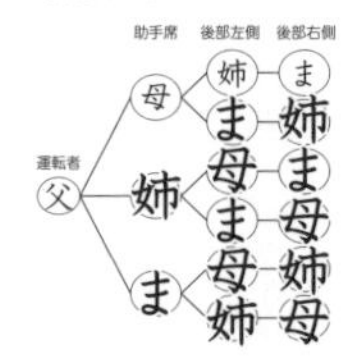

② お父さんが運転する場合，何通りのすわり方ができますか。　(6)通り

③ 全部で何通りのすわり方ができますか。　(12)通り

P.77

並べ方と組合せ方 (5)　名前

1 いちや，にこ，みなみ，しろうの4人でバドミントンをします。全員がちがった相手と1回ずつ対戦します。

① 右の表に○や×をかき入れて，組み合わせを考えましょう。

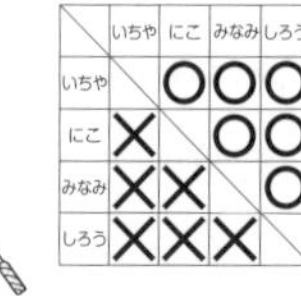

	いちや	にこ	みなみ	しろう
いちや		○	○	○
にこ	×		○	○
みなみ	×	×		○
しろう	×	×	×	

② 全部で何通りの組み合わせができますか。　(6)通り

2 A，B，C，D，E，Fの6人でテニスをします。全員がちがった相手と1回ずつ対戦します。

① 右の表に○や×をかき入れて，組み合わせを考えましょう。

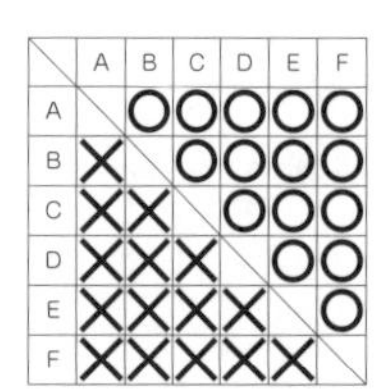

	A	B	C	D	E	F
A		○	○	○	○	○
B	×		○	○	○	○
C	×	×		○	○	○
D	×	×	×		○	○
E	×	×	×	×		○
F	×	×	×	×	×	

② 全部で何通りの組み合わせができますか。　(15)通り

77

並べ方と組合せ方 (6)　名前

1 バニラ，ストロベリー，チョコレート，バナナ，メロンの5種類のアイスクリームの中から，ちがう種類の2つを選びます。

① どんな組み合わせがあるか，表を完成させましょう。

〈例〉

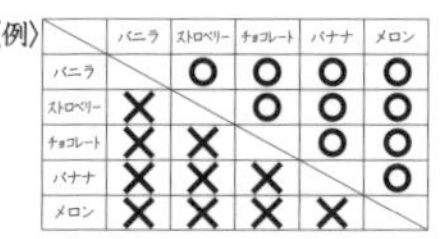

	バニラ	ストロベリー	チョコレート	バナナ	メロン
バニラ		○	○	○	○
ストロベリー	×		○	○	○
チョコレート	×	×		○	○
バナナ	×	×	×		○
メロン	×	×	×	×	

② 選び方は，全部で何通りありますか。　(10)通り

2 1円玉，10円玉，50円玉，100円玉が1枚ずつあります。その中から2枚取り出してできる組み合わせを調べましょう。

① 下の表に，取り出す2枚に○をつけ，そのときの2枚の合計金額も書きましょう。

例　〈例〉

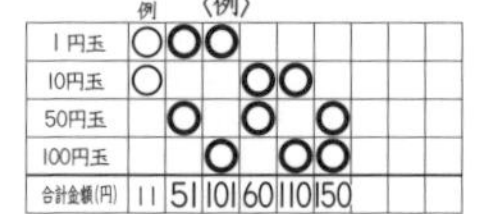

1円玉	○	○	○			
10円玉	○			○	○	
50円玉		○		○		○
100円玉			○		○	○
合計金額(円)	11	51	101	60	110	150

② 全部で何通りの組み合わせがありますか。　(6)通り

P.78

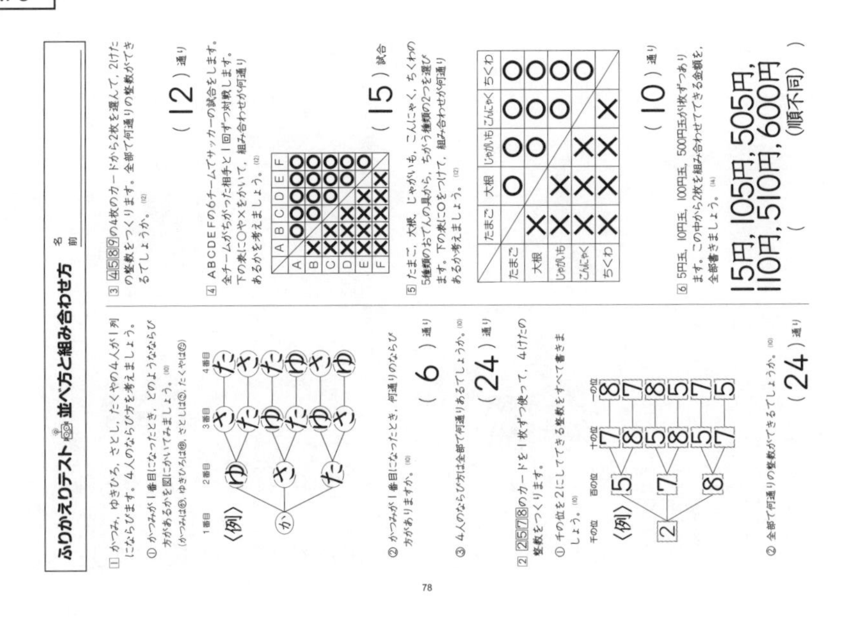

ふりかえりテスト 並べ方と組み合わせ方

名前

1 かつみ，ゆきひろ，さとし，たくやの4人が1列にならびます。4人のならび方を考えましょう。

① かつみが1番目になったとき，どのようなならび方があるかを図にかいてみましょう。(10)
(かつみは㋕，ゆきひろは㋒，さとしは㋚，たくやは㋟)

〈例〉 1番目 か → 2番目 ゆ（3番目 さ・4番目 た／3番目 た・4番目 さ），2番目 さ（3番目 た・4番目 ゆ／3番目 ゆ・4番目 た），2番目 た（3番目 ゆ・4番目 さ／3番目 さ・4番目 ゆ）

② かつみが1番目になったとき，何通りのならび方がありますか。(10)
（ 6 ）通り

③ 4人のならび方は全部で何通りあるでしょうか。(10)
（ 24 ）通り

2 2578のカードを1枚ずつ使って，4けたの整数をつくります。

① 千の位を2にしてできる整数をすべて書きましょう。(10)

〈例〉 千の位 2 → 百の位 5（十の位 7・一の位 8／十の位 8・一の位 7），百の位 7（十の位 5・一の位 8／十の位 8・一の位 5），百の位 8（十の位 5・一の位 7／十の位 7・一の位 5）

② 全部で何通りの整数ができるでしょうか。(10)
（ 24 ）通り

3 4589の4枚のカードから2枚を選んで，2けたの整数をつくります。全部で何通りの整数ができるでしょうか。(12)
（ 12 ）通り

4 ABCDEFの6チームでサッカーの試合をします。全チームがちがった相手と1回ずつ対戦します。下の表に○や×をかいて，組み合わせが何通りあるかを考えましょう。(12)

	A	B	C	D	E	F
A		○	○	○	○	○
B	×		○	○	○	○
C	×	×		○	○	○
D	×	×	×		○	○
E	×	×	×	×		○
F	×	×	×	×	×	

（ 15 ）試合

5 たまご，大根，じゃがいも，こんにゃく，ちくわの5種類のおでんの具から，ちがう種類の2つを選びます。下の表に○をつけて，組み合わせが何通りあるか考えましょう。(12)

	たまご	大根	じゃがいも	こんにゃく	ちくわ
たまご		○	○	○	○
大根	×		○	○	○
じゃがいも	×	×		○	○
こんにゃく	×	×	×		○
ちくわ	×	×	×	×	

（ 10 ）通り

6 5円玉，10円玉，100円玉，500円玉が1枚ずつあります。この中から2枚を組み合わせてできる金額を，全部書きましょう。(14)
（ 15円，105円，505円，110円，510円，600円 (順不同) ）

78

P.79

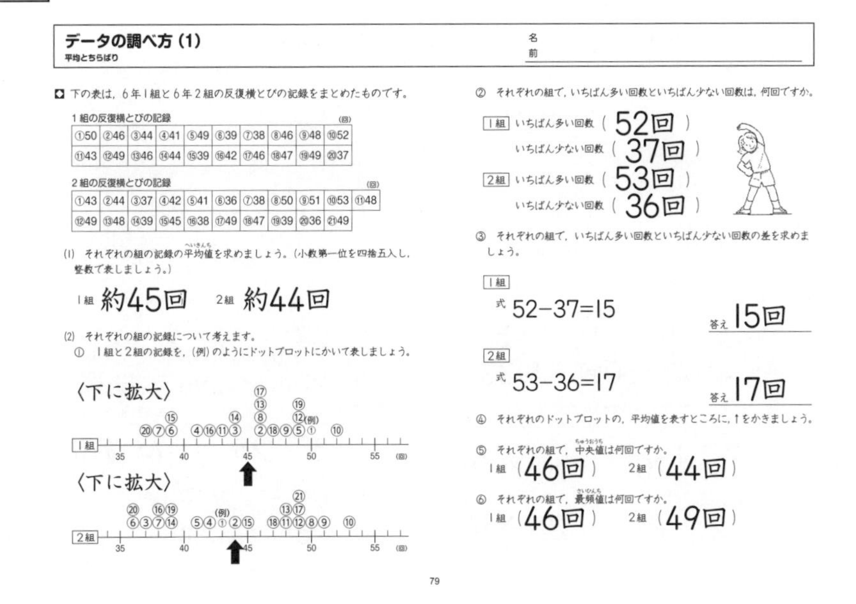

データの調べ方 (1)

平均とちらばり

名前

下の表は，6年1組と6年2組の反復横とびの記録をまとめたものです。

1組の反復横とびの記録 (回)

①50	②46	③44	④41	⑤49	⑥39	⑦38	⑧46	⑨48	⑩52
⑪43	⑫49	⑬46	⑭44	⑮39	⑯42	⑰46	⑱47	⑲49	⑳37

2組の反復横とびの記録 (回)

①43	②44	③37	④42	⑤41	⑥36	⑦38	⑧50	⑨51	⑩53	⑪48
⑫49	⑬48	⑭39	⑮45	⑯38	⑰49	⑱47	⑲39	⑳36	㉑49	

(1) それぞれの組の記録の平均値を求めましょう。(小数第一位を四捨五入し，整数で表しましょう。)

1組 約45回　2組 約44回

(2) それぞれの組の記録について考えます。
① 1組と2組の記録を，(例)のようにドットプロットにかいて表しましょう。

〈下に拡大〉

② それぞれの組で，いちばん多い回数といちばん少ない回数は，何回ですか。

1組 いちばん多い回数 (52回)
いちばん少ない回数 (37回)
2組 いちばん多い回数 (53回)
いちばん少ない回数 (36回)

③ それぞれの組で，いちばん多い回数といちばん少ない回数の差を求めましょう。

1組 式 52−37=15　答え 15回
2組 式 53−36=17　答え 17回

④ それぞれのドットプロットの，平均値を表すところに，↑をかきましょう。

⑤ それぞれの組で，中央値は何回ですか。
1組 (46回)　2組 (44回)

⑥ それぞれの組で，最頻値は何回ですか。
1組 (46回)　2組 (49回)

79

P.80

データの調べ方 (2)

平均とちらばり

名前

1組の反復横とびの記録について，全体のちらばりが数でよくわかるように表に整理しましょう。

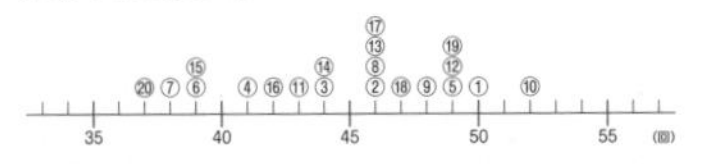

(1) それぞれの回数のはんいに入る人数を，右の表に書きましょう。

1組の反復横とびの記録

回数(回)	人数(人)
35以上～40未満	4
40 ～45	5
45 ～50	9
50 ～55	2
合計	20

(2) 次の回数の人数は何人ですか。また，それは全体の何%ですか。
(わりきれない場合は，小数第三位を四捨五入して%で表しましょう。)

① 45回未満の人数
9 人，45 %

② 50回以上55回未満の人数
2 人，10 %

③ 45回以上の人数
11 人，55 %

(3) 人数がいちばん多い階級は，何回以上何回未満の何人ですか。また，それは全体の人数の何%ですか。
(わりきれない場合は，小数第三位を四捨五入して%で表しましょう。)

45回 以上 50回 未満，9 人，45 %

データの調べ方 (3)

平均とちらばり

名前

2組の反復横とびの記録について，全体のちらばりが数でよくわかるように表に整理しましょう。

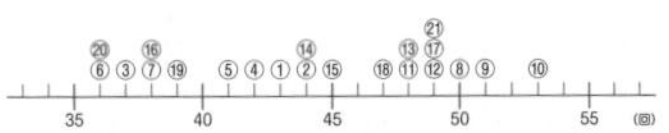

(1) それぞれの回数のはんいに入る人数を，右の表に書きましょう。

2組の反復横とびの記録

回数(回)	人数(人)
35以上～40未満	6
40 ～45	5
45 ～50	7
50 ～55	3
合計	21

(2) 次の回数の人数は何人ですか。また，それは全体の何%ですか。
(わりきれない場合は，小数第三位を四捨五入して%で表しましょう。)

① 45回未満の人数
11 人，約52 %

② 50回以上55回未満の人数
3 人，約14 %

③ 45回以上の人数
10 人，約48 %

(3) 人数がいちばん多い階級は，何回以上何回未満の何人ですか。また，それは全体の人数の何%ですか。
(わりきれない場合は，小数第三位を四捨五入して%で表しましょう。)

45回 以上 50回 未満，7 人，約33 %

80

P.79 (2)①

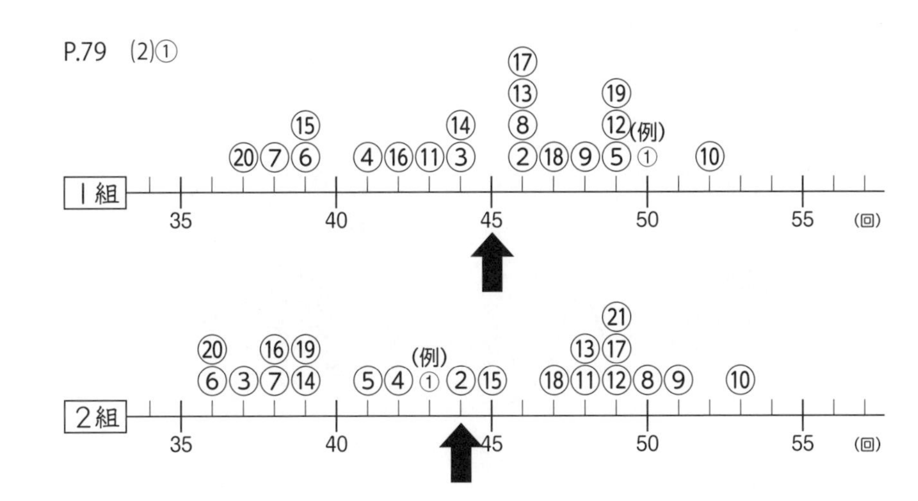

解答　児童に実施させる前に，必ず指導される方が問題を解いてください。本書の解答は，あくまでも１つの例です。指導される方の作られた解答をもとに，本書の解答例を参考に児童の多様な考えに寄り添って○つけをお願いします。

P.81

データの調べ方 (4)
ヒストグラム　名前

◘ 6年１組と6年２組の反復横とびの記録をヒストグラムに表しました。

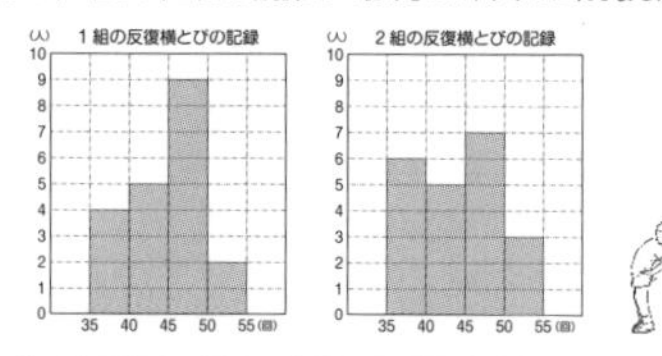

(1) 人数が最も多い階級は，それぞれ何回以上何回未満ですか。
また，それは全体の何%ですか。
（わりきれない場合は，小数第三位を四捨五入して%で表しましょう。）
１組 45回 以上 50回 未満，45 %
２組 45回 以上 50回 未満，約33 %

(2) 次の回数の人数はそれぞれ何人で何%ですか。
（わりきれない場合は，小数第三位を四捨五入して%で表しましょう。）
① 40回未満の人数
１組 4 人，20 %　２組 6 人，約29 %
② 50回以上の人数
１組 2 人，10 %　２組 3 人，約14 %

データの調べ方 (5)
ヒストグラム　名前

◘ 下のグラフは，スポーツテストでの１組と２組のボール投げの結果を表したものです。

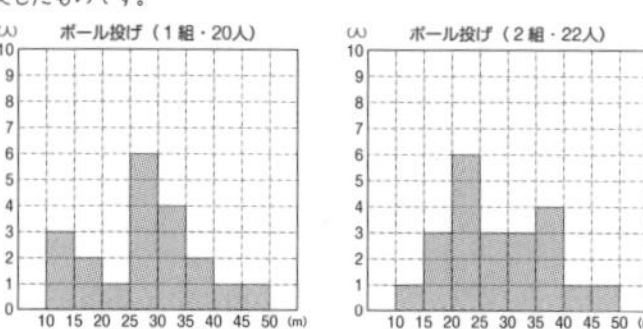

(1) 人数が最も多い階級は，それぞれ何m以上何m未満ですか。
また，それは全体の何%ですか。
（わりきれない場合は，小数第三位を四捨五入して%で表しましょう。）
１組 25m 以上 30m 未満，30 %
２組 20m 以上 25m 未満，約27 %

(2) 20m未満は，それぞれ何人ですか。また，それは全体の何%ですか。
（わりきれない場合は，小数第三位を四捨五入して%で表しましょう。）
１組 5 人，25 %　２組 4 人，約18 %

(3) 中央値は何m以上何m未満にありますか。
１組 25m 以上 30m 未満
２組 25m 以上 30m 未満

P.82

データの調べ方 (6)
ヒストグラム　名前

◘ 下の表は，Ⓐと Ⓑの畑からとれたみかんの重さについて，整理したものです。
(1) ヒストグラムに表しましょう。

Ⓐの畑からとれたみかんの重さ

重さ (g)	個数 (個)
80以上～85未満	1
85 ～ 90	2
90 ～ 95	8
95 ～ 100	3
100 ～ 105	3
105 ～ 110	1
110 ～ 115	1
合計	19

Ⓑの畑からとれたみかんの重さ

重さ (g)	個数 (個)
80以上～85未満	1
85 ～ 90	4
90 ～ 95	4
95 ～ 100	7
100 ～ 105	3
105 ～ 110	3
110 ～ 115	3
合計	25

(2) 95g未満はそれぞれ何個で，全体の何%ですか。
（わりきれない場合は，小数第三位を四捨五入して%で表しましょう。）
Ⓐ 11 個，約58 %
Ⓑ 9 個，約39 %

データの調べ方 (7)
ヒストグラム　名前

◘ 下の表は，スポーツテストでの50m走の記録を整理したものです。
(1) ヒストグラムに表しましょう。

50m走の記録（１組）

記録 (秒)	人数 (人)
7.5以上～ 8.0未満	2
8.0 ～ 8.5	4
8.5 ～ 9.0	9
9.0 ～ 9.5	6
9.5 ～ 10.0	4
10.0 ～ 10.5	1
10.5 ～ 11.0	2
11.0 ～ 11.5	1
合計	29

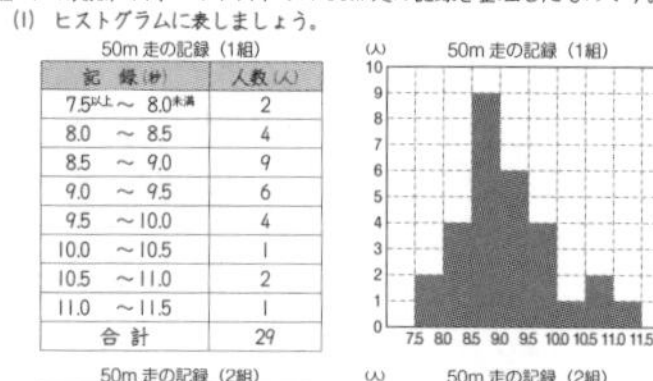

50m走の記録（２組）

記録 (秒)	人数 (人)
7.5以上～ 8.0未満	1
8.0 ～ 8.5	5
8.5 ～ 9.0	6
9.0 ～ 9.5	8
9.5 ～ 10.0	3
10.0 ～ 10.5	4
10.5 ～ 11.0	3
11.0 ～ 11.5	0
合計	30

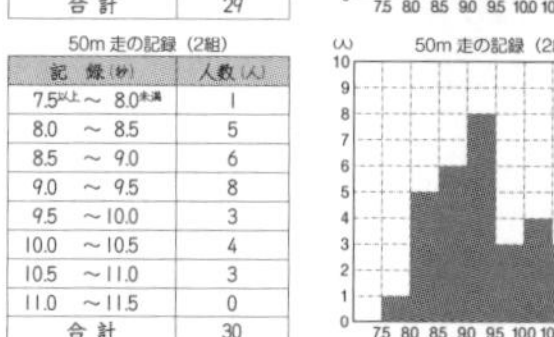

(2) 中央値はそれぞれ何秒以上何秒未満にありますか。
１ 8.5秒 9.0秒 未満　２ 9.0秒 9.5秒 未満

(3) 9.0秒よりも速いのは何人ですか。また，それは全体の何%ですか。
（わりきれない場合は，小数第三位を四捨五入して%で表しましょう。）
１組 15 人，約52 %　２組 12 人，40 %

P.83

データの調べ方 (8)
名前

◘ 下の表は，1947年から10年ごとの日本の出生数を調べたものです。
(1) 四捨五入して一万の位までのがい数にし，折れ線グラフに表しましょう。

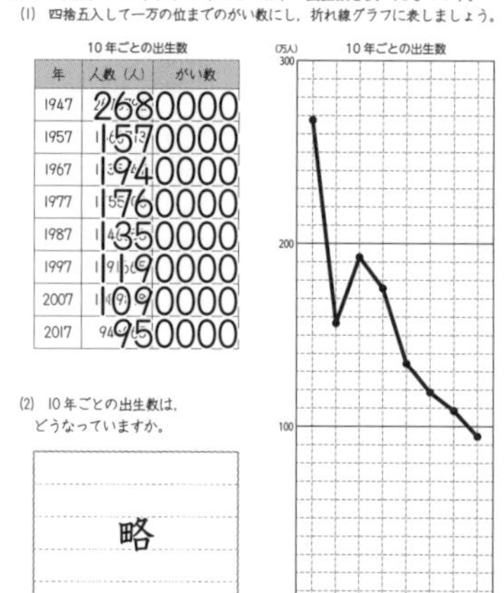

10年ごとの出生数

年	人数 (人)	がい数
1947	[illegible]	2680000
1957	[illegible]	1570000
1967	[illegible]	1940000
1977	[illegible]	1760000
1987	[illegible]	1350000
1997	[illegible]	1190000
2007	[illegible]	1090000
2017	[illegible]	950000

(2) 10年ごとの出生数は，どうなっていますか。

略

(3) 2008年から2017年まで，１年ごとの出生数も調べました。四捨五入して一万の位までのがい数にし，折れ線グラフに表しましょう。

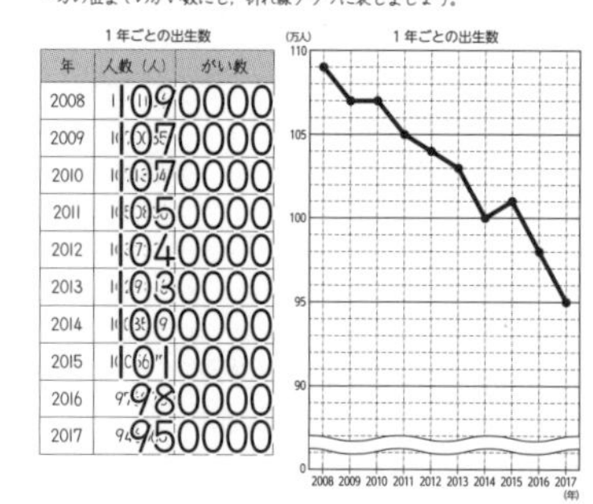

１年ごとの出生数

年	人数 (人)	がい数
2008	[illegible]	1090000
2009	[illegible]	1070000
2010	[illegible]	1070000
2011	[illegible]	1050000
2012	[illegible]	1040000
2013	[illegible]	1030000
2014	[illegible]	1000000
2015	[illegible]	1010000
2016	[illegible]	980000
2017	[illegible]	950000

(4) ２つの出生数のグラフをかいて，考えたことを書きましょう。

略

P.84-1

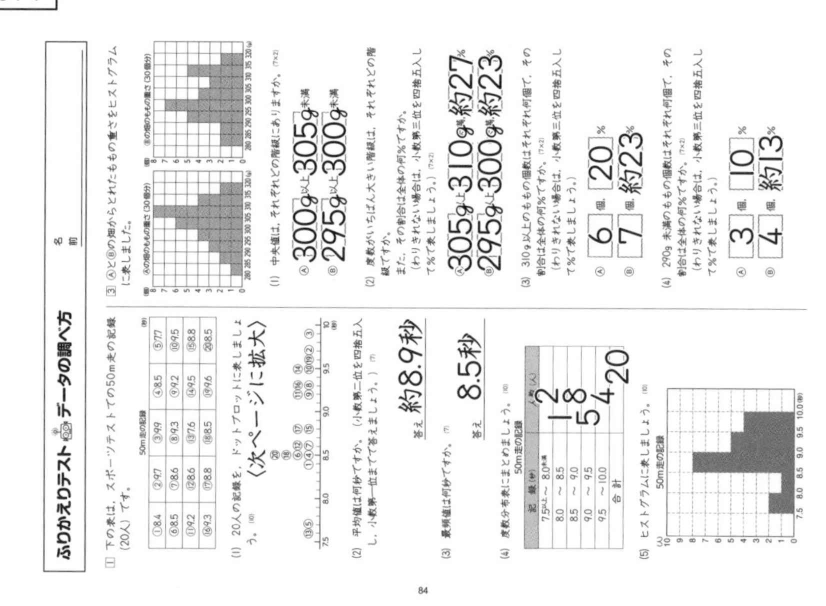

ふりかえりテスト データの調べ方
名前

1 下の表は，スポーツテストでの50m走の記録（20人）です。

50m走の記録（秒）

①8.4	②9.7	③9.9	④8.5	⑤7.7
⑥8.5	⑦8.6	⑧9.3	⑨9.2	⑩9.5
⑪9.2	⑫8.6	⑬7.6	⑭9.5	⑮8.8
⑯9.3	⑰8.8	⑱8.5	⑲9.6	⑳8.5

(1) 20人の記録を，ドットプロットに表しましょう。(10)　〈次ページに拡大〉

(2) 平均値は何秒ですか。（小数第二位を四捨五入し，小数第一位までで答えましょう。）(7)
答え 約8.9秒

(3) 最頻値は何秒ですか。(7)
答え 8.5秒

(4) 度数分布表にまとめましょう。(10)

50m走の記録

記録 (秒)	人数 (人)
7.5以上～ 8.0未満	2
8.0 ～ 8.5	1
8.5 ～ 9.0	8
9.0 ～ 9.5	5
9.5 ～ 10.0	4
合計	20

(5) ヒストグラムに表しましょう。(10)

3 Ⓐと Ⓑの畑からとれたももの重さをヒストグラムに表しました。

(1) 中央値は，それぞれどの階級にありますか。(7×2)
Ⓐ 300g 以上 305g 未満
Ⓑ 295g 以上 300g 未満

(2) 度数がいちばん大きい階級は，それぞれどの階級ですか。
また，その割合は全体の何%ですか。
（わりきれない場合は，小数第三位を四捨五入して%で表しましょう。）(7×2)
Ⓐ 305g 以上 310g 未満，約27 %
Ⓑ 295g 以上 300g 未満，約23 %

(3) 310g以上のももの個数はそれぞれ何個で，その割合は全体の何%ですか。(7×2)
（わりきれない場合は，小数第三位を四捨五入して%で表しましょう。）
Ⓐ 6 個，20 %
Ⓑ 7 個，約23 %

(4) 290g未満のももの個数はそれぞれ何個で，その割合は全体の何%ですか。(7×2)
（わりきれない場合は，小数第三位を四捨五入して%で表しましょう。）
Ⓐ 3 個，10 %
Ⓑ 4 個，約13 %

児童に実施させる前に，必ず指導される方が問題を解いてください。本書の解答は，あくまでも１つの例です。指導される方の作られた解答をもとに，本書の解答例を参考に児童の多様な考えに寄り添って○つけをお願いします。

P.84-2

1 (1)

7.5　8.0　8.5　9.0　9.5　10（秒）

⑬⑤　①④⑦⑥⑫⑱⑳　⑮⑰　⑨⑧⑪⑯　⑩⑲②⑭　③

P.85

ふりかえりテスト まとめ (1) 数と計算

名前

1 計算をしましょう。(4×8)

① 5.2＋8.02　13.22

② 45－0.8　44.2

③ 3.8 × 5.4　20.52

④ 6.02 × 2.4　14.448

⑤ 27）162　6

⑥ 12）780　65

⑦ 2.9）8.7　3

⑧ 1.8）17.1　9.5

2 小数のわり算を筆算でしましょう。(4×6)

① わりきれるまで計算しましょう。

㋐ 4.2÷2.4　1.75

㋑ 6.42÷0.4　16.05

② 商は整数で求め，あまりも出しましょう。

㋐ 16÷4.5　3あまり2.5

㋑ 2.3÷0.9　2あまり0.5

③ 商は四捨五入して，小数第一位までのがい数で求めましょう。

㋐ 42.3÷6.9　6.13…　≒6.1

㋑ 25÷0.6　41.66…　≒41.7

3 次の数を100倍した数と，$\frac{1}{100}$ にした数を書きましょう。(4×4)

① 700万　100倍（7億）　$\frac{1}{100}$（7万）

② 2.01　100倍（201）　$\frac{1}{100}$ 0.0201

4 次の計算をしましょう。(3×4)

① $1\frac{1}{3}+2\frac{11}{12}$　$\frac{17}{4}$（$4\frac{1}{4}$）

② $4\frac{1}{3}-1\frac{1}{2}$　$\frac{17}{6}$（$2\frac{5}{6}$）

③ $\frac{9}{8}\times\frac{4}{3}$　$\frac{3}{2}$（$1\frac{1}{2}$）

④ $4\frac{1}{5}\div2\frac{1}{3}$　$\frac{9}{5}$（$1\frac{4}{5}$）

5 次の計算をしましょう。(3×3)

① $(2.4+\frac{1}{5})\times0.8$　$\frac{52}{25}$（2.08）

② $1\frac{1}{4}-0.5\div\frac{2}{5}$　0

③ $8-\frac{3}{4}\times6$　$\frac{7}{2}$（$3\frac{1}{2}$）

85

P.86

ふりかえりテスト まとめ (2) 量と測定・図形

名前

1 （　）にあてはまる数を書きましょう。(3×6)

① 1km ＝（1000）m

② 1m² ＝（10000）cm²

③ 1L ＝（1000）cm³

④ 1kg ＝（1000）g

⑤ 1時間 ＝（60）分＝（3600）秒

⑥ 4直角 ＝（360）度（1回転の角度）

2 次の図形の面積を求めましょう。(6×5)

① 平行四辺形　式 10×8＝80　答え 80cm²

② 式 8×6÷2＝24　答え 24cm²

③ (12＋6)×5÷2＝45　答え 45cm²

④ （1ますは1cm）式 14×6÷2＝42　答え 42cm²

⑤ 式 10×3÷2＋10×12÷2＝75　答え 75cm²

3 次の色のついた部分の周りの長さと，面積を求めましょう。(8×4)

① 周りの長さ 20×3.14＝62.8　答え 62.8cm

面積 20÷2＝10　式 10×10×3.14＝314　答え 314cm²

② 10×2×3.14÷2＝31.4　10×3.14＝31.4　31.4＋31.4＝62.8　答え 62.8cm

面積 10×10×3.14÷2＝157　答え 157cm²

4 次の図形が線対称な図形，また点対称な図形であれば表に○を入れましょう。線対称なら，対称の軸の本数も書きましょう。(3×5)

	正三角形	正方形	正五角形	正六角形	円
線対称なら○	○	○	○	○	○
対称の軸の本数	3	4	5	6	無数
点対称なら○		○		○	○

5 下の三角形を $\frac{1}{2}$ に縮小した三角形を，右の方眼にかきましょう。(5)

86

P.87

ふりかえりテスト まとめ (3) 数量関係

名前

1 次の比と等しい比を□の中から１つ選び，○をつけましょう。(6×6)

① 3：5　6：15　(9：15)　13：15

② 3：2　8：5　12：10　(18：12)

③ 40：25　(8：5)　15：12　10：8

④ 12：18　1：3　(2：3)　6：8

⑤ 32：20　8：4　(8：5)　16：12

⑥ 0.5：0.3　(5：3)　4：1.8　2：0.8

2 次の①〜⑧のうち，ともなって変わる２つの量が，比例しているものには㋪を，反比例しているものには㋩を，どちらでもないものには×を，（　）に書きましょう。(3×8)

（×）① 立方体の１辺の長さと体積

（㋪）② 時速60kmの自動車の走った時間と道のり

（㋩）③ 平行四辺形の面積が 10cm² にきまっているときの，底辺の長さと高さ

（㋩）④ 100kmの道のりを進む速さとかかった時間

（㋩）⑤ 10m³ の水そうに，１分間に入れる水の量といっぱいになるのにかかる時間

（㋪）⑥ 三角形の底辺が6cmにきまっているときの，高さと面積

（×）⑦ ある人の年れいと身長

（×）⑧ 買い物をしたときの代金とおつり

3 次の文を読んで，x と y を使った式に表しましょう。また，その式を使って㋐㋑の x の値に対応する y の値も求めましょう。(4×6)

① 1mの重さが60gの針金 x mの重さは y gです。

式（$y=60\times x$）

㋐ x が8のときの y の値　式 60×8＝480　480g

㋑ x が10のときの y の値　式 60×10＝600　600g

② 底辺が x cmで高さが5cmの三角形の面積は y cm²です。

式（$y=x\times5\div2$）

㋐ x が4のときの y の値　式 4×5÷2＝10　答え 10cm²

㋑ x が6のときの y の値　式 6×5÷2＝15　答え 15cm²

4 下のグラフは，鉄の棒の長さ x (m)と重さ y (kg)の関係を表したものです。(8×2)

鉄の棒の長さと重さ

① x と y の関係を式に表しましょう。　$y=1.5\times x$

② この棒が12mのとき，重さは何kgですか。　式 1.5×12＝18　答え 18kg

87

解答　児童に実施させる前に，必ず指導される方が問題を解いてください。本書の解答は，あくまでも１つの例です。指導される方の作られた解答をもとに，本書の解答例を参考に児童の多様な考えに寄り添って○つけをお願いします。

P.88

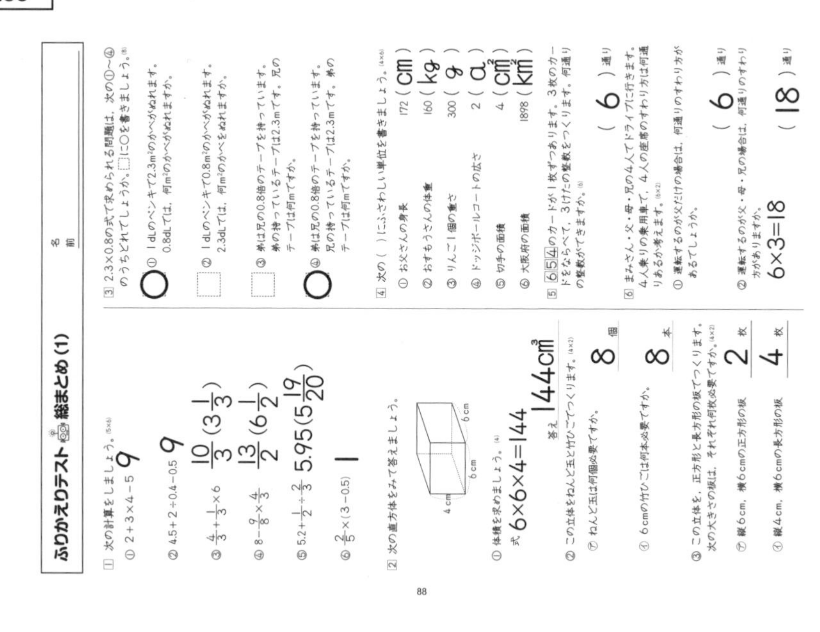

P.89

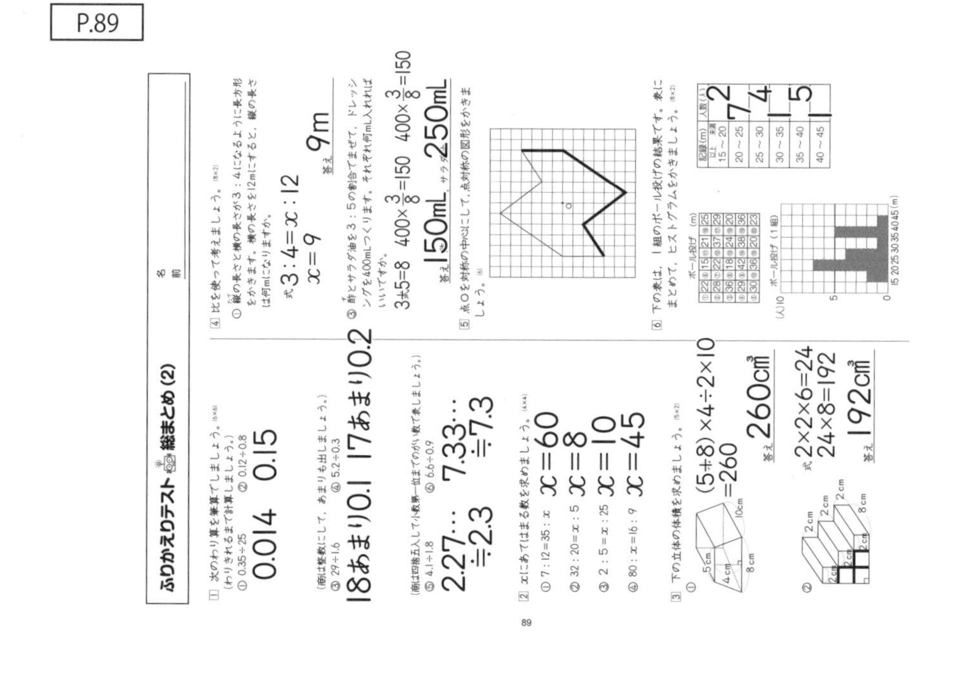

新版　教科書がっちり算数プリント
完全マスター編　６年　ふりかえりテスト付き

力がつくまでくりかえし練習できる

2020 年 9 月 1 日　第 1 刷発行
2022 年 1 月 10 日　第 2 刷発行

企画・編著：原田 善造・あおい えむ・今井 はじめ・さくら りこ
中田 こういち・なむら じゅん・ほしの ひかり・堀越 じゅん
みやま りょう（他 4 名）

イラスト：山口 亜耶　他

発行者：岸本 なおこ
発行所：喜楽研（わかる喜び学ぶ楽しさを創造する教育研究所）
〒604-0827　京都府京都市中京区高倉通二条下ル瓦町 543-1
TEL　075-213-7701　FAX　075-213-7706
HP　https://www.kirakuken.co.jp
印刷：株式会社イチダ写真製版

ISBN:978-4-86277-314-2

Printed in Japan